わかりやすい

高周波測定技術

若井一顕 著

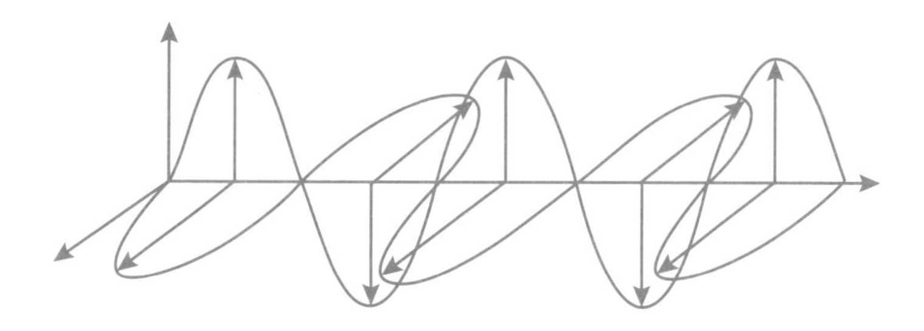

日刊工業新聞社

はじめに

高周波技術を理解して広い分野の応用技術の基本を楽しく学べる中級レベルの書とした。初学者には分かり易く導入から進め、回路の設計担当者や広い分野にまたがって技術を深めたい読者にも満足できる内容とした。

高周波の入門書は数多く世に出ているが、本書は高周波技術をおさらいしてから現場技術者向きに高周波技術の「肝」を解説する。高周波に関する多くのエッセンスを横断的に解説する。第１章では初学者の何故に着目して波の理解から高周波の応用分野を解説した。第２章では高周波素子の基礎知識を醸成してもらうことを中心とした。ベテラン技術者には復習になるかと思う。第３章では各種高周波測定を始めるための必須の数学と計算方法、基本回路動作を理解するための章とした。第４章は代表的な高周波回路の設計の基礎について解説する。第５章では様々な分野での高周波測定の例を示しメディア相互間の理解と応用を狙った。第６章ではその測定の評価に基づき実践的なアクションについて言及した。コラムも配置したので先達の経験と知恵を汲み取って欲しい。

2018年１月　Malaysia にて

若井一顕

目　次

第3章　高周波測定の準備　41

第4章　デジタル送信機の仕組み　103

第2部　高周波測定

第1部

高周波測定のための基礎知識

第1章　高周波とは何

周波数が高くなると電波になるの？　オーディオの可聴周波数を高くしていくと超音波の領域になる。超音波は蝙蝠（こうもり）や特殊な動物では聞こえるらしい。これは電波では無い。超長波の世界では数10KHzの信号が使われている。これは電波として。振動が空気を介して伝搬すると我々は音として聞こえるし、水や固体の中でも伝わる。しかし真空中では伝搬できない。超音波もしかりである。周波数が高くて音の世界をさまようもの、周波数が低くても電波として使われる波もある。信号（電気）の放出先（負荷）がアンテナならば電波として自由空間と整合を取って送信が出来そうである。それでは負荷がスピーカとか超音波振動子であれば電波では無く物理的な振動としての用途が見えてくる。

電波を理解するのにはマクスウェルの電磁方程式なるものを勉強する必要があるが難しい。電波は空気中や真空中では伝搬する。水の中では直ぐに減衰してしまうから遠距離通信には使えない。金属の中も電磁波は存在しない。電波は電界と磁界が交差しながら媒体を介さずに伝搬する特徴がある。

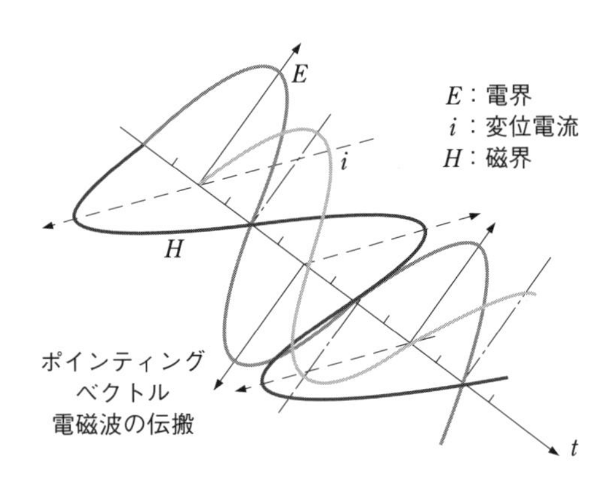

1-1 波の性質

我々の身の回りには、振動しているものや波などがある。電気屋の世界では正弦波のような周期的な振動を扱うことが多い。波が伝わるのは当たり前だって。空気中、水中では酸素や窒素が存在しているし、水があるからそれを媒体にして振動が伝わるイメージが湧きそうである。木板や鉄板でも物質への振動が伝搬すると考えてもいいでしょう。規則的な波であれば比較的扱いやすい。不規則な振動になるとひずみ波として扱うことになる。ひずみ波は各種の正弦波の合成波として考えることになる。波の種類はいろいろである。

1-1-1 電波の伝達

電波は無限の彼方に伝搬（伝送）出来るのだろうか？　ある点に置いた電球からの光が遠方に伝わって行くときには、少しずつ薄まって行くイメージは掴める。遠方へは拡散して飛んで行くからと考える。これで電波が遠方に行くほど弱くなることが容易に理解できる。発光する光を強くすれば電波も強くなることは分かる。全方位に光を発散させることなどせずに、裏側に反射板でもつければ目的とする方向の電波を強くすることも可能になる。

これらを考えるベースは、電波が直接飛んで行くとして考えたとき、即ち直接波と云う。電波の周波数によっては地面を匍匐（ホフク）前進して伝搬していくものもある。長波や中波という1 MHz以下の波ではこの成分も考える必要がある。これを地表波成分と云う。スカイツリータワーが浅草の近くに2011年５月に完成した。高さは634m。自立型の電波塔では世界一位である。羽田空港に着くと遠くに姿を見ることができる。このスカイツリータワーのてっぺんから電波を出すことができたら、電波は半径100km 以上遠くに飛んでいく。ちなみに3776m の富士山から電波を発射すると約250km の彼方に伝搬する（**図 1.1.1**）。電波の伝搬では地球の等価半径という概念を引っ張り出す。地球の表面が水蒸気で囲まれているとして電波が少しずつ地面を抱き込むように伝搬していくとして考えるためである。伝搬路を直線と考えるために地球の半径を大きくして計算や図式解法での伝搬路を直線と見立てる。このときの地球の半径を等価地

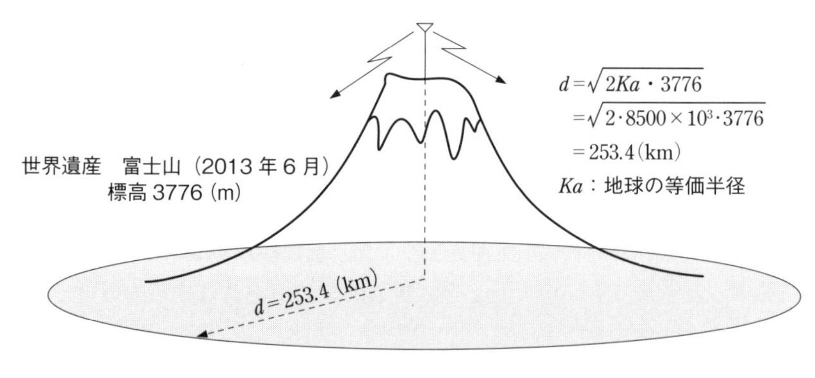

図 1.1.1　富士山からの電波の伝搬距離

球半径と云う。実際の地球の半径よりも4/3と少し太った地球を考えることになる。

1-1-2　波の伝わり方

電波の伝わり方は周波数によっても異なる。中波帯では地表波伝搬、直接波伝搬、そして電離層での反射波伝搬などがある。VHFやUHFでは直接波の他に大地反射等を加味して電波の伝わり方や受信点での電波の強さ（電界強度）を決定する。電界強度は送信アンテナの高さ、受信アンテナの高さの他に伝搬する距離に影響する。電波の伝搬の仕方には水平偏波、垂直偏波がある。これは我々が地球の地表面で生活しているからそのように決めているだけで、電波の電界のベクトルが大地に対して水平なら水平偏波であり、大地に対して電界が垂直に立つのが垂直偏波としている。ですから地球から離れてしまってはこのような表現ができない。そのような場合には直線偏波と表現する。また衛星放送では円偏波を用いている。これは送信点から見たときに電波が右回りか左回りかで右旋偏波、左旋偏波とう表現を使う。次に大地伝搬と地球の等価半径を考えてみる。大地表面には水蒸気が存在しており上空に行くほど水蒸気の密度が希薄になって行く。スネルの法則から電波は少しずつ地球側に曲がって伝搬することになる。こうなると電波が比較的遠くに届くようにイメージできる。

しかし電波が曲がっていると電波の伝搬計算などで少々面倒になることが多いので、便宜的に電波は直線で伝搬するとして地球の曲率半径を少し大きくして考える。これを地球の等価地球半径係数 K という。K は 4/3 、実際の地球の半径を a とすると等価地球半径 $K \times a$ は8500km 位となる。ここで K が∞のときと０のときを考えてみると、$K = \infty$ では地球上で全ての交信が可能となるが $K = 0$ では電波は全然交信できないことがイメージできる。

1-2　波の伝搬

1-2-1　電波の伝搬と姿態

電波は無限の彼方に伝搬（伝送）出来るのでしょうか？　ある点にある電球からのから光が遠方に伝わって行くときには、少しずつ薄まって行くイメージはつかめるかと思う。遠方へは拡散して飛んで行くからと考える。これは電波の強さが遠方に行くほど弱くなることが容易に理解できると思う。発光する日光を強くすれば電波も強くなることは分かる。全方位に光を発散させることなどせずに、裏側に反射板でもつければ目的とする方向の電波を強くすることができる。これらを考えるベースは、電波が直接飛んで行くとして考えたとき即ち直接波と云います。電波の周波数によっては、地面をほふく前進して伝搬していく地表波もある。

1-2-2　伝えるための媒体

電波が伝わるのは当たり前だって。空気中、水中では酸素や窒素が存在しているし、水があるからそれを媒体にして振動が伝わるのがイメージ出来そうである。木板や鉄板でも物質への振動が伝搬すると考えてもいい。それでは空気中以外に真空中を伝搬する電波は何故伝搬するのだろうか。理論物理学者がそれを説明するためにエーテルの存在を探し求めていたこともありました。電波が電界と磁界で構成さている点から説明を始める。トランスの多段結合回路を考える。コンデンサ電極に電圧をかけると電極間には電界が発生する。そして電界と同一方向に電流が流れる。この電流により直交方向に磁界が発生する。

この磁界により電流がトランスの2次回路に流れます。これを連続で表現したのが**図 1.2.1** です。

ここで重要なのがコンデンサ電極に掛かっている電界と流れる電流（変位電流）とは90度の位相差があるということ。**図 1.2.2** の理想的なコンデンサに変位電流を流しても電力損失は生じない。電力の世界では無効電力バー（var）で表現する。参考に電力を有効電力、有効電力と無効電力の合成値が皮相電力といいます。これらを加味して電波が伝わる状況を表現すると電界と磁界は直交して伝搬する。これは伝搬方向にポインティングベクトルというエネルギがあるということで考える。電波のスピードは光と同じ 3×10^8(m/s) です。計算するには真空中の誘電率と透磁率を用いる。電波のインピーダンスもこれらの値から計算できる（**図 1.2.3** 、**図 1.2.4**）。

電波はポインティングベクトル（エネルギ）によって搬送される。

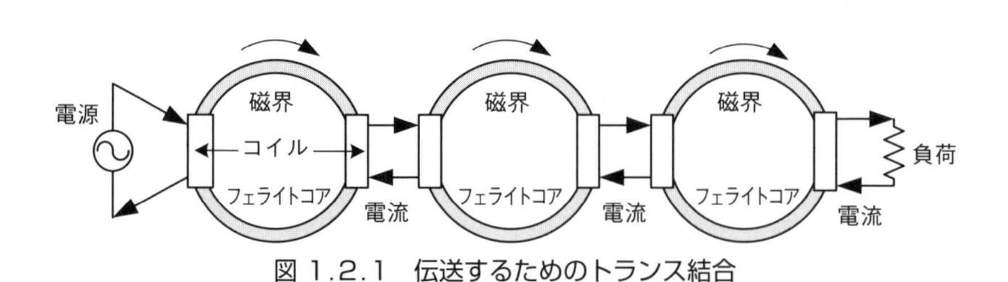

図 1.2.1　伝送するためのトランス結合

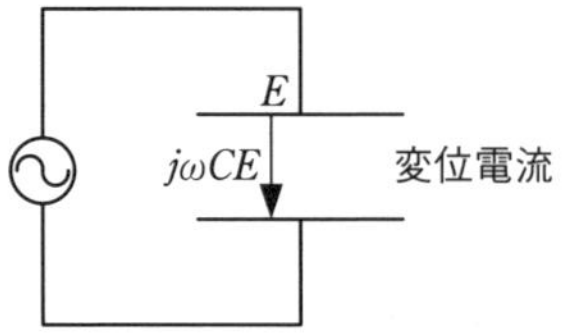

E

$j\omega CE$　変位電流

図 1.2.2　電界と変位電流

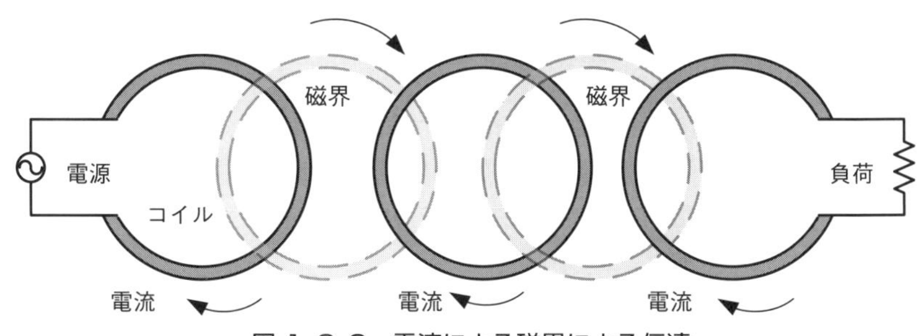

図 1.2.3 電流による磁界による伝達

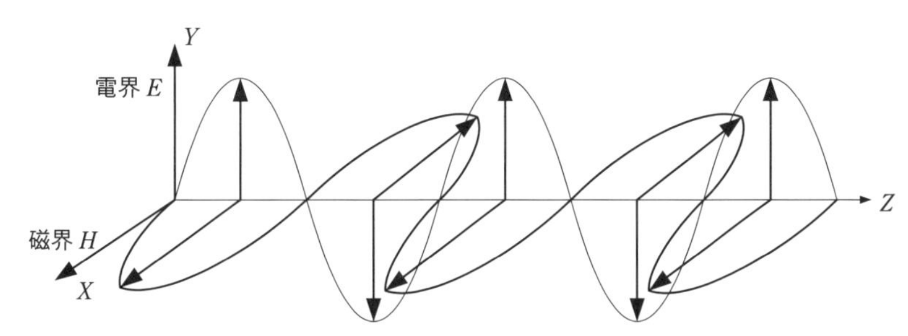

図 1.2.4 電磁界の直交性とポインティングベクトルの伝送

1-3 低い高周波と高い高周波

1-3-1 超長波の標準電波

電波の周波数は、超長波の数十 kHz からマイクロ波帯の数十 GHz にまで及ぶ。長波の電波は遠方に伝搬することも知られている。例えば NICT が管理している標準電波の40KHz、60kHz がそれである。電波時計はそれを標準にして使用している。福島県にある「おおたかどや山」、福岡県の唐津にある「はがね山」から送信されている。それと鹿児島県と宮崎県の境にある「えびの」には超長波の送信所がある。これも数十 kHz の電波を使用している。周波数の低い電波伝搬は地表波成分が占める。直接波もあるからこれらの合成値と考えた方がいいだろう。地表波が主体の伝搬では極力大地との間でエネルギが減衰

表 1.3.1　低い周波数の電波伝搬と用途

周波数（波長）と呼称		主な伝搬の名称	電離層等の影響	散乱等の影響	用途・特徴
3 kHz（100km）〜 VLF	長波	地表波	D層反射		無線航法 海中通信 遠距離通信
30kHz（10km）〜 LF	長波／中波				
300kHz（1 km）〜 MF	中波		E層反射		音声放送（AM）
3 MHz（100m）〜 HF	短波	回折波	F層反射	大地散乱	海外放送（AM） 遠距離通信

しないことが望まれる。伝搬には大地の誘電率、導電率が影響してくる。地表波的には大地の導電率が高い方が良いわけで地表面が金属で覆われているとか、水面であるとかが理想的である。砂漠や山岳などでは電波の伝搬状態は悪くなる（**表 1.3.1**）。

1-3-2　低周波と高周波

短波や超短波あたりの周波数を考えてみたい。中波では地表波、直接波、電離層反射などを扱います。短波では直接波と大地反射波、そして遠方に伝送するには電離層反射波も考慮することになる。茨城県に八俣の短波送信所がある。送信電力は100kW、300kW の電波を出している。アンテナはダイポールが主流であり水平偏波である。アンテナと大地反射の合成値が空間に伝送する打ち上げ角度を決定する。あとは電離層での反射に委ねられるが、遠方に伝達するとなると電離層反射波がまた大地との間で反射を繰り返す跳躍現象が発生する。VHF、UHF 波での電波の伝搬で一般的な電界強度の求め方は、直接波と反射波のベクトル合成値になる（**表 1.3.2**）。

図 1.3.1 に VHF、UHF などで用いる直接波と反射波とのベクトル合成を示す。

表 1.3.2　高い周波数の電波伝搬と用途

周波数	名称	伝搬	反射	散乱・吸収	用途
3 MHz（100m）～ HF	短波	回折波	F層反射	大地散乱	海外放送（AM） 遠距離通信
30MHz（10m）～ VHF	超短波	流星反射 直接波	Es層反射		音声放送（FM） TV放送（VHF）
300MHz（1 m）～ UHF	極超短波	電波の窓		対流圏散乱	TV放送（UHF） 移動通信
3 GHz（10cm）～ SHF	極超短波 マイクロ波			降雨散乱	多重通信 レーダ 衛星通信 衛星放送
30GHz（10mm）～ EHF	ミリ波			降雨・ガス 散乱・吸収	
300GHz（1 mm） ～3THz（0.1mm）	サブミリ波				

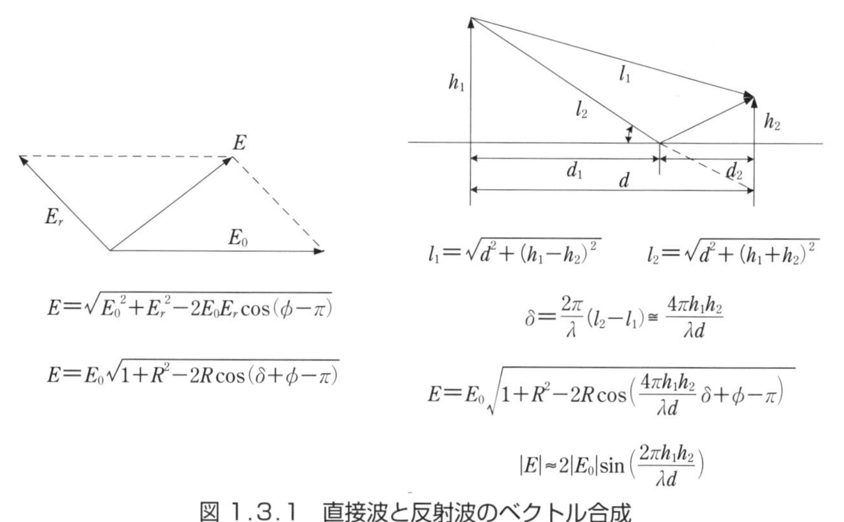

図 1.3.1　直接波と反射波のベクトル合成

1-4 高周波と電波

1-4-1　電波と偏波面

電波の伝わり方は周波数によっても異なります。中波帯では地表波伝搬、直接波伝搬、そして電離層での反射波伝搬などもある。VHF や UHF では直接波の他に大地反射等を考慮して電波の伝わり方や受信点での電界強度を決定する。送信アンテナの高さ、受信アンテナの高さの他に伝搬する距離にも影響する。また電波の伝搬の仕方には水平偏波、垂直偏波がある。電波の中の電界のベクトルが大地に対して水平なら水平偏波であり、大地に対して電界が垂直に立つのが垂直偏波である。ですから地球から離れてこのような表現ができないから、直線偏波と呼ぶ。衛星放送では円偏波を用いています。これは送信点から見たときに電波が右回りか左回りかで右旋偏波、左旋偏波とう表現を使う。

1-4-2　電波の伝搬と等価地球半径

大地伝搬と地球の等価半径を考えてみる。大地表面には水蒸気が存在しており上に行くほど密度が希薄になって行く。スネルの法則では電波が少しずつ地球側に曲がって伝搬する。こうなると電波が比較的遠くに届くようにイメージできる。しかし電波が曲がっているとこれから考える伝搬計算などで少々面倒になる。従って電波は直線で伝搬するとして地球の曲率を少し大きくして考える。これを地球の等価半径と云う。実際の地球の半径を a とすると等価半径係数は 4/3 で表す。ここで等価半径が 0 のときと∞大のときを考えると、0 では電波は交信できませんし、∞大では全ての交信が可能となることもイメージできる。**図 1.4.1** に伝搬の種類を示した。

1-4-3　マイクロ波と光通信

先程までは VHF、UHF の電波について話をしてきた。ここではマイクロ波である SHF や EHF についての電波伝搬を考えてみたい。周波数が高くなると直進性が増してくる。SHF、EHF になると衛星通信などに使われることが多い。パラボラアンテナで放射し受信するシステムである。マイクロ波と云っても波

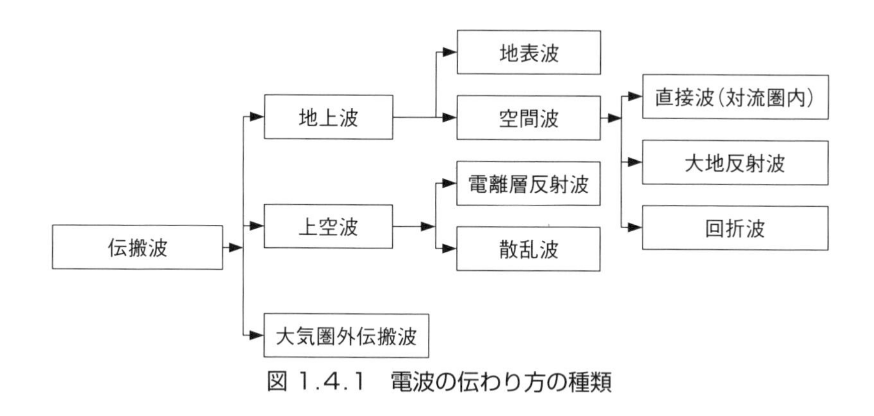

図 1.4.1　電波の伝わり方の種類

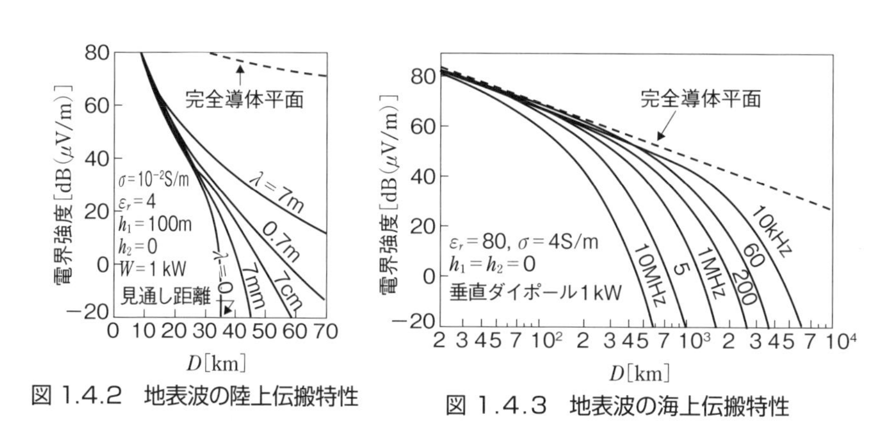

図 1.4.2　地表波の陸上伝搬特性

図 1.4.3　地表波の海上伝搬特性

長がマイクロメータと微小な長さではなく一般的に1GHzから30GHz程度を云う。波長で言うと数センチメータになる。電波を使った情報伝送を考えるとき高い周波数に移行していくのは何故だろうか。特に電波を出すための送信機の設計、パラボラアンテナなども精度が求められる。変調方式も異なるが高い周波数では周波数帯域を広く取った通信に使用する。情報量が多くなると帯域も広がる。それとアンテナを含む装置系の比帯域が中波帯と同様だとしてもマイクロ波帯の方が絶対的な帯域幅は広いことになる（**写真1.4.1**）。

写真 1.4.1　20m パラボラアンテナ（内之浦）

1-5 日常使われる電波の種類

1-5-1　長波帯の利用

電波は、周波数のVLF（Very Low Frequency）の低い長波から始まり、SHF（Super High Frequency）、EHF（Extremely High Frequency）と周波数が高くなる。周波数が低いときには、地表波が重要であり直接波に比べて電波伝搬に対して考慮することが多いと考える。ですから大地の導電率と誘電率とかが伝搬損失に影響してくる。

電波は直接波、大地反射波、回析波、電離層反射波などいろいろな伝搬の形態をとる。超長波の世界では、伝搬路が比較的長距離に及ぶ対潜水艦通信や、電波時計などで使用されている40kHz、60kHzを用いて時刻を校正している。最近では電波時計が安く手に入り、それにソラー電池を持っているから長期間無調整で使用することができる。

1-5-2　中波帯からSHF帯の利用

中波の電波は約500kHzから1600kHz位の帯域を用いて放送を行っている。中波も周波数の低い方が大地を伝わる地表波伝搬の特性からは有利とされている。ただし受信機に用いている小型フェライトアンテナの特性や実効長から考えると周波数の高い方が有利かもしれない。これらが相殺されて受信機の感度によって聴取されることになる。アナログメディアとしての中波帯ですが将来はDRM（Digital Radio Mondeil）などが始まるとすれば中波帯でもデジタル放送ということになるかもしれない。2011年から地上デジタルテレビ放送は本格運用が始まった。周波数はUHF（Ultra High Frequency）が用いられている。多くの特徴を有するがSFN（single frequency network）が可能であり、周波数の有効利用、マルチパス補償などの技術の導入よりチャンネルの利用数は効率的になった。これによりVHF（Very High Frequency）は地上テレビ放送では使われなくなり、移動体通信メディアに解放された。この周波数は電波の特性上減衰が小さく、回折効果によってエリアの拡大が期待できるためプラチナチャンネルと云って人気の高い周波数になっている。SHFはBS（Broadcasting Satellite）やCS（Communication Satellite）に用いられており、直進性の高い周波数である。

1-5-3 無線通信への利用

電波を使っているメディアは沢山ありますが少し整理してみる。放送、ケイタイ電話、スマートフォン、警察無線、タクシー無線、さらに移動体との交信でETCなども見受けられる。私は放送関係の仕事をしていたせいか放送電波の種類を挙げてみると、中波、短波、超短波（VHF: Very High Frequency, UHF: Ultra High Frequency）とか衛星放送などではSHF: Super High Frequencyが用いられている。それ以上高い周波数ではEHF: Extremely High Frequencyという波がある。最近では、ブロードバンド等の大量情報は無線でなくともファイバー、メタルの広帯域伝送路であればその方が効率的かと考える。移動体でなく固定通信での利用になる。無線はやはり通信の場所を特定せずにいつでもどこでも利用が可能である点が有利である。それと建築物に後から増設したりすることも容易なこともメリットかと考える。電源線に信号を載せるPLC: Power Line Communicationという方法が提案されて利用された例もあった。但し既設の無線通信への妨害が課題になっていたようである。PLCは基本的には無線ではないが電灯線に重畳するために空間への放射があり短波帯への通信に影響を与えることがある。

電波メディアではスマホやタブレットに見られるように、屋外で自由自在にメールやインターネットを使うことができる。町にでると学生やサラリーマンが幾つもの端末を持って忙しそうに操作しているのを見かける。何か情報機器に生活の主導権を取られているかのようにも見える。もっと洗練された通信形態が将来は構築されると期待している（**表 1.5.1**）。

表 1.5.1 電波の通信への応用

周波数（波長）と呼称		主な伝搬の名称	電離層等の影響	散乱等の影響	用途・特徴
3 kHz（100km）～ VLF	長波	地表波	D層反射		無線航法 海中通信 遠距離通信
30kHz（10km）～ LF	長波				
300kHz（1 km）～ MF	中波		E層反射		音声放送（AM）
3 MHz（100m）～ HF	短波	回折波	F層反射	大地散乱	海外放送（AM） 遠距離通信
30MHz（10m）～ VHF	超短波	流星反射 直接波 （↑電波の窓↓：VHF～SHF）	E_s層反射		音声放送（FM） TV放送（VHF）
300MHz（1 m）～ UHF	極超短波			対流圏散乱	TV放送（UHF） 移動通信
3 GHz（10cm）～ SHF	極超短波 マイクロ波			降雨散乱	多重通信 レーダ 衛星通信 衛星放送
30GHz（10mm）～ EHF	ミリ波			降雨・ガス 散乱・吸収	
300 GHz（1 mm）～ 3 THz（0.1mm）	サブミリ波				

コラム①　潜水艦の電波は遠方に届かない？

C1-1　放送が始まって１世紀

電波とは我々の生活の中で切っても切れない存在になっている。放送が1925年に始まって１世紀を迎えようとしている。最初はラジオ放送（中波）からがスタートで、それから30年を経てテレビ放送が始まった。現在では、携帯電話やスマートフォンが無線のメディアとして多くの人に利用されている。

一言で電波を説明するのは簡単ではない。マクスウエルの電磁方程式マルコニーの実験が電磁工学の世界では最初に出てきますがちょっと敷居が高い。波が空間を伝わっていくことは、我々の声やスピーカからの音が遠くに伝わっていくことも体験できるが、そのまま電波に当てはめるには無理がある。最初は空間にエーテルが充満しているとして探し求めた時代もあったようだ。宇宙に飛ばした“はやぶさ”や衛星からの信号は真空中を伝わって来るから大変不思議な気がする。

C1-2　自由空間は電波の公共道路

空間は誰もが使える公共の道路です。多くの車（電波）が飛び交う中でぶつからないように周波数を変えて運用する。なぜ周波数を変えるとぶつからないのか？　そして電波の強さも規定する。何故通路が満杯にならないのかも不思議な気がする。水の中では電波の伝搬も異なります。水面から電波が飛びでたり、電波がダイビングして水中に潜りこむこともあるのかも考えてみると面白い。潜水艦との無線通信なんて出来るのか考えてみたい。電波は便利です。紐（ひも）が無い（wireless）媒体だから。これは無線という言葉から当然なこと。隣の部屋との通信ならドアくらい電波は透過する。ブルートウースの電波の利用方法もある。これからの電波応用は益々移動体に向かうものと考えられる。

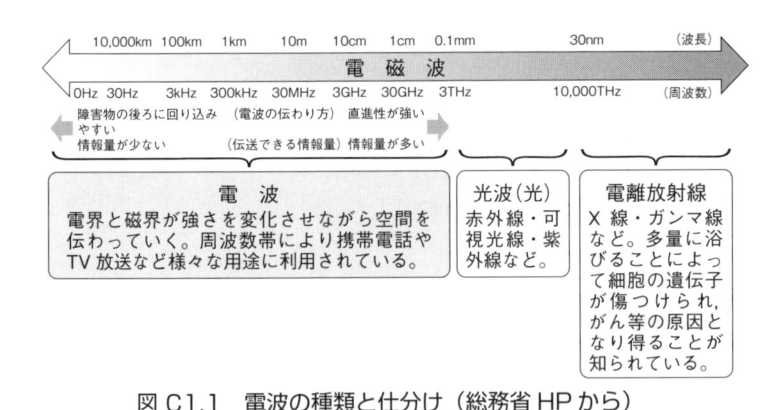

図 C1.1 電波の種類と仕分け（総務省 HP から）

図 C1.1 は電波を仕分けしたものです。電波法では 3 THz（3×10^{12}）までを電波と定義している。

C1-3 電波インピーダンス（自由空間と媒体中）

自由空間の電波のインピーダンスを固有インピーダンスとか波動インピーダンスと云うことがあります。電波インピーダンスは120π、即ち(377) Ωとなる。これはアンテナから遠方の放射電磁界の世界の話であってアンテナ近傍では少しずつ電波インピーダンスは高くなる。自由空間の透磁率、誘電率から電波インピーダンスも伝搬速度も計算できる。電波の早さは 3×10^8(m/s) である。以下に自由空間の電波インピーダンスと、水中での電波インピーダンスを計算した。計算の結果、水中の電波インピーダンスは42Ω程度であり自由空間のそれとはだいぶ異なる。自由空間と水中で上手く整合が取れたとして、水中での電波伝送が可能かどうかは興味深い。水中という媒体の成分が誘電率と透磁率だけではない導電率を含むからこの部分の減衰量も大きいと考えられる。対潜水艦用の超長波の通信があるが、水中の深度で30m くらいが伝搬距離と云われている。潜水中は海面に浮きをつけたアンテナを設置するとか。また空間と水面との境界との接合面では反射と屈折で浸透する電波も制限されることになると考えられる。一般的に水中の通信では超音波や短距離での光伝送が用いられる例がある。それも近距離通信に限定されることが多い。水中撮影の映像伝送に用いている。

また、無損失の水の固有インピーダンス$\boldsymbol{Z_0}'$は、水の透磁率μ（≒μ_0）誘電率εを使って、

$$Z_0' = \sqrt{\frac{\mu_0}{\varepsilon}} = \sqrt{\frac{\mu_0}{\varepsilon_0}}\sqrt{\frac{1}{\varepsilon_r}} = 376.7 \times \sqrt{\frac{1}{81}} = \frac{376.7}{9} = 41.8\,[\Omega]$$

ここに、ε_rは比誘電率である。

第2章　高周波素子の基礎知識

電気回路に使用されているパッシブなデバイスは抵抗、コンデンサとコイルが思い浮かぶ。アクティブ素子は半導体や電子管だろうか。

このパッシブなデバイスも、直流で用いる場合、商用周波数で用いる場合、それと本題の高周波で用いる場合では振る舞いが異なる。

高周波になると見えないものが見えてくる。電線も高周波なると流れにくくなる。スキンエフェクトと云って線路の外周に電流が集中し始めるために抵抗値が上がってしまう。それと一本の線路も高い周波数ではインダクタンスを持ち始める。コンデンサは誘電体損失なるものが見えてくる。高周波になると純粋なキャパシタンス以外に抵抗の並列要素も加わり周波数に応じてインピーダンスを変化させる。イラストはスキンエフェクトを描いたものと、地球の静電容量を示した。地球の静電容量は710μF くらい。秋葉原なら電解コンデンサで売っている値。平滑コンデンサに使えそうである？

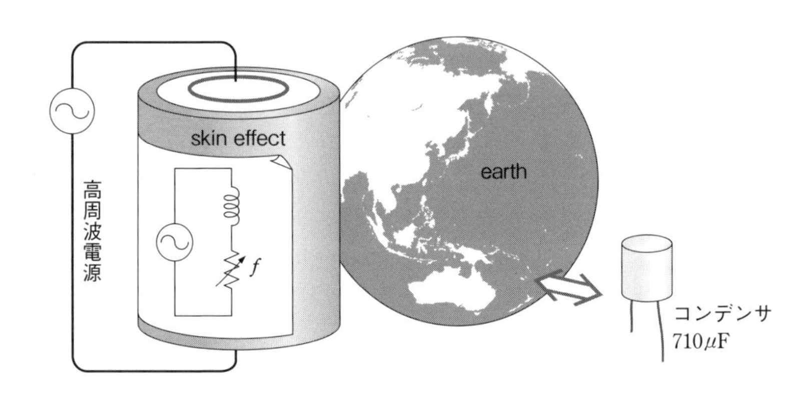

2-1 直流、低周波と高周波の違い

電気回路の勉強を始めると最初は直流回路、そして交流回路を学ぶ。そして交流回路は低周波そして高周波へと展開する。低周波というと電源などの50Hz、60Hzの周波数がある。音声信号などのオーディオ信号は20Hzから20,000Hzである。電波の世界は高周波の世界といえる。電気素子には抵抗：レジスタンス、コイル：インダクタンス、そしてコンデンサ：キャパシタンスがある。インダクタンスやキャパシタンスは周波数の関数であり使用する周波数が異なるとこれらのリアクタンス値は異なる。リアクタンスは周波数の関数である。電気素子のリアクタンス、インピーダンスを、**表2.1.1**に整理した。

図2.1.1は抵抗とインダクタンスの合成を、**図2.1.2**は抵抗とキャパシタンス

表2.1.1　電気素子のリアクタンスとインピーダンス

	名称	Reactance（Ω）	Impedance（Ω）
R	抵抗（Ω）		$Z=R\pm j0$
L	Inductance（H）	$jx_l=j\omega l$ $\omega l=2\pi fl$	$Z=r+jxl$ $Z=R /\!/ jX_L$ //：並列
C	Capacitance（F）	$jx_c=\dfrac{1}{j\omega c}$ $\dfrac{1}{\omega c}=\dfrac{1}{2\pi fc}$	$Z=r-j\dfrac{1}{\omega c}$ $Z=R /\!/ -j\dfrac{1}{X_C}$

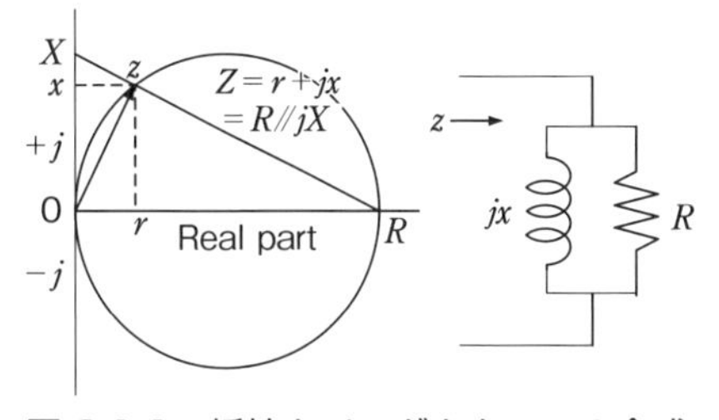

図2.1.1　抵抗とインダクタンスの合成

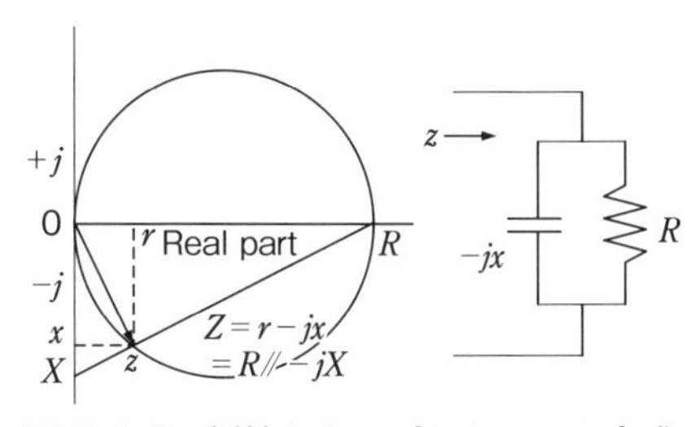

図2.1.2　抵抗とキャパシタンスの合成

の合成ベクトルを示した。高周波測定の全体を議論する前に、ここで表皮効果に触れてみたい。電波が伝搬するためには、その空間（媒質）は透磁率μと誘電率εで満たされている必要がある。それでは金属の中に高周波電流が流れるためには、金属の導電率σの中を伝導する。自由空間に導電率を持ち込んで電波伝搬を考えることはありません。金属の中には電波は侵入できないから。それでは電波が空間を飛んで来て金属に侵入したときに電波はどのような振る舞いをするのだろうか。それが直流から高周波への議論の入り口になる。

2-1-1　表皮効果とは高周波が導体に侵入して流れるときの抵抗値？

表皮効果は高周波回路では切っても切れない現象である。直流で云いう抵抗値が高周波では増加する。しかしバーチャルではないから、増加した抵抗に電流が流れれば電力損失が発生する。回路論や測定ではそれを包含して解析することになる。

2-1-2　導電率と抵抗率の違い

電流が流れ易いことを導電率σ（シグマ）が“大きい”とか“高い”とかいう。導電率の単位はS/m（ジーメンス / メータ）で表す。抵抗率ρ（ロー）の単位は$\Omega \cdot$m（オーム・メータ）で表す。それぞれは逆数の関係である。勘違いしないようにしないといけない。

2-1-3　電磁波から高周波電流にバトンタッチ

電磁波が「伝搬できる」→「導電率$\sigma=0$」であることを基本に考える。このとき空間は絶縁物状態、すなわち誘電体の中である。この方が電波の伝搬には好都合なのである。金属の中では「導電率$\sigma \neq 0$」なので電気の流れやすい状態ですから電波は伝搬できない状態になっている。この辺から理解が交錯するのかもしれない。整理すると、電波が伝搬するには「導電率$\sigma=0$」がいい、金属の中で電流が流れ易くするには「$\sigma \neq 0$」の方がいいということ。導電率$\sigma=0$とは真空中や空気中のこと。電磁波は導体でない空間を好んで伝搬して行く。それでは$\sigma \neq 0$とは何？　金属や導体の中のこと。この中では電波は伝搬できない。伝搬したとしても表面付近ですぐに減衰してしまう。導体内では電波は電流に姿を変えて流れるしかない。面白い現象だと思う。

2-2 集中定数回路と分布定数回路

2-2-1 抵抗ラダー回路の計算

集中定数回路の抵抗の並列ラダー回路を**図 2.2.1** に示す。インピーダンスのベクトル計算の中で抵抗の並列計算を試みることは少ないが、知っていると意外と便利である。これらの方法もインピーダンスとリアクタンスの並列合成手法に加えて理解しておくと活用できる。

2-2-2 伝送線路の基本的な考え方

図 2.2.2 は損失を持つ伝送線路の等価回路である。RとLのインピーダンスZとG（コンダクタンス）とCのアドミタンスで示すことができる。

図 2.2.3 は周波数が高い状態で、LC のラダー回路に置き換えた伝送線路の等価回路である。

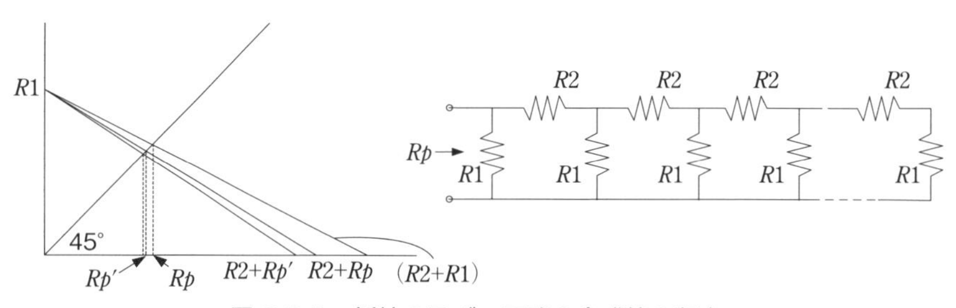

図 2.2.1 抵抗のラダー回路の合成値の収束

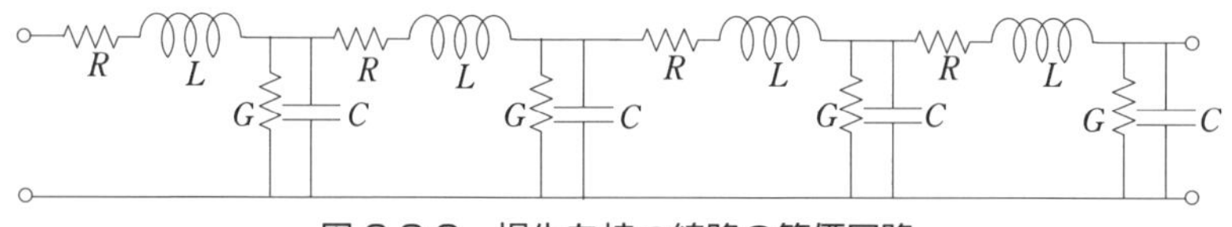

図 2.2.2 損失を持つ線路の等価回路

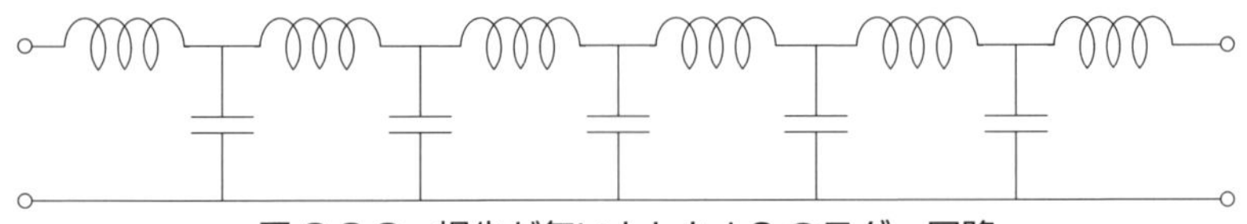

図 2.2.3　損失が無いとした LC のラダー回路

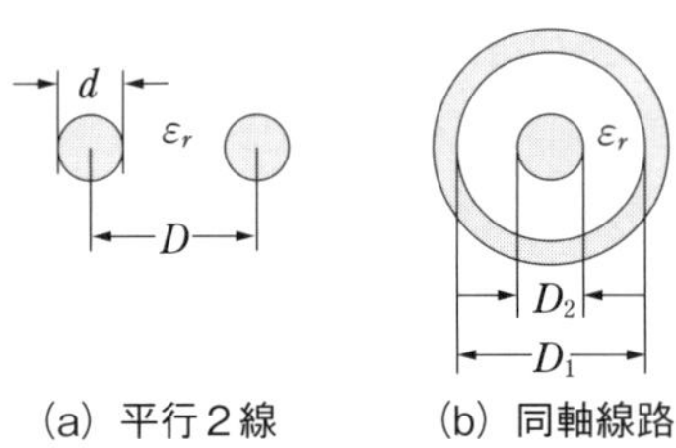

図 2.2.4　伝送線路の種類

一般的に線路の長さ当たりの LC が分かると、式（2.2.1）から線路の特性インピーダンスを計算することができる。

$$\omega L \gg R,$$

$$\omega C \gg G$$

$$Z_0 = \sqrt{\frac{L}{C}\left\{1 + j\left(\frac{R}{2\omega L} + \frac{G}{2\omega C}\right)\cdots\right\}} \qquad (2.2.1)$$

$$Z_0 = \sqrt{\frac{L}{C}}$$

平衡2線式ケーブルの LC は式（2.2.2）で示すことができる。

$$L \approx \frac{\mu}{\pi}\ln\frac{2D}{d}(H/m)$$

$$C \approx \pi\varepsilon/\ln\frac{2D}{d}(F/m) \qquad (2.2.2)$$

また、同軸ケーブルの LC は式（2.2.3）で計算できる。

$$L \approx \frac{\mu}{2\pi}\ln\frac{D_1}{D_2}(H/m)$$

$$C \approx 2\pi\varepsilon / \ln\frac{D_1}{D_2}(F/m) \tag{2.2.3}$$

2-2-3 伝送線路のインピーダンス

式（2.2.4）は伝送線路の入力インピーダンスを表す一般式である。それぞれZ_0は特性インピーダンス、Zrは負荷インピーダンス、そしてβは位相定数で$2\pi/\lambda$、lは伝送線路の長さである。これらが分かると減衰定数αの無い線路では三角関数の計算で簡単に解くことができる。

$$Z_{in} = Z_0 \frac{Z_r \cos\beta l + jZ_0 \sin\beta l}{Z_0 \cos\beta l + jZ_r \sin\beta l} \tag{2.2.4}$$

2-3 漂遊素子（キャパシタンスとインダクタンス）

ここで「漂遊金属」などという言葉を考えたのでこれを使いたい。漂遊とは読んで字の如しで「漂い遊ぶ」ということである。漂遊容量（Stray Capacity）という言葉は馴染みがあるのではと思う。このストレーキャパシティは、整合回路の設計でもどのくらいの量を加味するかは経験の要るところである。最近、「浮遊」容量という言葉を使っているのを耳にすることがあるが、漂遊容量で育ってきた身としては「浮遊」と云われると落ち着かい、大変違和感がある言葉である。私は、「浮遊」と聞くとマジックのイリュージョンをイメージしてしまう。

2-3-1 漂遊容量、金属を探せ

ここで、漂遊金属について少し触れたい。金属のフリーポテンシャルの回避ということになるが、これについては私の友人にこの道の権威の技術士もおり、話し始めたら止まらない。ここでは触りだけに留めたい。整合回路や送信装置をじっくりと覗いてみても金属部分で電位を持たないところは無いはずである。簡単に理解するには、その金属をテスタのオーム計でアース間と測定したときその抵抗値はゼロを指示すると思う。パッシブな金属回路で抵抗値に極性など

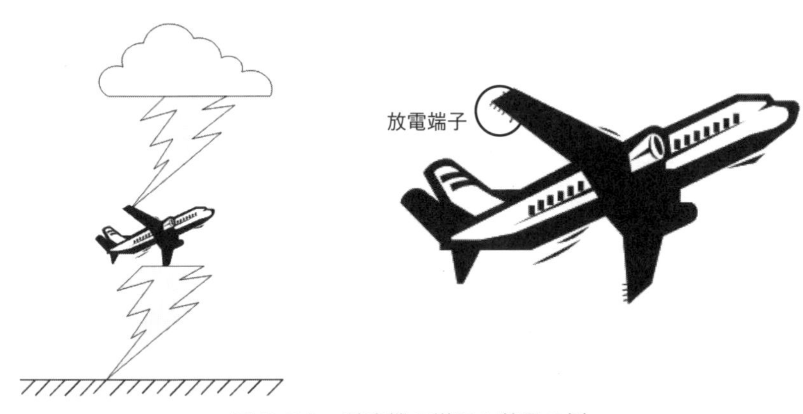

図 2.3.1　航空機の帯電と落雷の例

持っていたら要注意である。高電圧電位部分、又は接地電位といった具合に相手を特定できる。私は、原因不明の設備障害があると、漂遊金属部分を探すことにしている。先に議論した基部絶縁型のアンテナの支線もチョークコイルで接地されている。また小中規模の基部絶縁型アンテナ塔体は避雷用の基部コイル（100μH～200μH程度）で接地されている例が多い。アンテナの基部インピーダンスが大きいとドレインコイルのストレーキャパシティの影響で基部のインピーダンスを理論値よりも大きく変えてしまう。

図 2.3.1 に私の友人の技術士が飛行機を漂遊金属に見立てて誘雷について面白く説明していた例を参考に示す。その他、回路内に直流的にポテンシャルの決まっていないところを探すと結構面白い、是非トライしてみてほしい。これらの漂遊金属の議論は、高インピーダンス部分に取り付けられた金属体の議論に置き換えると理解し易い。全ての金属が絶縁物で浮いているわけでもないが、電位の安定化のためには誘電体損失が多少あった方が良いというおかしな議論にもなる。並列抵抗などでポテンシャルを決めるのも一つの方法であるが、この抵抗のメンテナンスも面倒である。

2-3-2　高圧印加試験と漂遊金属

高電圧の印加試験などやってみると、試験する誘電体供試物の固定には普通

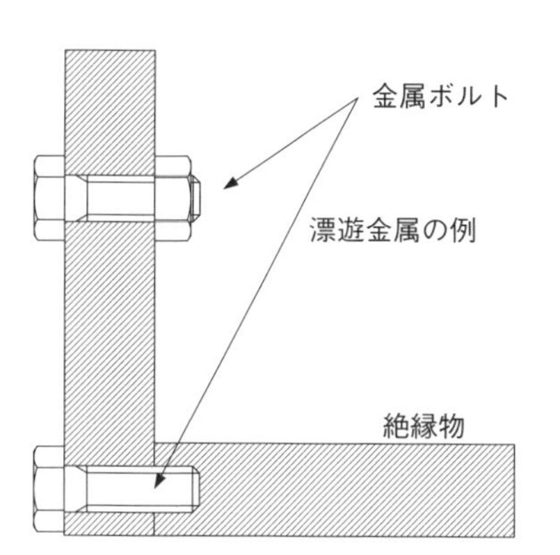

図 2.3.2　漂遊金属となる金属ボルトの例

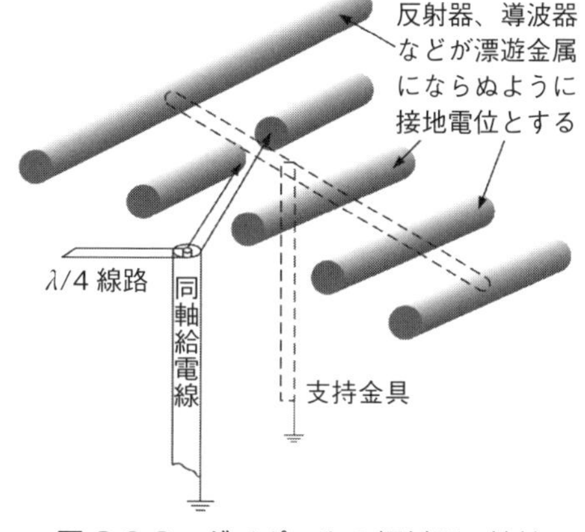

図 2.3.3　ダイポールの輻射器の接地

絶縁物を用いており、決して金属ボルトやビスなどで止めてはいない。**図 2.3.2** のように金属ビスで止めれば、そのビスが漂遊金属になってしまうからである。ビスの突起は曲率半径が小さいから電位傾度が大きくなり、自由空間と放電してしまうか、近くの金属を巻き添えにしてアーク放電をする。一般的には機械強度は低いが絶縁物のビスを用いている。特に高インピーダンス部分には要注意である。私のように大電力、高電圧、高電流の仕事をやってきた人間は特にこのような見方をするのかとも思うが、微弱電力の世界でも同様ではないだろうか。半導体や IC は低電圧で動作しているが、IC などの内部配線は微細化されており、電極間隔、配線の曲率半径からすると大きな電位傾度となっているのではと思う。この世界でも発想は同様かもしれない。**図 2.3.3** は八木アンテナのダイポール放射器の部分の接地を試みた例を紹介する。

2-4 回路素子の周波数特性

2-4-1 降雪時のアンテナの基部インピーダンスの周波数特性

図 2.4.1 は降雪によるアンテナ素子への融着等によりアンテナの特性インピーダンスが変化して、基部インピーダンスが Za から Za' に変化するイメージ

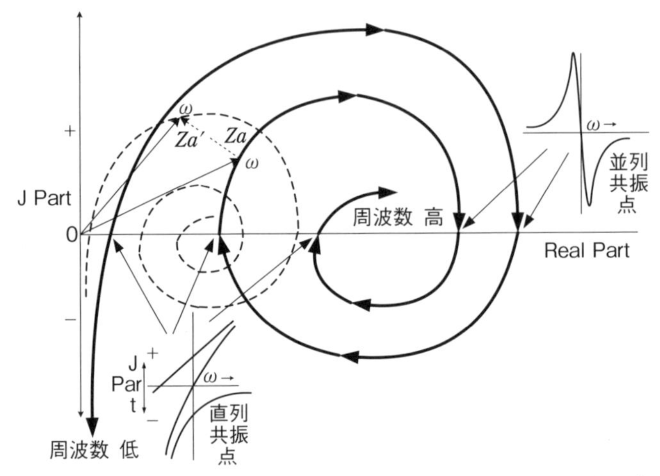

図 2.4.1 アンテナの特性インピーダンスの変化と基部インピーダンス

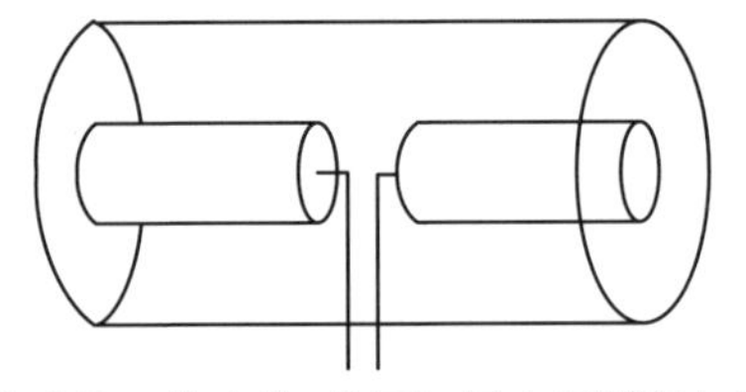

図 2.4.2 ダイポールアンテナの誘電カバー

を描いたものである。降雪に備えてアンテナ素子に誘電塗料の塗布、誘電カバー対策も行う。

図 2.4.2 はダイポールアンテナの放射器に取り付ける誘電カバーである。カバーを取り付けることでアンテナ特性の劣化は軽減される。素子の周辺をテフロンなどの誘電体でモールドする方法も考えられる。

2-4-2 インピーダンスのベクトル表現の一歩

筆者が、30数年前に考案した方法である。この手法を見つけたのは、川口ラジオ放送所に勤務していた頃である。当時、支線を利用した予備アンテナの整合を取る必要があった。このアンテナの基部インピーダンスが非常に低く、実数部は数オーム、虚数部が-Jの数百オームであった。当時、周波数が590kHz（現594）であったから、コンデンサ負荷に給電するようなものであった。夜間、インピーダンスブリッジでアンテナ定数を測定し、整合回路を調整するのであるが、なかなか整合過程の道筋が見えない。測定結果を使って素子を調整するが思うように行かない。その時、必要に迫られたのが、整合過程のインピーダンス軌跡をビジュアルに知る方法だった。計算尺や電卓を用いても調整の連続した状況が見えない。数日間、悩んで円線図を用いることを思いついた。一般的な教科書に載っているのは、**図 2.4.3** のような r から R への変換過程をスタティックに表現する方法であった。私の方法は、インピーダンスをダイナミックに**図 2.4.4** のように表現することを可能にした。

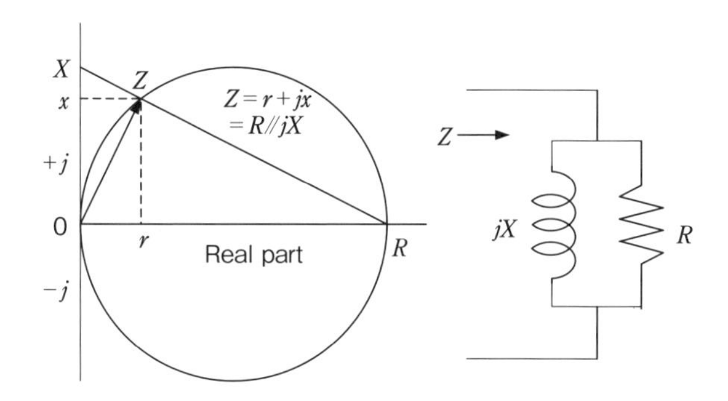

図 2.4.3 抵抗とインダクタンスの並列回路のインピーダンス

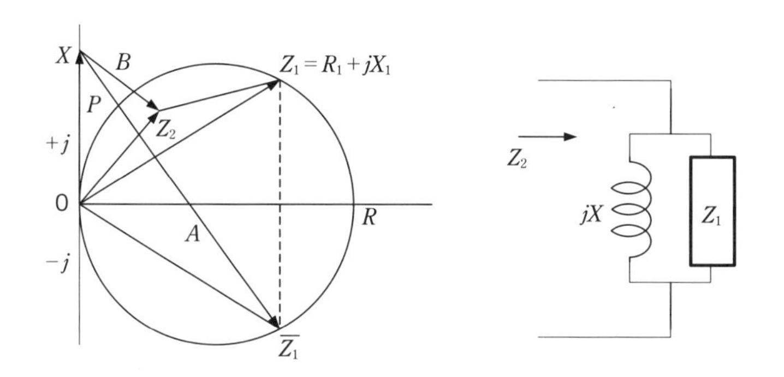

図 2.4.4 Z_1 と X の並列インピーダンスを求める作図の生成

2-5 L、C、Rの高周波での振る舞い

2-5-1 インピーダンス回路を流れる電流

電気、電子回路の勉強を始めたときに最初は直流から始める。次に交流回路、そして高周波回路と進んでいく。一般的に交流回路になるとインピーダンスが現れる。直流回路では抵抗Rが主であるが、交流回路になると抵抗やインダクタンス（コイル）、キャパシタンス（コンデンサ）との直列、並列回路になる。これをインピーダンス回路と云う。直流回路でもインダクタンスやキャパシタンスを扱うこともある。例えば過度現象などでは電気回路のスイッチのオン、オフのときの解析に出て来る。本書では高周波回路での抵抗R、インダクタンスL、そしてキャパシタンスCを含む合成回路をインピーダンスと考える。**図2.5.1**はアンテナやそれと等価な抵抗とインダクタンスの直列のインピーダンスである。

回路に交流電源を加えたときの電流によって現れる抵抗の端子電圧、インダクタンスの端子電圧をベクトルで（b）に表現した。

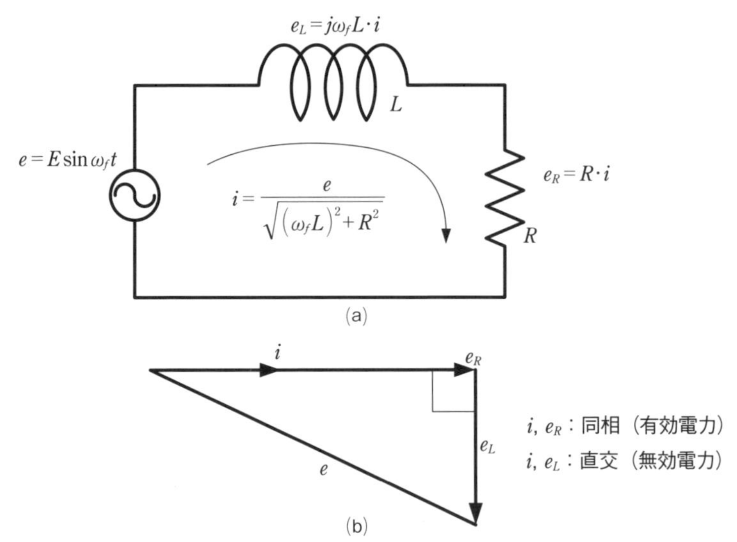

図2.5.1 インピーダンス回路を流れる電流と電圧

交流電源には、商用周波数である電源などの50Hz、60Hzから音声信号などのオーディオ信号は略20Hzから20,000Hz信号もある。さらに高周波では数十kHzから3THz（10^{12}Hz）くらいまでを電波と云う。インダクタンスやキャパシタンスは使用する周波数が異なるとこれらのリアクタンス値は異なるからリアクタンスは周波数の関数である。またインピーダンスを皮相抵抗と呼ぶこともある。

2-5-2 インピーダンスと周波数

図2.5.2はLCRのインピーダンス回路である。ここでは回路をL形に組み合わせた。本書では整合回路の議論を進めていくから、多少でもインピーダンス回路が実際の整合回路に近い方が役に立つと考える。このL形整合回路に周波数が0即ち直流を印加したときを（a）図に示した。少し周波数を高くして行く過程の合成インピーダンスを（b）図に表現した。たまたま周波数の条件が抵抗rに見える状態を示したがこの状態が整合ということもできる。後段で詳述したいと思う。更に周波数を高くしたときに（c）図のようにキャパシタンスCのリアクタンスは0となりインダクタンスLだけの$j\omega L$のリアクタンスとなってしまう。周波数が∞であればリアクタンスも∞となり、インピーダ

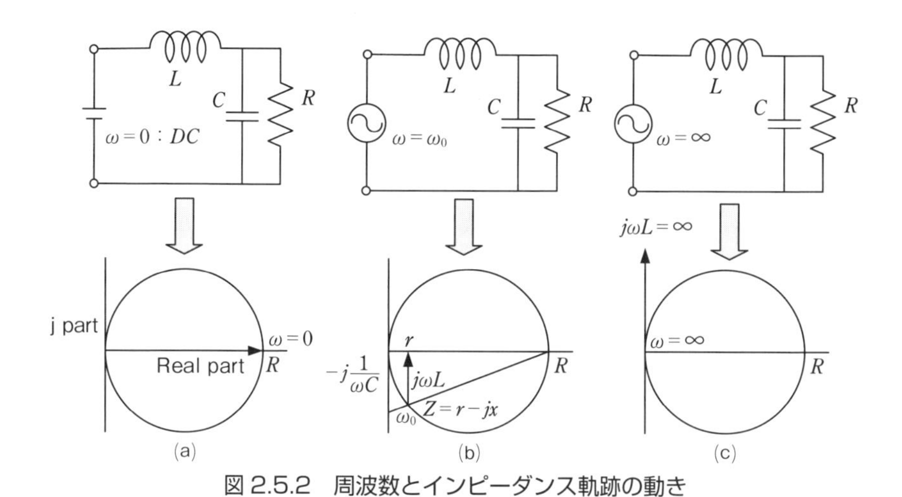

図2.5.2 周波数とインピーダンス軌跡の動き

ンスはこのように周波数によって変化する。

高周波の世界では、伝送路のインピーダンス、アンテナのインピーダンス、そして自由空間の電波インピーダンスなどが使われる。インピーダンスは複素数の世界である。抵抗は実数部で表現してリアクタンスは虚数部で表現する。

2-6 スキンエフェクト（表皮効果）

高周波回路を学習し始めると、必ず出てくるのがスキンエフェクトである。こればかりを深堀しても本論で扱う高周波測定の全般の解説が出来なくなるのでチョットだけ掘り進む程度にする。

2-6-1 導体を流れる高周波電流

高周波測定を扱うときに、伝送線路の抵抗が大きく見えることがある。これは金属に流れる高周波電流が表面付近に集中するためである。狭い部分に電流が流れることによって高周波抵抗は増加する。そのため直流で測った抵抗値では高周波回路を考えることが出来ない。

図2.6.1は導体に高周波電流が流れたときの電流密度である。表皮付近に電流が集中しているのが分かる。これがスキンエフェクトである。周波数が高くなれば益々表面付近に電流は集中する。

図2.6.2は金属による表皮電流の違いを示す。表皮の深さについては後段でもう少し掘っていきたい。

2-6-2 自由空間の電波が金属への侵入

金属の中には基本的に電磁波は存在しない。電界が無いのは金属内では電位が同一になってしまうからである。高周波回路では信号経路を導体で接続する。その導体に流れる高周波電流の様態については前項で述べた。ここでは電磁波が金属に侵入したときに暫くは薄い金属膜の中に留まるという視点でスキンエフェクトを考える。境界付近ではほとんどの電磁波は金属体で反射されるが、金属の中に少し浸みこんだ電磁界を扱ってみたい。ここで電波の強さを電界と

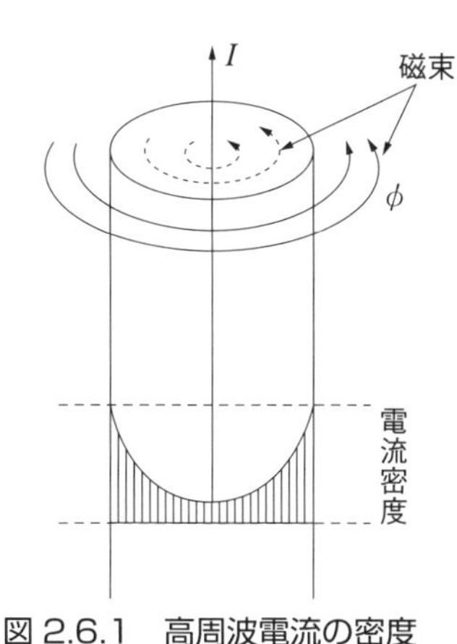

図 2.6.1 高周波電流の密度

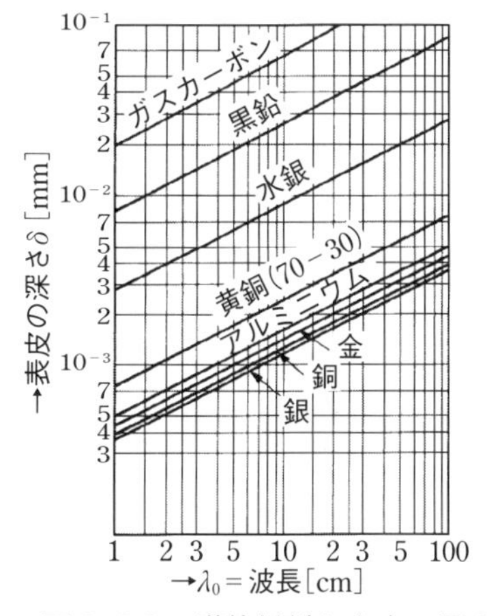

図 2.6.2 導体材料と表皮の深さ

磁界で表す。一般的には電界強度と磁界強度になる。高品質な通信を行うには電波強度は高い方がいい。電界の単位は（V/m）、磁界の単位は（A/m）で現される。電波はこれらの電界と磁界が相互に交錯しながら伝搬していく。電界と磁界の積を電力束密度（W/m^2）というエネルギで表現することもある。電磁波が空間から金属に突入したときにはどのように振る舞うのだろうか。当然金属面で反射して行く電波もあるし、金属中に入り込んで来る電波もある。金属中では電界や磁界は存在できないが、少しの厚みの隙間までなら電磁界は存在するとして考えることが出来る。

2-6-3 高周波電流は金属表面にしか流れない

金属中の高周波電流は、金属表面から表皮厚さδ（デルタ）しか実効的には流れない。これを表皮効果と云う。このδは周波数が高くなると小さくなる。即ち侵入の厚みが薄くなることが分かる。導電率σが大きくてもδは小さくなる。マイクロ波に用いる導波管でも高周波電流は管の内側の表面にしか流れない。通常は内側には銀メッキなど施してある。導波管をプラスチック製作して内側だけ金属メッキしても電気的性能は果たせそうである。なかなか機械的強度の関係で実現しないが。出来たら軽量化が可能かも知れない。

これまでの解説は、物性的な議論でした。他に表皮効果を導線内に電気回路の逆起電力を用いて考える方法などもある。

我々は高周波回路の接続施工に中空の銅管などを用いて行うことがある。中波帯では便宜的に、10mmϕ の銅管で3倍の30 (A) 流せるとして設計する。1 mmϕ では実効値で3 (A) になる。

2-7 高周波測定におけるエネルギ置換法

2-7-1 電気エネルギの単位の換算

高周波の電流、電圧、そして電力を測定するには、直接その物理量を測定することが出来れば簡単である。先にも述べたように漂游容量やスキンエフェクトなどが高周波の測定は一筋縄でいかない部分が多々存在する。

電子の世界ではeV（エレクトロンボルト）などをエネルギの値として議論を行うことがある。半導体のバンド理論などでは馴染みがある。

表2.7.1は電気エネルギの単位を示した。

2-7-2 光のエネルギの換算

光電効果などでお馴染みの光の持つエネルギを E、光の振動数を ν、プランク定数を h とすると、$E = h\nu$ の式が成り立つ。エネルギは振動数に比例するということであり、プランク定数はこの式における比例定数である。その値は、$6.62606876(52) \times 10^{-34}$J·s である。

表2.7.1 電気エネルギの単位

	ジュール	キロワット時	電子ボルト	重量キログラムメートル	カロリー
1 J	$= 1$ kg·m^2/s^2	$\approx 0.278 \times 10^{-6}$	$\approx 6.241 \times 10^{18}$	≈ 0.102	≈ 0.239
1 kWh	$= 3.6 \times 10^6$	$= 1$	$\approx 22.5 \times 10^{24}$	$\approx 0.367 \times 10^6$	$\approx 0.860 \times 10^6$
1 eV	$\approx 0.1602 \times 10^{-18}$	$\approx 44.5 \times 10^{-27}$	$= 1$	$\approx 16.3 \times 10^{-21}$	$\approx 38.3 \times 10^{-21}$
1 gf·m	$= 9.80665$	$\approx 2.72 \times 10^{-6}$	$\approx 0.613 \times 10^{18}$	$= 1$	≈ 2.34
1 cal_{IT}	$= 4.1868$	$\approx 1.163 \times 10^{-6}$	$\approx 0.261 \times 10^{20}$	≈ 0.427	$= 1$

2-7-3 換算するために媒介するもの

高周波の電流や電圧を上手にピックアップするために、高周波電流計や高周波電圧計を用いる。ストレーキャパシティや表皮効果を打ち消すように抽出できればいいのだが、負荷の形状や伝送路の長さによっては誤差を生ずることがある。従ってエネルギ換算するためのデバイスへの信号の挿入方法にも気を使う。それと負荷の形状上による熱などの発散などもある。

図 2.7.1 に示したのはエネルギの各種の換算において置換デバイスを介したイメージである。もっと別の物理量に高周波を置換した方が測定精度を上げることが出来るかもしれない。一般的に用いるのが熱を媒介にしたデバイスである。熱はエネルギの基底状態で多くの物理量の行きつく先と考えることが出来る。エントロピーが増大して熱に変化した状態を検出する方法が有効かもしれない。

図 2.7.2 はボロメータの変換特性の例である。直流もしくは高周波の電力を

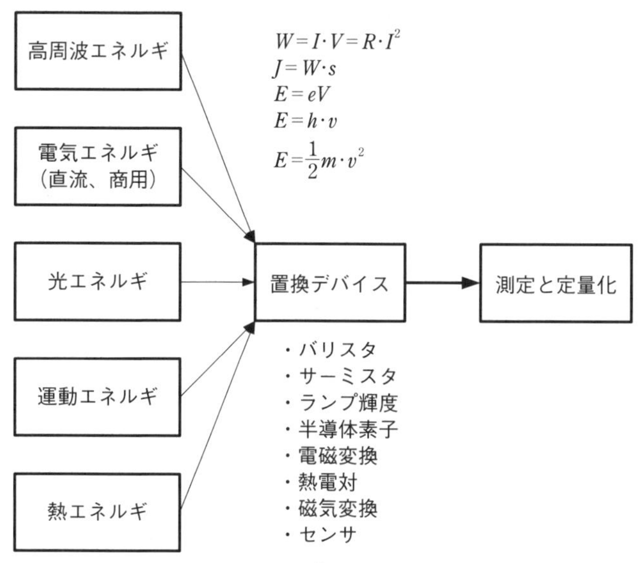

図 2.7.1　エネルギの換算の関連性

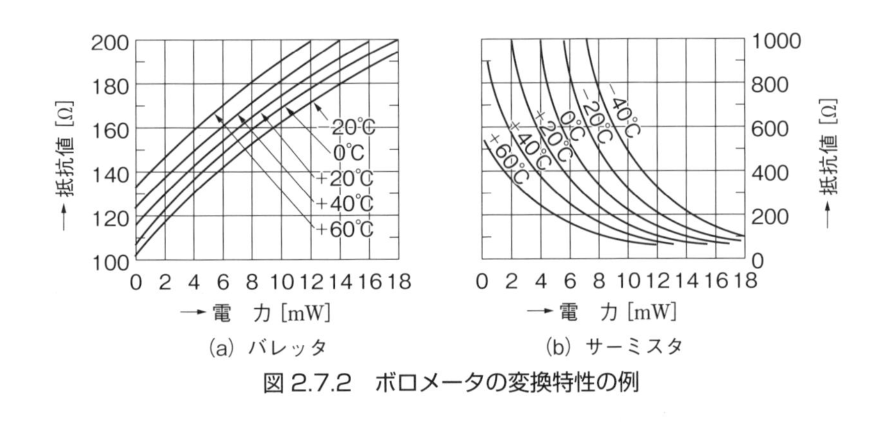

(a) バレッタ (b) サーミスタ

図 2.7.2 ボロメータの変換特性の例

印加したときに抵抗値の変化を押さえておけば、その抵抗値になった時が同様の電力量と考えることができる。電流、電圧または電力の測定に用いられる変換デバイスである。電力と抵抗値の変化には直線性は無いがポイントで値を決めることにすれば、直流印加と高周波印加との互換性、同等性が保証される。他に異種金属を接合した熱電対などもあり、通過させる電力の実効値を指示させることが可能である。

2-8 インピーダンスと整合回路

2-8-1 円線図による整合回路の設計

筆者が川口放送所勤務のときに考案したのが円線図によるインピーダンス整合手法である。重要なのは整合途中に所要インピーダンスとして $R \pm jX$ が要求される場合の解法である。要求値に対して逐一回路方程式を解いて整合素子を求めていたのでは面倒である。円線図解析手法を私が発案したのが1974年ころであったから、まだPC（パソコン）の普及以前、夜間保守などでは短時間で整合を取ることが求められた。この円線図を用いることで整合途中インピーダンスの状況、選定すべき回路素子定数をビジュアルに把握することが出来た。

2-8-2 $\lambda/4$ 回路の応用とインピーダンス軌跡

π 型、T 型整合の素子定数を全て $R = X$ とした時に $\lambda/4$ 回路が形成できる。**図 2.8.1** の $\lambda/4$ 回路は、LPF（低域通過濾波器）構成でも、HPF（高域通過濾波器）構成のいずれの設計も可能である。LPF 構成では、一般的に送信機の終段に置いて増幅器で発生する高調波成分を除去する目的で使用することが多い。HPF 構成は、アンテナの基部整合回路の付近に設置して、落雷などの低域周波数成分の誘導サージがアンテナから送信機に向かうのを阻止する目的で使用することが多い。

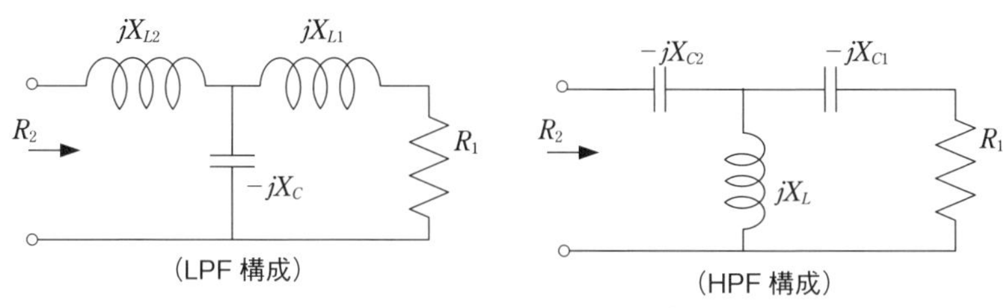

図 2.8.1 T 型の $\lambda/4$ 回路

負荷インピーダンス R_1 が大のときには $\lambda/4$ の入力インピーダンス R_2 は逆に小さくなる。この点に着目すれば、伝送路の途中に実装して落雷時などのアンテナインピーダンスの急変に対して送信機の増幅デバイスのトランジェント電流の抑圧も可能である。**図2.8.2** に T 型の $\lambda/4$ 回路インピーダンス軌跡を示した。

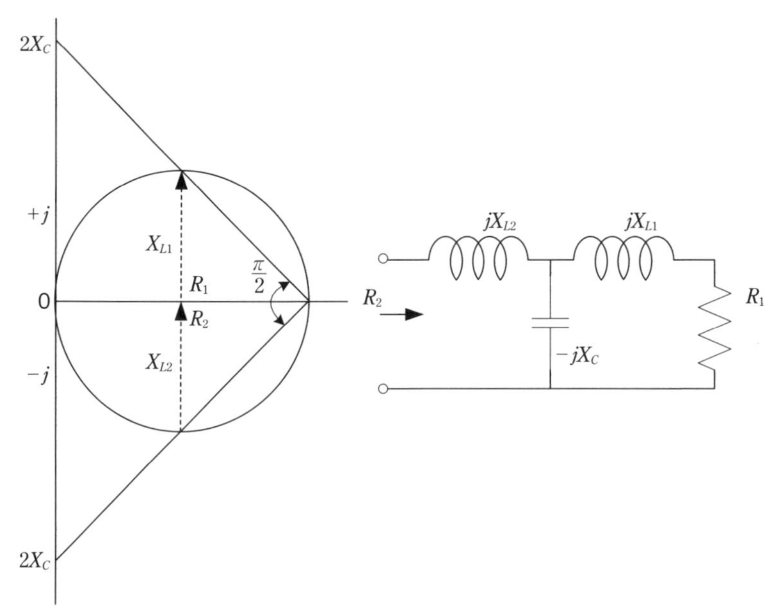

図 2.8.2 T 型の λ/4 回路インピーダンス軌跡

2-8-3 インピーダンスの並列のインピーダンス軌跡

円線図によるインピーダンス整合法を用いて二つのインピーダンスの合成値を求めてみたのが、**図 2.8.3** である。Real-part の並列合成を図上で演算するために並列抵抗補助線を用いた。円線図による演算は一見複雑に見えるかもしれないが、一定のルールで順番に軌跡を描いていくから PC 向きかと考える。計算表示のソフト化もされているから現場では画面を見ながら作業が出来る。

図は並列インピーダンスを求める円線図であり途中を省いて結果を示した。白の矢印が最終的に求める Z_p である。Z_1 と Z_2 は元のインピーダンスである。整合はインダクタンスとキャパシタンスを使うのが一般的である。整合素子の中に Real-Part の抵抗素子を挿入するのは特殊であり、回路に緩衝機能を持たせる場合などを考慮した。

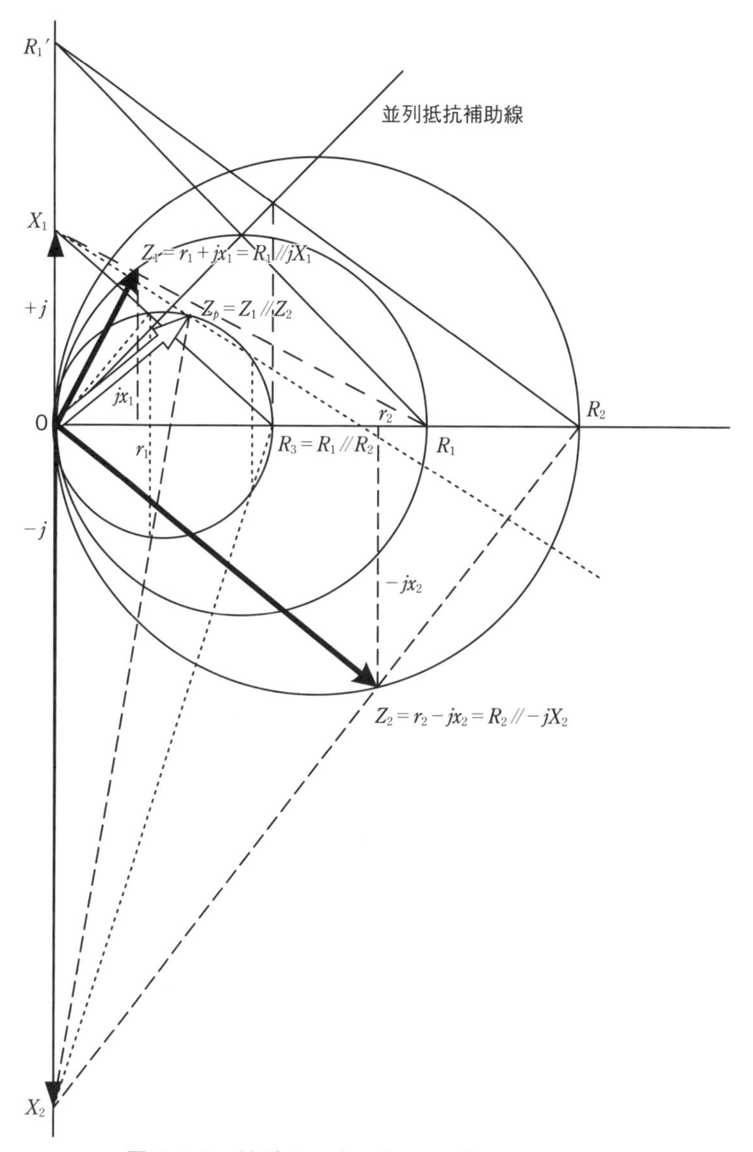

図 2.8.3 並列インピーダンスを求める軌跡

コラム② 幾何平均の理解と応用

C2 明瞭度と特性インピーダンスの幾何平均

コラムで数式を用いて解説するのを避けたかったがお許し願います。オーディオと高周波の測定の例を解説します。ここでは、どちらも幾何平均を思いている点が面白い。

C2-1 音声信号の明瞭度と標本化

音声のデジタル信号処理を簡単に考えてみたい。一般的な音声信号帯域は、50Hzから20kHz程度の伝送を考えることが多い。デジタル信号の伝送する周波数帯域は音声の明瞭度の関係から、幾何平均周波数f_Mは、$f_M=\sqrt{f_L \times f_H}$と云われている。明瞭度と周波数特性のイメージを**図C1.1**に示すが、幾何平均値f_Mが630～700Hzくらいの値と云われている。630～700$=\sqrt{f1 \cdot f2}=\sqrt{f3 \cdot f4}$ (Hz)。従って、高音質な伝送で高域周波数f_H=20000 (Hz) とすると、700$=\sqrt{f_L \times 20000}$から、低域の所要周波数f_Lは約25Hzとなる。逆に中音質な伝送では高域周波数f_L=5000 (Hz) とする

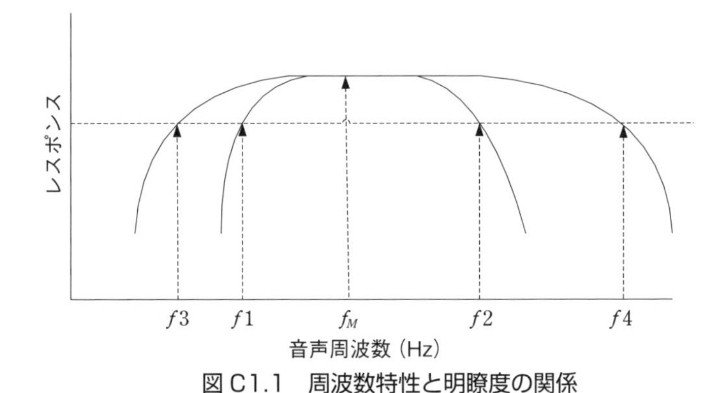

図C1.1 周波数特性と明瞭度の関係

と、$700=\sqrt{f_L \times 5000}$ から、低域所要周波数 f_L は100Hz程度となる。音声の高域を延ばせば、低域を下げる必要が出てくる訳で、オーディオマニアは音声の高域の増強のための出力トランスの選定やOTL（output transformer less）回路や、低域特性の改善のために増幅器段間の結合コンデンサの容量アップ、増幅器の直結回路の設計に神経を使っていた。話が反れたが、周波数の高域を伸ばすと、標本化周波数も上げることになるから伝送レートが増加することは承知したい。

C2-2 伝送線路のインピーダンス

少し唐突だが、式（C2.1）は伝送線路の入力インピーダンス Zin を表す一般式である。それぞれ Z_0 は特性インピーダンス、Zr は負荷インピーダンス、そして β は位相定数で $2\pi/\lambda$、l は伝送線路の長さである。詳細は改めて項を設けて解説したいと考えているが。

$$Z_{in}=Z_0\frac{Zr\cos\beta l+jZ_0\sin\beta l}{Z_0\cos\beta l+jZr\sin\beta l} \qquad \text{(C2.1)}$$

式（C2.2）は逆に入力インピーダンスから負荷のインピーダンスを逆算できる。

$$Zr=Z_0\frac{Z_{in}\cos\beta l-jZ_0\sin\beta l}{Z_0\cos\beta l-jZ_{in}\sin\beta l} \qquad \text{(C2.2)}$$

式（C2.3）は伝送線路の負荷端が短絡のときの入力インピーダンスである。値は虚数項になる。線路の長さによって±j-partをとります。

$$Z_{in}(short)=jZ_0\tan\beta l \qquad \text{(C2.3)}$$

式（C2.4）は伝送線路の負荷端が開放のときの入力インピーダンスである。やはり値は虚数項になる。これも線路の長さによって±j-partをとる。

$$Z_{in}(open)=-jZ_0\cot\beta l \qquad \text{(C2.4)}$$

次に式（C2.5）は、式（C2.3）と式（C2.4）の値の幾何平均から線路の特性インピーダンスを算出することを示す（**図 C1.2**）。

$$Z_0 = \sqrt{Z_{in}(short) \cdot Z_{in}(open)} \qquad \text{(C2.5)}$$

ここで整理すると、伝送線路の特性インピーダンスは、線路の負荷端をopen、shortとしたときの線路の入力インピーダンスを知り、その値の幾何平均から求めることも出来ることが分かる。先に解説した音声の明瞭度の算出も特性インピーダンスの算出にも幾何平均を用いている点が興味深い。

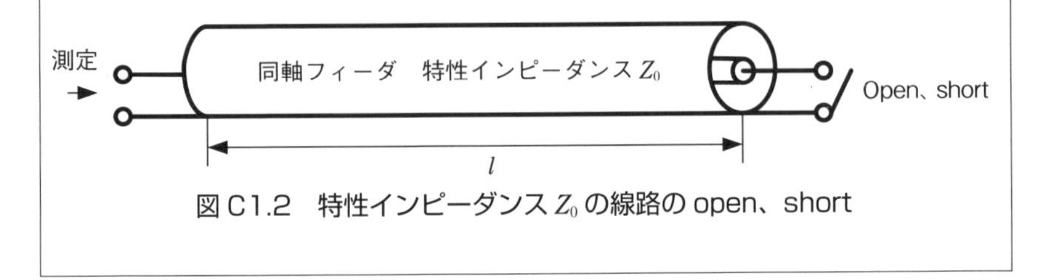

図 C1.2　特性インピーダンス Z_0 の線路の open、short

第3章 高周波測定の準備

イラストはパルス波を描いてみた。パルスを考えるときに一度きりしか来ない単独パルスの周波数スペクトラムはどうなるか？　一度きりのパルスだから無視してもいいのか？　このパルスのエンベロープはパルスの幅で決まる形である。そのエンベロープの中は真っ黒。あらゆる周波数が詰まっていると考えていい。その単独パルスが周期的に数を増やし始めた連続パルスとなると先のエンベロープの中の霧が晴れて、線スペクトラムが見えてくる。不思議である。エンベロープの形はそのままで中には先鋭なスペクトラムが出現する。

イラストのパルスは直流分を持つから周波数がゼロの位置のスペクトラムは直流レベルである。それとディーティファクタが50%としたから奇数次のスペクトラムのみが現れてくる。ディスクリートなパルスの混沌とした周波数成分の中から連続パルスでは線スペクトラムが出てくるのは興味深い。

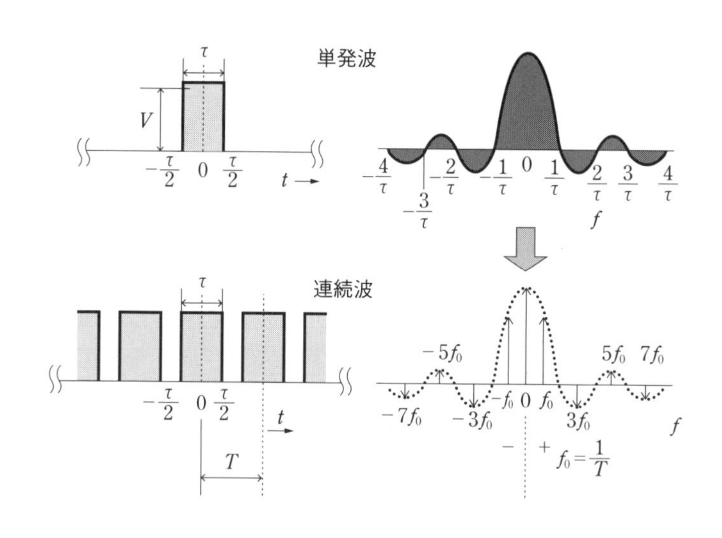

3-0 第3章と第5章との関連性マトリクス

高周波の測定などに用いる基本的な事項（第３章）と実際の測定管理項目（第５章）との本書で取り扱っている内容の関連性をマトリクスにした。

多少でも関連性のあるものは○を表示した。

第3章と第5章との関連性マトリクス

	一般	半導体デバイス	増幅回路の効率	回路間の整合	IP3と相互変調	ベクトル解析
1	実効値（r.m.s）を考える		○		○	○
2	双曲線関数から三角関数へ	○	○	○		○
3	フーリエ級数とパルス波	○	○		○	○
4	雑音の正体と通信の限界	○	○		○	○
5	雑音の特徴	○	○		○	
6	コモンモードとノルマルモードの雑音		○	○	○	○
7	電子技術者必須のデシベル計算	○	○		○	○
8	NF計算とCNの加算・減算方法	○			○	○
9	マルチパスとC/Nの加算・減算方法			○		○
10	n次ひずみを図で加算する	○	○		○	○
11	伝送線路とスミスチャート			○		○
12	リターンロスの考え方			○		○
13	ヘテロダイン（周波数変換）	○			○	
14	VCOの動作			○		
15	分周・逓倍回路	○	○		○	○
16	PLL回路の動作					○
17	複素電圧ベクトルの求め方		○	○	○	○

	放送	OFDM伝送とテレビ	FM、AMラジオ	アンテナimpedance	電波伝搬、電界	デジタル設備
1	実効値（r.m.s）を考える	○	○			
2	双曲線関数から三角関数へ		○		○	
3	フーリエ級数とパルス波	○	○			○
4	雑音の正体と通信の限界	○	○		○	○
5	雑音の特徴	○	○		○	○
6	コモンモードとノルマルモードの雑音	○	○			○
7	電子技術者必須のデシベル計算	○	○		○	○
8	NF計算とCNの加算・減算方法	○	○		○	○
9	マルチパスとC/Nの加算・減算方法	○	○		○	○
10	n次ひずみを図で加算する	○	○			○
11	伝送線路とスミスチャート		○	○	○	
12	リターンロスの考え方	○	○	○		○
13	ヘテロダイン（周波数変換）	○	○		○	○
14	VCOの動作		○	○		
15	分周・逓倍回路		○			○
16	PLL回路の動作	○	○	○		○
17	複素電圧ベクトルの求め方	○	○	○	○	○

	通信	MIMO	マイクロ波	LTE	PLC	フィルタ
1	実効値（r.m.s）を考える	○	○			○

2	双曲線関数から三角関数へ	○	○	○		○
3	フーリエ級数とパルス波	○	○	○		○
4	雑音の正体と通信の限界	○	○		○	○
5	雑音の特徴	○	○	○	○	
6	コモンモードとノルマルモードの雑音				○	○
7	電子技術者必須のデシベル計算	○	○	○	○	○
8	NF計算とCNの加算・減算方法	○	○	○	○	
9	マルチパスとC/Nの加算・減算方法	○	○	○	○	
10	n次ひずみを図で加算する	○	○	○		
11	伝送線路とスミスチャート	○	○	○	○	
12	リターンロスの考え方		○			○
13	ヘテロダイン（周波数変換）	○	○	○		
14	VCOの動作	○	○		○	○
15	分周・逓倍回路	○	○		○	
16	PLL回路の動作	○	○		○	
17	複素電圧ベクトルの求め方	○	○	○	○	○

	電源	電源と高調波	電源の力率	電力変換装置	電池の管理	パーセントZ
1	実効値（r.m.s）を考える	○	○	○	○	○
2	双曲線関数から三角関数へ	○	○	○	○	○
3	フーリエ級数とパルス波	○	○	○	○	○
4	雑音の正体と通信の限界	○		○	○	
5	雑音の特徴	○		○		
6	コモンモードとノルマルモードの雑音	○		○		○
7	電子技術者必須のデシベル計算	○		○	○	○
8	NF計算とCNの加算・減算方法	○		○		
9	マルチパスとC/Nの加算・減算方法	○				
10	n次ひずみを図で加算する	○		○		
11	伝送線路とスミスチャート	○				○
12	リターンロスの考え方		○			○
13	ヘテロダイン（周波数変換）			○		
14	VCOの動作	○		○		
15	分周・逓倍回路		○	○		
16	PLL回路の動作		○	○		
17	複素電圧ベクトルの求め方	○	○	○	○	○

	ノイズ	雷サージと高周波	照明装置と雑音	コモンとノルマル	光アイソレータ	電波の人体暴露
1	実効値（r.m.s）を考える	○	○	○	○	○
2	双曲線関数から三角関数へ	○	○		○	○
3	フーリエ級数とパルス波	○	○		○	○
4	雑音の正体と通信の限界	○	○		○	○
5	雑音の特徴	○	○	○	○	
6	コモンモードとノルマルモードの雑音	○	○	○	○	○
7	電子技術者必須のデシベル計算	○	○	○	○	○
8	NF計算とCNの加算・減算方法	○	○	○	○	
9	マルチパスとC/Nの加算・減算方法	○		○		
10	n次ひずみを図で加算する	○	○			
11	伝送線路とスミスチャート	○		○		○
12	リターンロスの考え方	○			○	
13	ヘテロダイン（周波数変換）				○	
14	VCOの動作					
15	分周・逓倍回路					
16	PLL回路の動作					
17	複素電圧ベクトルの求め方	○	○	○	○	

写真3.1.1　送信所の電源引き込み柱とPASの例

3-1 実効値（r.m.s）を考える

写真3.1.1は、送信所の受電設備の柱状受電引き込み部の一例である。電圧は6,600Vの２系統受電が一般的でPAS（Pole Air Switch）には停電側を検出して自動で有電圧側に切替える機能を実装する場合もある。

3.1.1　電力の計算と実効値電圧

少し、若いころを思い出して交流の実効値の計算と幾つかの電力の計算をしてみたい。正弦波電圧や電流を扱う時に、平均値、実効値、尖頭値（peak）で考えることがある。ここでは実効値の計算をしてみたい。昔、計算をした人は少し思い出してほしい。

電源の瞬時値をeとした時の実効値電圧を計算してみる。

$$e = E\sin\omega t \tag{3.1.1}$$

但し、e：瞬時値、E：最大値（尖頭値）、ω：角周波数　$2\pi f$、t：時間。

実効値はRMS（Root, Mean, Square）であるから、電圧の瞬時値を、（二乗、平均、平方根）の順序で計算を進める。**図3.1.1**にその階層をイメージした。

実効値E_eの計算式は以下の通りである。

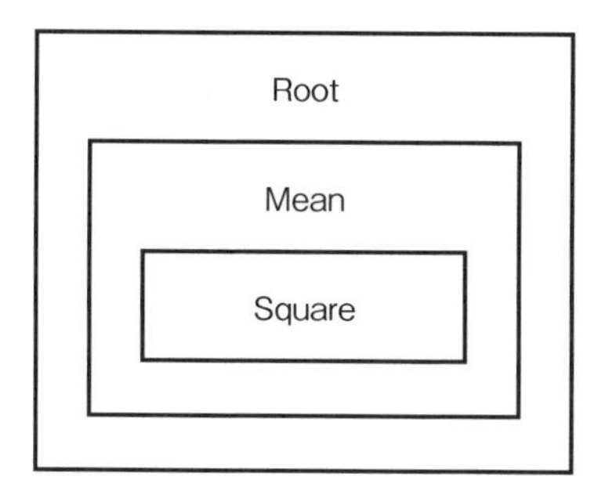

図 3.1.1　実効値（RMS）の計算の階層

$$E_e = \sqrt{\frac{1}{2\pi}\int_0^{2\pi}(E\sin\omega t)^2\,d(\omega t)} \tag{3.1.2}$$

たまには教科書を覗いて、積分の計算などしてみたい。その前に、**図 3.1.2** は正弦波の二乗の意味を図解したものである。ここでは三角関数のおさらいをさせていただく。

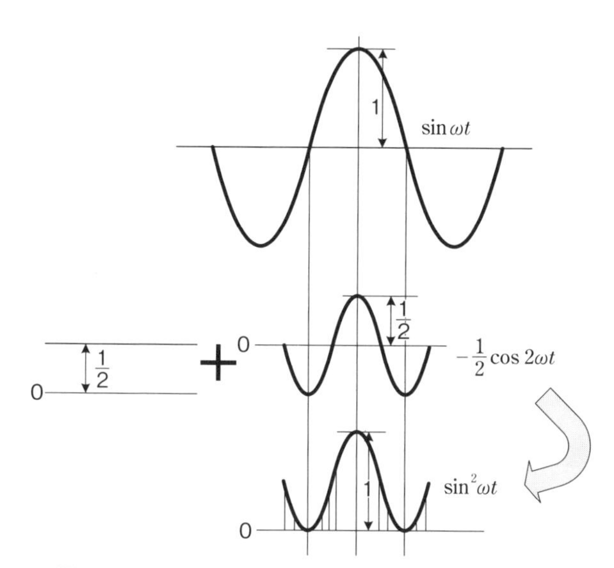

図 3.1.2　正弦波の二乗の図解（振幅は 1 で正規化）

$$\sin^2\omega t = \frac{1-\cos 2\omega t}{2}$$
$$(\sin 波)^2 = \frac{1}{2}[直流値 - 2倍の周波数の(\cos 波)] \tag{3.1.3}$$

とも考えることができる。電圧を二乗にしたことで電力のディメンジョンとして考えることになる。

教科書を紐解きながら、最初に1周期（0～2π）で積分してみる。たまには最後まで計算するのも気持ちがいい。

$$\begin{aligned}\int_0^{2\pi}(\sin\omega t)^2 d(\omega t) &= \int_0^{2\pi}\frac{1}{2}(1-\cos 2\omega t)d(\omega t)\\ &= \left|\frac{1}{2}(\omega t) - \frac{1}{4}\sin 2(\omega t)\right|_0^{2\pi}\\ &= \left[\frac{1}{2}\times 2\pi - \frac{1}{4}\sin 4\pi\right] - \left[\frac{1}{2}\times 0 - \frac{1}{4}\sin 0\right]\\ &= [\pi - 0] - [0-0] = \pi\end{aligned} \tag{3.1.4}$$

結果を整理し再掲すると、

$$\int_0^{2\pi}(\sin\omega t)^2 d(\omega t) = \pi \tag{3.1.5}$$

ここで、やっとルートで開いて（RMS）値：$\boldsymbol{E}_e$を得ることができた。

$$\boldsymbol{E}_e = \sqrt{\frac{1}{2\pi}\boldsymbol{E}^2\pi} = \frac{1}{\sqrt{2}}\boldsymbol{E} \tag{3.1.6}$$

3-2 双曲線関数から三角関数へ

3-2-1 同軸線路の損失は何故あるの

電線は損失を持ちそうなのは想像できる。先ず金（gold）で作っても導電率は∞大ではないので損失は0にならない。まだ銀の方が導電率は高いから電気回路には使用される機会が多い。線路が短ければ損失をあまり気にすることはないが、伝送線路が長くなると送受信装置とアンテナとの損失を考慮してブースタ増幅や送信出力のパワーアップが必要になる。

3-2-2 伝送線路の損失が特性インピーダンスによって変わる

図 3.2.1 の伝送線路の等価回路から式（3.2.1）のように線路のインダクタンスとキャパシタンスによって特性インピーダンスが決定される。厳密に云うと抵抗成分 R、コンダクタンス成分 G が無視できない領域では特性インピーダンスが実数として扱えないことも式の展開から理解できるが、一般的には伝送線路の特性インピーダンスは実数部のみと考える。

$$\omega L \gg R,$$

$$\omega C \gg G$$

$$Z_0 = \sqrt{\frac{L}{C}\left\{1 + j\left(\frac{R}{2\omega L} + \frac{G}{2\omega C}\right)\cdots\right\}} \tag{3.2.1}$$

$$Z_0 = \sqrt{\frac{L}{C}}$$

次に伝送線路の伝達関数 γ を考える。伝達関数には減数定数 α と位相定数 β が定義されている。演算のプロセスを以下に示す。

$$\begin{aligned}\gamma &= \pm\sqrt{ZY} = \pm(\alpha + j\beta)\\ &= \pm\omega\sqrt{LC}\left(j + \frac{R}{2\omega L} + \frac{G}{2\omega C} + \cdots\right)\end{aligned} \tag{3.2.2}$$

次に減衰定数 α は、式（3.2.3）のように表すことができる。

$$\begin{aligned}\alpha &= \frac{R}{2}\sqrt{\frac{C}{L}} + \frac{G}{2}\sqrt{\frac{L}{C}}\\ &= \frac{R}{2}\cdot Z_0 + \frac{G}{2}\cdot\frac{1}{Z_0}\end{aligned} \tag{3.2.3}$$

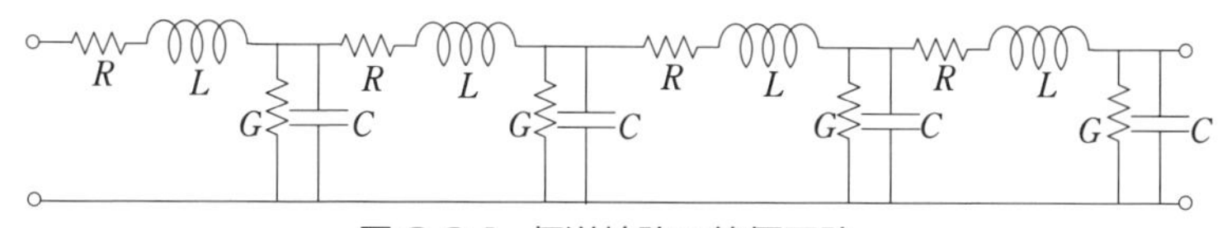

図 3.2.1 伝送線路の等価回路

3-2-3 分布定数線路の解説

分布定数線路を**図 3.2.2** に示す。任意の点 x における電圧と電流を、

$$\left.\begin{aligned} V_x &= V_s\cosh\gamma x - I_s Z_0 \sinh\gamma x\,[\mathrm{V}] \\ I_x &= I_s\cosh\gamma x - \frac{V_s}{Z_0}\sinh\gamma x\,[\mathrm{A}] \end{aligned}\right\} \tag{3.2.4}$$

$$\gamma = \alpha + j\beta$$

但し、γ：伝搬定数、α：減衰定数、β：位相定数。

電源側入力端のインピーダンス値は、

$$Z_{\mathrm{in}} = Z_0 \frac{Z_r\cosh\gamma l + Z_0\sinh\gamma l}{Z_0\cosh\gamma l + Z_r\sinh\gamma l}\,[\Omega] \tag{3.2.5}$$

但し、

$$\cosh\alpha = (e^{\alpha} + e^{-\alpha})/2,\quad \sinh\alpha = (e^{\alpha} - e^{-\alpha})/2$$

双曲線関数：ハイパブリックは Z_0、γ が複素数となるため解析が面倒である。

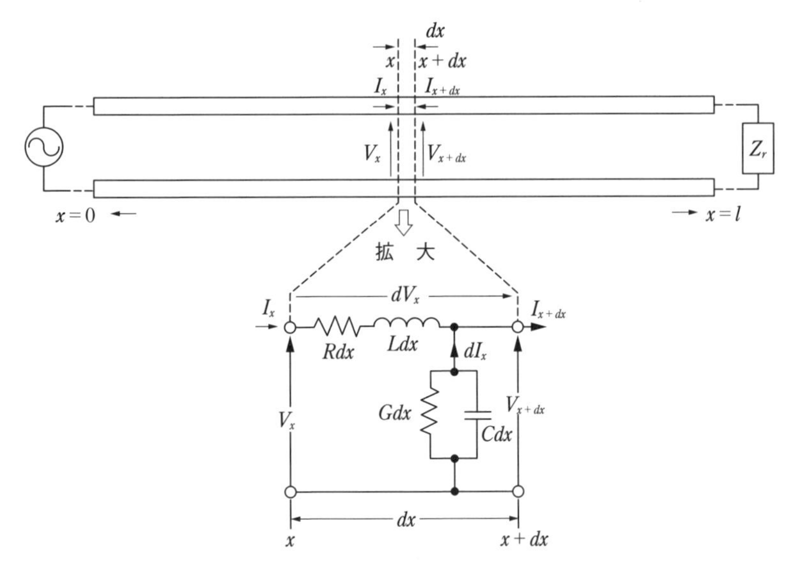

図 3.2.2 伝送路の電圧と電流

一般に高周波伝送路の α は、

$$\alpha = \sqrt{\frac{1}{2}\left\{\sqrt{(R^2+\omega^2L^2)(G^2+\omega^2C^2)}-(\omega^2LC-RG)\right\}} \qquad (3.2.6)$$

$R \ll j\omega L$、$G \ll j\omega C$ と考えられるから、$\alpha=0$ とおけるから、$\gamma \fallingdotseq \mathrm{j}\beta$ となるので、任意の点の電圧と電流は、

$$V_x = V_r\cos\beta(l-x)+jI_rZ_0\sin\beta(l-x)\,[\mathrm{V}] \qquad (3.2.7)$$

$$I_x = I_r\cos\beta(l-x)+j\frac{V_r}{Z_0}\sin\beta(l-x)\,[\mathrm{A}] \qquad (3.2.8)$$

x 点のインピーダンスは、

$$Z_x = Z_0\frac{Z_r\cos\beta(l-x)+jZ_0\sin\beta(l-x)}{Z_0\cos\beta(l-x)+jZ_r\sin\beta(l-x)}\,[\Omega] \qquad (3.2.9)$$

x が0の点、即ち伝送路の入力端のインピーダンスは、

$$Z_{\mathrm{in}} = Z_0\frac{Z_r\cos\beta l+jZ_0\sin\beta l}{Z_0\cos\beta l+jZ_r\sin\beta l}\,[\Omega] \qquad (3.2.10)$$

で与えられる。

実際の同軸線路は損失を持つが、使用長は数百メータ程度であり減衰量が大きくなるときには開口径の広いフィーダを使用する。損失を加味することは少ないので実用的な三角関数の式が利用される。

3-3 フーリエ級数とパルス波

3-3-1 ひずみ波のフーリエ級数展開

連続したひずみ波は直流値 a_0 と cos 項、そして sin 項で表現できる。

$$f(t) = \frac{a_0}{2}+\sum_{n=1}^{\infty}a_n\cos n\omega t+\sum b_n\sin n\omega t$$

$$a_n = \frac{2}{T}\int_{\frac{-T}{2}}^{\frac{T}{2}}f(t)\cos n\omega t dt \quad (n=0,\ 1,\ 2,\ \cdots) \qquad (3.3.1)$$

$$b_n = \frac{2}{T}\int_{\frac{-T}{2}}^{\frac{T}{2}} f(t)\sin n\omega t dt \quad (n=0,\ 1,\ 2,\ \cdots)$$

n 次の cos と sin は以下の様に表現され、時間軸信号 $f(t)$ は、

$$\cos n\omega t = \frac{1}{2}(e^{jn\omega t} + e^{-jn\omega t})$$

$$\sin n\omega t = \frac{1}{2j}(e^{jn\omega t} - e^{-jn\omega t})$$

$$f(t) = \frac{a_0}{2} + \frac{1}{2}\sum_{n-1}^{\infty}(a_n - jb_n)e^{jn\omega t} + \frac{1}{2}\sum_{n-1}^{\infty}(a_n + jb_n)e^{-jn\omega t} \quad (3.3.2)$$

$$= \frac{1}{2}\sum_{n=-\infty}^{\infty}(a_n - jb_n)e^{jn\omega t}$$

$$F(n) = \frac{(a_n - jb_n)}{2} \quad (n=0,\ \pm1,\ \pm2,\ \cdots)$$

上式は、時間領域 $f(t)$ を、周波数領域 $F(n)$ へ変換する式である。これを周期性のある信号に対するフーリエ変換という。

$$f(t) = \sum_{n=-\infty}^{\infty} F(n)e^{jn\omega t}$$

$$F(n) = \frac{1}{T}\int_{-\frac{T}{2}}^{\frac{T}{2}} f(n)e^{-jn\omega t} dt \quad (n=0,\ \pm1,\ \pm2,\ \cdots) \quad (3.3.3)$$

$F(n)$ は、周期関数 $f(t)$ の素数スペクトルという。

$$F(n) = \frac{1}{2}\sqrt{a_n{}^2 + b_n{}^2}\, e^{j\tan^{-1}\left(\frac{b_n}{a_n}\right)}$$

$F(n)$ の絶対値を $|F(n)|$ とすると、

$$|F(n)| = \frac{1}{2}\sqrt{a_n{}^2 + b_n{}^2} \quad (n=0,\ \pm1,\ \pm2,\ \cdots,\ \infty)$$

$$\theta_n = \tan^{-1}\left(-\frac{b_n}{a_n}\right) \quad (3.3.4)$$

$$f(t) = \sum_{n=-\infty}^{\infty} |F(n)| e^{j(n\omega t + \theta_n)}$$

3-3-2 矩形波のフーリエ級数展開

図 3.3.1 の矩形波は直流成分を持たない週関数であるから b_n の項のみを扱えばよい。

$$b_n = \frac{4}{\pi}\int_0^{\frac{\pi}{2}} E_m \sin n\theta d\theta = \frac{4E_m}{\pi}\left[\frac{-\cos\theta}{n}\right]_0^{\frac{\pi}{2}} = \frac{-4E_m}{n\pi}[\cos\theta]_0^{\frac{\pi}{2}}$$

$$= \frac{-4E_m}{n\pi}[0-1] = \frac{4E_m}{n\pi} \tag{3.3.5}$$

$$f(\theta) = \frac{4E_m}{\pi}\sum_{n=1}^{\infty}\frac{\sin n\theta}{n} = \frac{4E_m}{\pi}\left(\sin\theta + \frac{1}{3}\sin 3\theta + \frac{1}{5}\sin 5\theta + \cdots\cdots\right)$$

3-3-3 単一のパルス波のスペクトラム

後にも先にも一発しか存在しないパルスの周波数スペクトラムは以下のように考えることができる。

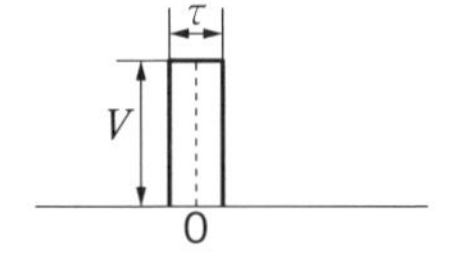

$$F(n) = \int_{-\infty}^{\infty} f(t)e^{-jn\omega t}dt = V\int_{-\frac{\tau}{2}}^{\frac{\tau}{2}} e^{-jn\omega t}dt = V\tau\cdot\frac{\sin(n\omega\tau/2)}{n\omega\tau/2}$$

$$= V\tau\cdot\frac{\sin(n\pi\tau/T)}{n\pi\tau/T} = V\tau\cdot\frac{\sin(n\pi/K)}{n\pi/K}$$

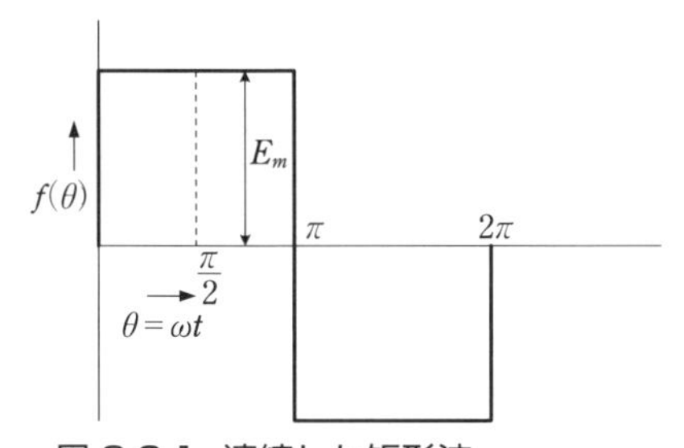

図 3.3.1 連続した矩形波

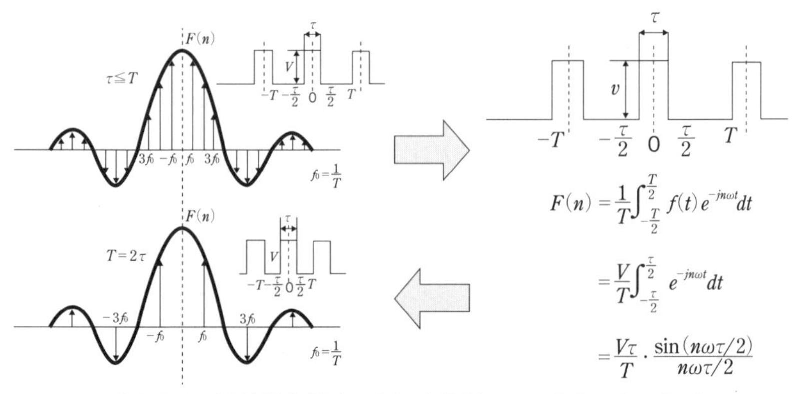

図 3.3.2 連続性を増すことによる単一スペクトラムの生成

ここに、$\omega = 2\pi/T$、$K = T/\tau$

$T \to \infty$では、

$$\lim_{T \to \infty} = \frac{\sin(n\pi\tau/T)}{n\pi\tau} = 1$$

$$F(n) = V\tau \qquad (3.3.6)$$

3.3.4 連続性をもつパルス波のスペクトラム

ディスクリートな単一パルスの周波数スペクトラムは、パルス幅によって決定される（$\sin x/x$）のエンベロープを持つがエンベロープの中は連続性のスペクトラムで満たされた形になる。このパルスが連続性を増すことによってエンベロープの中に周期Tで決まる単一のスペクトラムが生成される（**図 3.3.2**）。

混沌とした中から単一のスペクトラムが浮き出てくるようで不思議である。

3-4 雑音の正体と通信の限界

3-4-1 雑音指数

伝送路や増幅回路の入力側と出力側の信号対雑音比C/N（Carrier to Noise Ratio）を比較すると普通は出力側のC/N比は劣化する。例えば入力側のC/N

が50dBだったのが出力側では45dBに低下するという具合である。増幅器には沢山のデバイスを使用しているため、それらが雑音を発生しているからである。それらに加えて電源回路の雑音も重畳される。以下に示す雑音指数Fは、入力側のC/Nと出力側のC/Nの比をとることで、回路や伝送路の能力を評価することができる。雑音指数dB（Noise Figure）は正の数値で表される。

$$雑音指数F=\frac{\dfrac{信号源からの入力信号電力C_{in}}{信号源からの雑音電力N_{in}}}{\dfrac{出力端の信号電力C_{out}}{出力端の雑音電力N_{out}}}=\frac{(C/N)_{in}}{(C/N)_{out}} \quad (3.4.1)$$

$$NF(NoiseFigure)=10\log_{10}\frac{(C/N)_{in}}{(C/N)_{out}}\,[\mathrm{dB}] \quad (3.4.2)$$

3-4-2 C/Nの加算方法

伝送路がカスケードに接続された系の全体のC/Nを計算してみる。各段のC/NはいずれもdBで表現されているから、一度真数にしてから加減算をする必要がある。**図3.4.1**は初段のC/NがA（dB）、次段がB（dB）の場合のトータルでのC/NであるC（dB）を求める系である。

$$\frac{1}{\dfrac{1}{C/N_{(A)}}+\dfrac{1}{C/N_{(B)}}}=C/N_{(C)} \quad (3.4.3)$$

例えば、$C/N_{(A)}$が40dB、$C/N_{(B)}$も同様に40dBとすると合成の$C/N_{(C)}$は、

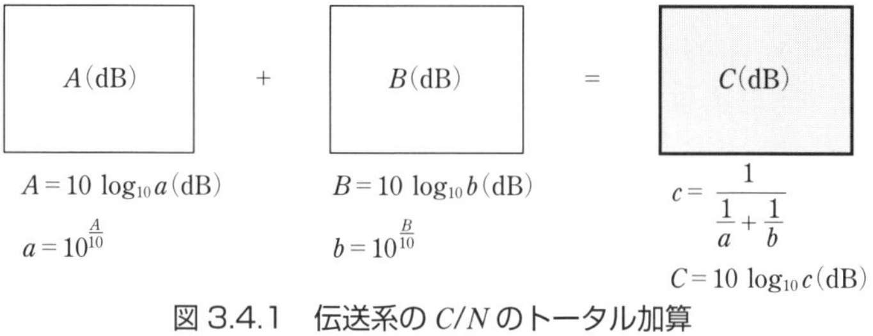

図3.4.1 伝送系のC/Nのトータル加算

$$\frac{1}{\frac{1}{10^{\frac{40}{10}}}+\frac{1}{10^{\frac{40}{10}}}}=\frac{1}{\frac{1}{10000}+\frac{1}{10000}}=\frac{1}{2\times10^{-4}}=5000 \quad (3.4.4)$$

$$C/N_{(C)}=10\cdot\log_{10}5000=36.9\,[\mathrm{dB}] \quad (3.4.5)$$

同一C/Nの40dBが2段接続されていると、トータルでは3dBのC/N低下となり合成では37dBを示す。

もう少し理解を深めるために、$C/N_{(A)}$が50dB、$C/N_{(B)}$が45dBとすると合成の合成$C/N_{(C)}$は、

$$\frac{1}{\frac{1}{10^{\frac{50}{10}}}+\frac{1}{10^{\frac{45}{10}}}}=\frac{1}{\frac{1}{100000}+\frac{1}{31623}}=\frac{1}{4.1622\times10^{-5}}=24025 \quad (3.4.6)$$

$$C/N_{(C)}=10\cdot\log_{10}24025=43.8\,[\mathrm{dB}] \quad (3.4.7)$$

と計算できる。

3-4-3　雑音と情報伝送（シャノンの定理）

白色雑音下において、周波数帯域幅W(Hz) と信号対電力のS/Nによって与えられるチャンネル容量以下で通信するかぎり、伝送路の誤りを任意に小さくできる符号化方式が証明された。そのときのチャンネル伝送容量C(bit/s) は、以下のように表される。

$$C=W\cdot\log_2(1+S/N)[\mathrm{bit/s}] \quad (3.4.8)$$

式から、$S/N>0$である限り、帯域幅を大きくして、かつ時間をかければ情報はいくらでも伝送できることを示している。

① 伝送路とは、

・無線伝送路（宇宙空間伝送、地上伝送）

・有線伝送路（メタル回線、ファイバー回線）

② デジタル伝送路

・時間変動のある要因としては、マルチパス、フェージング（波形ひずみの

増加、干渉雑音)、降雨減衰(熱雑音の増加)がある。

・時間変動のない要因としては、フィルタ特性(波形ひずみの増加)、送信電力(熱雑音の増加)、無線局の増加、都市内反射雑音(干渉雑音の増加)が考えられる。

(シャノンの定理の計算例)

SN 比が20dB、帯域幅が 4 kHz(電話回線に相当)の伝送路の場合の伝送容量は、式(3.4.8)から、

$$\begin{aligned} C &= 4\cdot\log_2(1+100) = 4\cdot\log_2(101) \\ &= 4\cdot\log_{10}(101)/\log_{10}2 = 26.63\,[\mathrm{kbit/s}] \end{aligned} \tag{3.4.9}$$

となる。なお、$S/N=100$という値はSNRの20dBを真数で表現したものである。

次に50(kbit/s)で転送しなければならない帯域幅 1(MHz)の伝送系でのS/Nの計算は式(3.4.9)から、

$$\begin{aligned} &50 = 1000\cdot\log_2(1+S/N) \\ &S/N = 2^{50/1000}-1 = 0.035 \\ &S/N = -14.5\,[\mathrm{dB}] \end{aligned} \tag{3.4.10}$$

SN 比は−14.5dBとなる。スペクトラム拡散通信などを用いればノイズよりも弱い信号でも伝送が可能であることが示される。

3-4-4 マルチパスと等価 *C/N*

ここではC/Nの加減算から少し発展して、地デジなどで伝送路の評価で使われるマルチパスと等価C/Nについて議論したい。ここで遅延プロファイルとは、送信電波を受信し直接波と遅延波を時間軸上にスペクトラム画像として表したものである。原理としては、伝送信号に付加した信号であるSP(スキャッタード・パイロット信号)の周波数レスポンスをIFFT(高速逆フーリエ変換)することにより遅延プロファイルを作成している。アナログ放送の場合は、受信した画像に多重像(ゴースト)が生じるためマルチパスの発生を容易に認識することができたが、デジタル放送の場合は崖効果(クリフエフェクト)

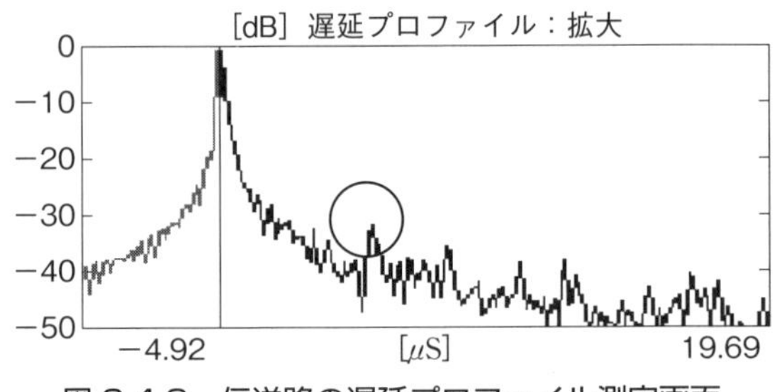

図 3.4.2 伝送路の遅延プロファイル測定画面

という特性があるため、受信画像からではマルチパス発生を段階的に知ることが難しい。そのため遅延プロファイルの測定が必要となる。**図 3.4.2** に測定表示の一例を示すが、縦軸が受信した電波の強度、横軸が送られてきた電波の到達時間となる。一般的に親局送信所や中継送信所からの直接電波は到達時間も短く信号強度も強い。受信する信号は干渉がないものが望ましいが、遅延時間の少ない近傍での反射波や、遅延時間の大きな遠方での反射波が観測される。これらは送信点と受信点間にある構築物や山岳等の反射による複数の伝搬経路からの電波でありマルチパスという。

3-5 雑音の特徴

3-5-1 誤差関数とホワイトノイズ

自然界で発生する雑音を考えるとき出てくるのが誤差関数という言葉。確率の世界の話であるが何故雑音と一緒に考えねばならないのかは不思議に感じる。雑音は熱によって抵抗体の内部の電子の揺らぎが発生すること。温度が高くなればなるほど雑音の電力は増加する。その電力は kTB で表すことができる。これらの記号については、別途雑音と整合で解説する（**図 3.5.1**）。

図 3.5.2 に示すように、N_0を 1 Hz あたりの雑音電力のスペクトラム密度は $N_0/2$ となる。

$R(\tau)$ は $\tau=0$ においてのみ値を持つ。

ホワイトノイズの平均電力は、式（3.5.1）で表すことができ、無限大になる。

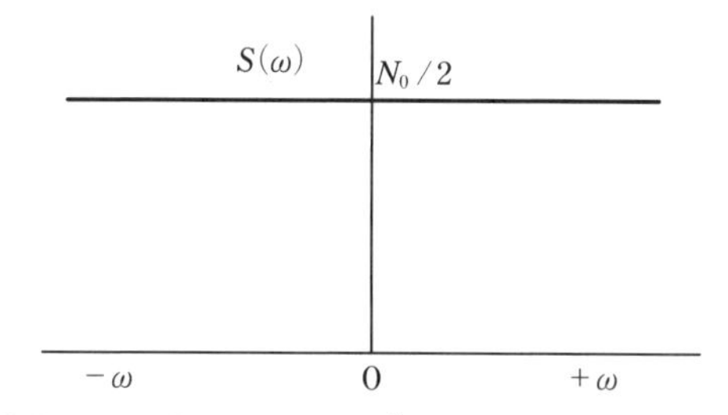

図 3.5.1　ホワイトノイズの周波数スペクトラム

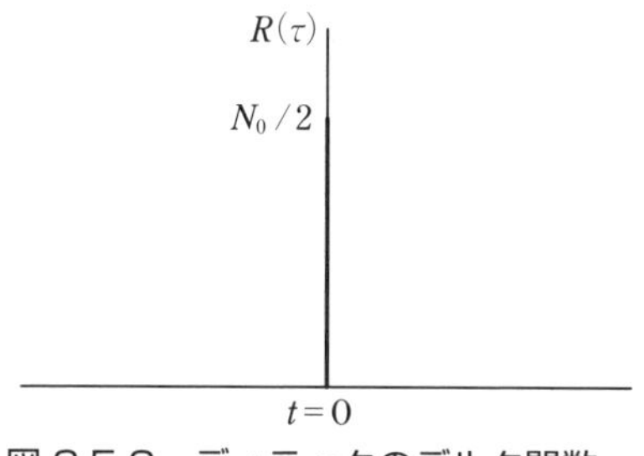

図 3.5.2　ディラックのデルタ関数

これは数学的なモデルであり実際のホワイトノイズは帯域制限されるから有色雑音でもある。

$$P_{av} = \frac{1}{2\pi}\int_{-\infty}^{\infty} S(\omega)d\omega \tag{3.5.1}$$

3-5-2　帯域制限されたホワイトノイズ

図 3.5.3 は帯域制限されたホワイトノイズのスペクトラムである。

帯域制限されたホワイトノイズの平均電力は、

$$\begin{aligned} P_{av} &= \frac{1}{2\pi}\int_{-\infty}^{\infty} S_0(\omega)d\omega = \frac{1}{2\pi}\int_{-\infty}^{\infty}\frac{N_0}{2}d\omega \\ &= \frac{N_0}{2}\int_{-B}^{+B} df = N_0 B(watts) \end{aligned} \tag{3.5.2}$$

式の展開は省くが、帯域制限されたホワイトノイズの自己相関関数は、イン

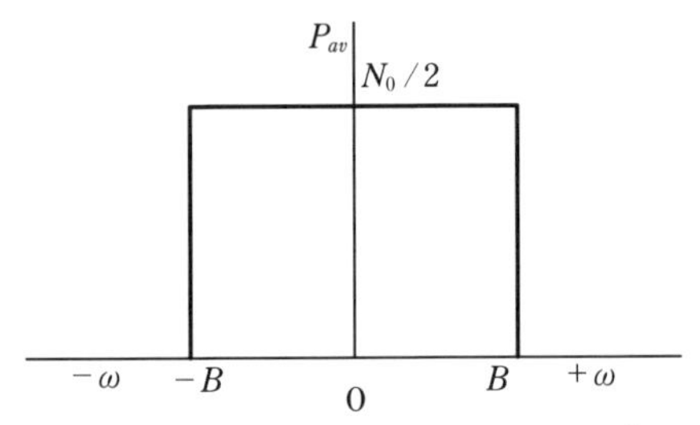

図 3.5.3　帯域制限ホワイトノイズ

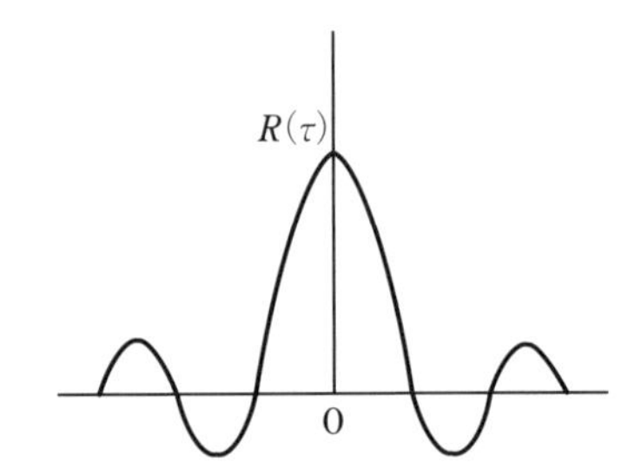

図 3.5.4　帯域制限された自己相関関数

パルス的なディラックのデルタ関数とは異なり、**図 3.5.4** の $\sin x/x$ の関数として表現される。

3-5-3　ピンクノイズ

ホワイトノイズを－3dB/oct の LPF（低域通過フィルタ）を通したものピンクノイズという。周波数を横軸にエネルギーを縦軸にとってピンクノイズをグラフ化すると、ピンクノイズは高い周波数域に行くにつれて右肩下がりのグラフになる。ピンクノイズはどのオクターブの帯域でみても音の大きさが同じ音であるため音響調整や測定では使用される。－6dB/oct、－12dB/oct は簡単に作ることができても、ピンクノイズの生成には特性の良い－3dB/oct の LPF の特性を近似するのは難しい。

ピンクノイズとは、スペクトラムが周波数に反比例する雑音である。周波数の低域のスペクトラムが大きいので光で考えたときの長波長成分が大きいため

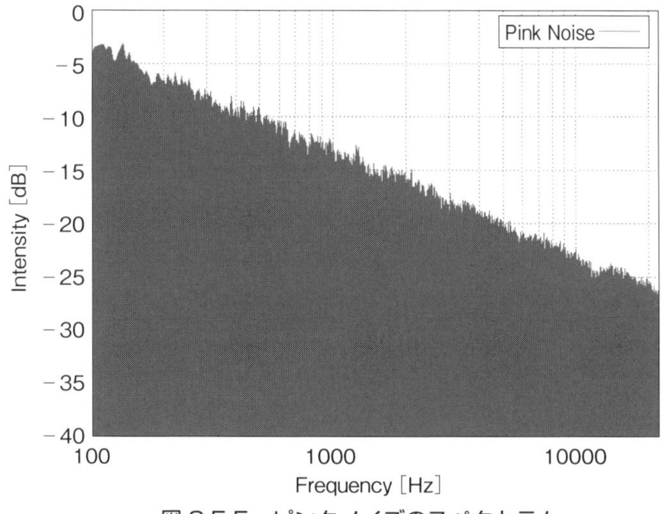

図 3.5.5 ピンクノイズのスペクトラム

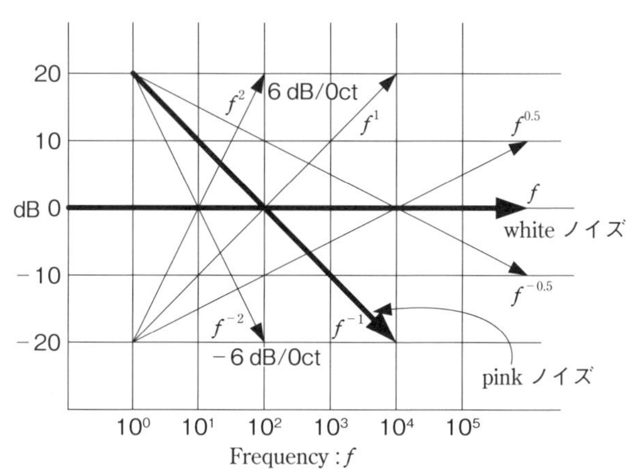

図 3.5.6 周波数特性と累乗の表現

ピンクノイズと云われる所以でもある。いわゆる 1/*f* ゆらぎを持った信号源とも考えられる。ネットで各種の雑音が聞けるサイトがあるから聞き比べをすると音の特徴が掴みやすい。**図 3.5.5** にピンクノイズの周波数特性を示した。

ピンクノイズまたは 1/*f* 雑音は周波数の逆数となるような周波スペクトルを

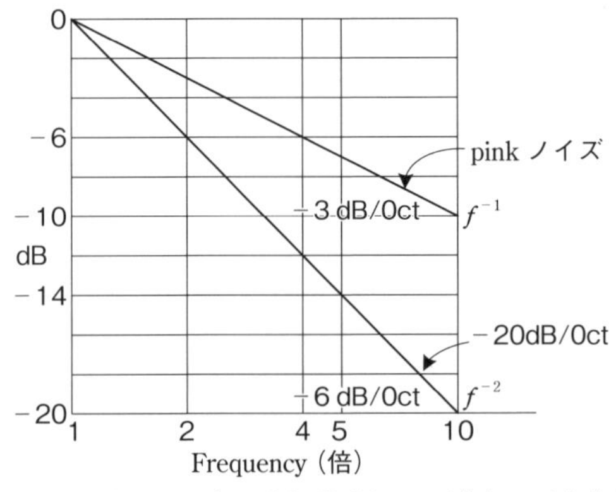

図 3.5.7　−6dB/oct と−20dB/dec の雑音スペクトラム

もつ信号である。ピンクノイズという名前は、ホワイトノイズ（$1/f^0$）とレッド雑音（またはブラウニアン雑音、$1/f^2$）の中間であることに由来するらしい。$1/f^2$ の雑音は川のせせらぎのようにも聞こえるから面白い。**図 3.5.6** は横軸を周波数、縦軸を信号のレベルを dB で表現した。このように表現すると、図の直線の傾きが累乗（べき指数）として直読できるから便利である。

図 3.5.7 の 6 dB/oct は20dB/dec. と同じであることを表現した。それにピンクノイズも併せて描いた。

3-6 コモンモードとノルマルモードの雑音

3-6-1　雑音電源と整合

最初に雑音の緒元を以下のように考える。

$\overline{v_n^{\,2}} = 4kTBR$

k = ボルツマン定数 $= 1.38 \times 10^{-23}$ [J/K]

T = 絶対温度 [K]

B = 雑音の周波数帯域幅

図 3.6.1 で示す雑音電圧 $v_n = \sqrt{4kTBR}$ の回路から取り出すことのできる最大雑音電力は式（3.6.1）で与えられる。

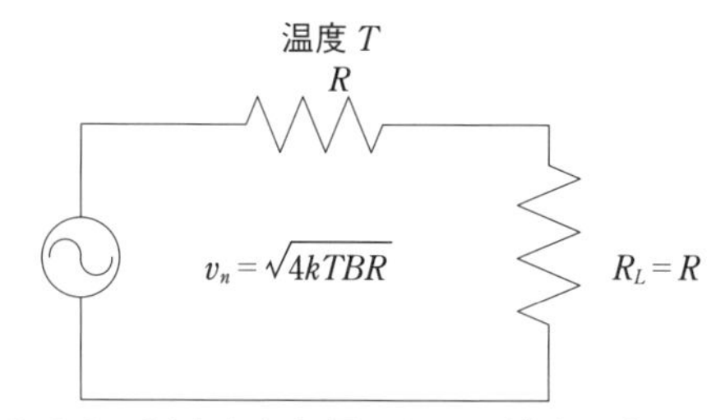

図 3.6.1　最大出力を得るための雑音電力

$$\frac{{v_n}^2}{4R}=kTB \tag{3.6.1}$$

ここで興味深いのは、雑音電力を最大に引き出すために雑音電源回路の内部抵抗に等しい負荷を接続したときに雑音電力が kTB となることである。最大に引き出される電力には抵抗値が含まれない。即ち絶対温度 T と帯域幅 B だけで決まってしまう。k はボルツマン定数。これは通常の抵抗やアンテナなどの実数部の抵抗値でも同様のことが云える。抵抗値のあるものは、雑音電力を発生している。最大の雑音電力は整合時に取り出せる。それも抵抗の値に依存しない。

3-6-2　S/N と雑音指数

増幅回路の入力側と出力側の信号対雑音比 S/N 比を比較すると出力側の S/N 比は劣化する。例えば入力の S/N が50dB だったのが出力では45dB に低下するということ。増幅器には沢山のデバイス（半導体、抵抗、コンデンサ等）を用いている。それらが雑音を発生しているからである。それに電源回路からの雑音も重畳される。以下に示した雑音指数 F（Noise Figure）の計算は、入力の S/N と出力の S/N の比をとることで、回路の能力を測ることである。雑音指数は正の数値で表される。

$$雑音指数F=\frac{\dfrac{信号源からの入力信号電力S_{in}}{信号源からの雑音電力N_{in}}}{\dfrac{出力端の信号電力S_{out}}{出力端の雑音電力N_{out}}}=\frac{(S/N)_{in}}{(S/N)_{out}} \tag{3.6.2}$$

これをデシベルで計算すると、

$$ノイズフィギュア = 10\log_{10}\frac{(S/N)_{in}}{(S/N)_{out}}\,[\mathrm{dB}] \qquad (3.6.3)$$

3-6-3 ノルマルモードノイズ

ノルマルモード雑音は、通常の信号に直列（ノルマル）に雑音が加算されるため分離が難しい。信号と雑音の周波数が異なれば分離する方法もある。

図 3.6.2 に信号の重畳する様子をイメージした。

3-6-4 コモンモードノイズ

コモンモードノイズは信号伝送路の芯線と帰線に共通に加算される。後述するコモンモードフィルタで分離を行う。**図 3.6.3** に雑音の重畳する原理の一例を示した。同軸伝送路の２点アースの隙間に誘導磁界が通過する場合に、閉回路に誘導電流が流れて外導体から内導体に雑音が誘導されることになる。そのため帰線の１点アースの施工などの施工が雑音除去には有効である。高周波では難しい部分もある。

図 3.6.4 は、コモンモードフィルタの例である。フェライトコアなどにペアケーブルを数ターン巻き付けてインダクタンス効果を増加させると効果が高い。コンピュータの電源ケーブルにフェライトコアが挟み込まれているのは、コン

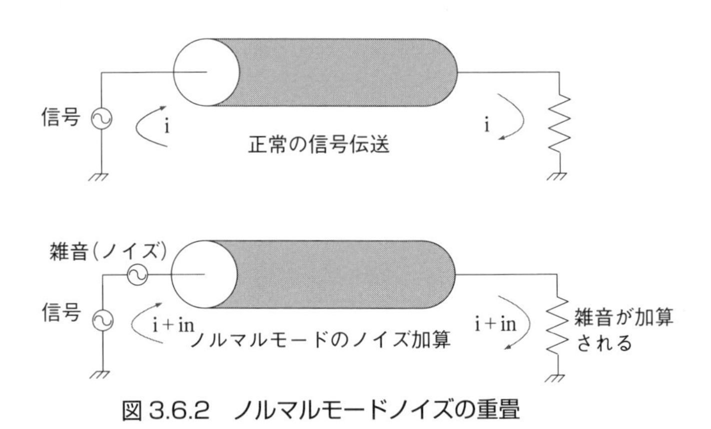

図 3.6.2 ノルマルモードノイズの重畳

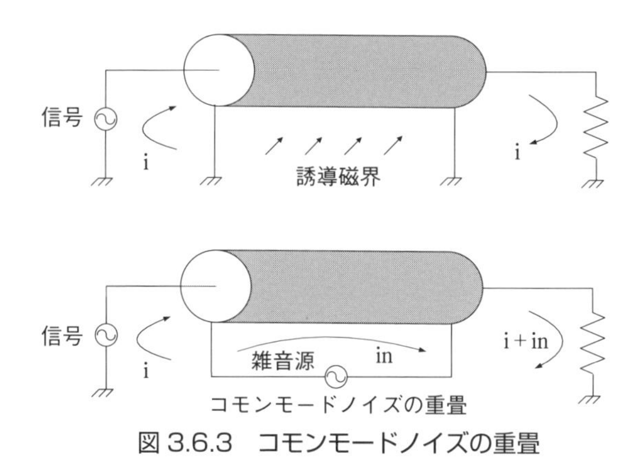

図 3.6.3 コモンモードノイズの重畳

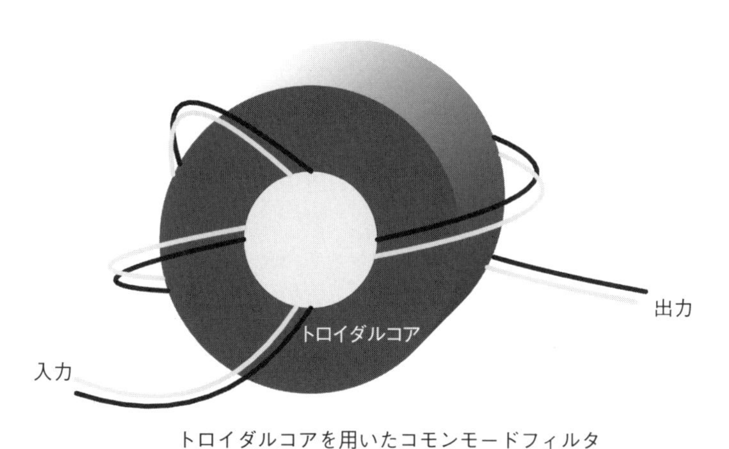

図 3.6.4 コモンモードフィルタの製作

ピュータからのクロック雑音成分が電源系に入り、他の機器に誘導妨害を与えないための方法である。

3-7 電子技術者必須のデシベル計算

3-7-1 音声レベルとデシベル

電気通信の仕事を始めるとデシベル（dB）が最初に出てくる専門的な単位

である。信号のレベル、増幅器の増幅度もデシベルで表現することが一般的である。dBにはいろいろな添え字（Suffix）がつくことがあるが、ここでは、1 mWを基準とするdBmから始めたい。オーディオ回路でもdB計算は必需品である。今回は高周波でのデシベル計算を理解することにする。

3-7-2 デシベル計算

デシベルの表記では、絶対値と相対値に触れておきたい。現場ではここのレベルはどれくらい？と聞かれればA(dBm）と答えることが普通である。後輩がA(dB）と云っても絶対値として「A(dBm）か」と忖度(そんたく)してくれる優しい先輩もいるかもしれないが、私などは「A(dBm）だな！」と再度確認する嫌なタイプである。

早速であるが、電気技術者としての必須のデシベルを身に付けるための議論を進めたい。**図3.7.1**は一般的な電気回路である。増幅回路でもフィルタ回路でも構わないので適当にイメージして欲しい。

入力P_1と出力P_2の比を常用対数で計算した値をベル（Bel）[B]とした。例えばP_1とP_2の比が2であれば、常用対数計算すると0.301[B]となる。これでは数値が小さいので10倍して3.01[dB]と表現する。実際に数値を読むときは元の[B]を10倍したことを、10分の1に戻して考えるために（deci Bel）[dB]「デシベル」という表現をしている。ちょっと厄介かも。

$$B = \log_{10}\frac{P_1}{P_2}\,[\mathrm{B}]$$

$$b = 10\log_{10}\frac{P_1}{P_2}\,[\mathrm{dB}] \qquad (3.7.1)$$

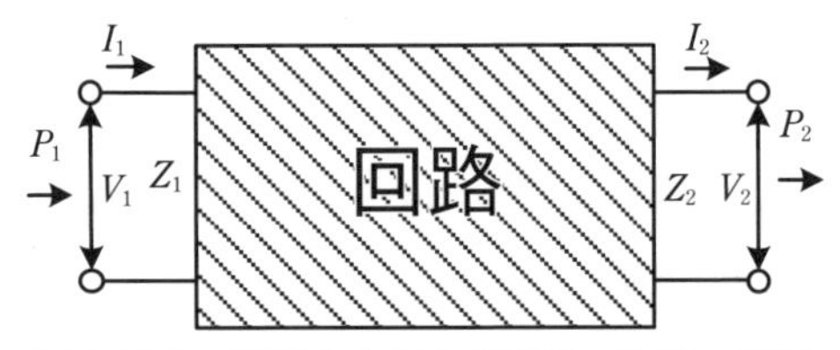

図3.7.1　回路の入出力の電圧・電流の関係

入出力の電力は電圧値とインピーダンス値で表現することも可能である。よく教科書的な表記ではインピーダンスZとするが、素直に純抵抗と考えた方がいい。これをR + jxのインピーダンスZで考えたら数値計算が面倒になるから嫌になる。

$$b_V = 10\log_{10}\frac{P_1}{P_2} = 10\log_{10}\frac{\dfrac{V_1^2}{Z_1}}{\left|\dfrac{V_2^2}{Z_2}\right|} = 20\log_{10}\left|\frac{V_1}{V_2}\right| - 10\log_{10}\left|\frac{Z_1}{Z_2}\right| [\mathrm{dB}] \quad (3.7.2)$$

ここで入出力のインピーダンス、Z_1、Z_2が等しければ、右辺のインピーダンス比の項はゼロとなるからdBは電圧比だけで表すことが出来る。従って、

$$b_V = 20\log_{10}\left|\frac{V_1}{V_2}\right| [\mathrm{dB}] \quad (3.7.3)$$

いつの間にか対数計算の倍率が10倍から20倍になっている。電圧比を使ったからdBを表すには20を掛けただけ。対数計算では、電圧Vの2乗の2が頭に出てきただけである。結局、dBの基本式は電力で考えるところからスタートしていることをお忘れなく。

それでは600Ωの0 dBmの端子電圧は、実効値の0.775(V)である。

$$\begin{aligned} P_0 &= 1 [\mathrm{mW}] \\ V_0 &= \sqrt{600 \cdot P_0} \\ &= 0.775 [\mathrm{V}] \end{aligned} \quad (3.7.4)$$

例えば、電力増幅器の電力利得が100,000倍であったとすれば、50dBの電力利得として表せ、10,000では40dBと表せる。減衰器では1/10,000は−40dBとして表すことができる。増幅器や減衰器などの多段の組合せ回路のように、入・出力間の信号を取り扱っていく中では、総合的な増幅度または減衰量は、乗算または除算によらず、それぞれの和または差として計算できることがdBを扱うことの利点でもある。

電圧の表現には、実効値(rms)、平均値、ピーク値(尖頭値)などを用いることがあるが交流の場合、電力(有効電力)計算をするときには実効値を用

いる。家庭用のコンセントの電圧であるAC100（V）は実効値である。もしピーク値で表現すれば141（V）となる。音声系の伝送路のインピーダンスは600Ωで使用するので、0 dBmは0.775V（rms）となる。因みに電圧が7.75V（rms）では20dBmとなる。また高周波の世界ではインピーダンスが50Ω、75Ωを用いることが多いので0 dBmの電圧値が異なることは容易に想像できる。これらについては、後日、高周波測定の中で議論する。

3-7-3 レベルダイヤグラム

音声信号の伝送路の途中に入れる減衰器や増幅器、そして分配器などがカスケードに接続されているときに、各段のレベルの変化を分かり易く表記したものがレベルダイヤグラムである。各ユニットがラックの裏でシッカリと接続されていれば、入力と出力しか確認する箇所は無い。しかし、装置の構成としては各段で切り離して個別装置を確認出来るようにするためにジャック部を設ける。更には用途に応じて装置の接続を変更することもあるからレベルダイヤは重要な表記である。**図3.7.2**に音声系のレベルダイヤグラムを示した。絶対レベルはdBmで、増幅器などは相対値（dB）で表記した。

3-7-4 デジタル時代のTrue-Peak

アナログ信号をデジタル化するために量子化と標本化を行う。音声では量子化ビット数を16ビットとかもっと高い数値にすれば微細にピーク電圧を取り込

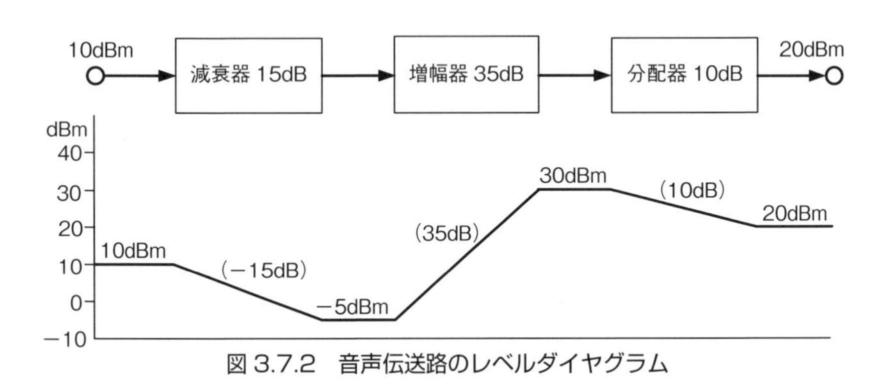

図3.7.2 音声伝送路のレベルダイヤグラム

むことが出来る。標本化周波数によってもピーク値の取り込みにエラーを生じることが議論されている。標本化周波数を48kHzにしたときに、True-Peakとの誤差が12kHzで約－3dB、16kHzで約－6dBであるという。そのために標本化周波数を4倍の192kHzとしてオーバーサンプリングを行うことで、16kHzでのTrue-Peakの差は0.301dB程度まで小さくできるという。量子化ビット数、標本化周波数を大きくすれば、当然デジタル信号のビットレートは高まることになる。デジタル信号の伝送容量（帯域）が増える。標本化定理では標本化周波数は、最大の伝送周波数の2倍以上あればサンプリングは可能であると云われている。しかし、信号を取り込む量子化のタイミングが、信号のピーク値にヒットしないと先の議論のような誤差を生じる。

3-8 *NF*計算と*CN*の加算減算方法

3-8-1 雑音指数（*NF*）

伝送路や増幅回路の入力側と出力側の信号対雑音比C/N（Carrier to Noise Ratio）比較すると出力側のC/N比は劣化する。例えば入力のC/Nが50dBだったのが出力側では45dBに低下するということ。増幅器には沢山のデバイスを使用しているため、それらが雑音を発生しているからである。それに電源回路の雑音も重畳される。以下に示す雑音指数Fは、入力のC/Nと出力のC/Nの比をとることで、回路や伝送路の能力を評価することができる。雑音指数（Noise Figure）は正の数値で表される。

$$雑音指数F=\frac{\dfrac{信号源からの入力信号電力C_{in}}{信号源からの雑音電力N_{in}}}{\dfrac{出力端の信号電力C_{out}}{出力端の雑音電力N_{out}}}=\frac{(C/N)_{in}}{(C/N)_{out}} \quad (3.8.1)$$

$$NF(NoiseFigure)=10\log_{10}\frac{(C/N)_{in}}{(C/N)_{out}}[\mathrm{dB}] \quad (3.8.2)$$

3-8-2 *C/N*の加算方法

伝送路がカスケードに接続された系の全体のC/Nを計算してみたい。いず

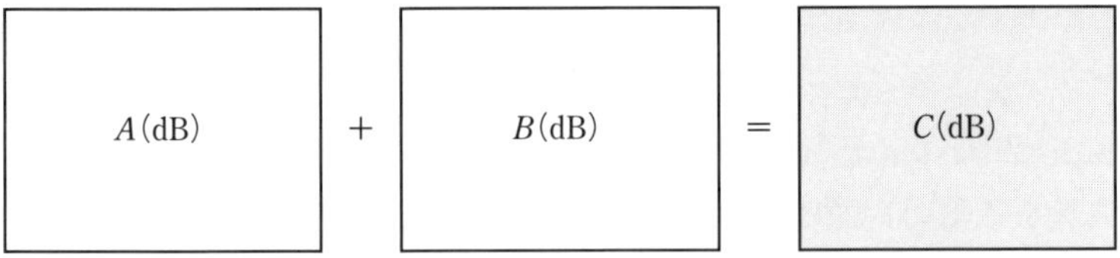

A(dB) + B(dB) = C(dB)

$A = 10\log_{10} a$ [dB]

$a = 10^{\frac{A}{10}}$

$B = 10\log_{10} b$ [[dB]

$b = 10^{\frac{B}{10}}$

$c = \dfrac{1}{\dfrac{1}{a} + \dfrac{1}{b}}$

$C = 10\log_{10} c$ [dB]

図 3.8.1　伝送系の C/N のトータル加算

れも dB で表現されているから、一度真数にしてから加減算をする必要がある。**図 3.8.1** は初段の C/N が A(dB)、次段が B(dB) の場合のトータルでの C/N である C(dB) を求める。

$$\frac{1}{\dfrac{1}{C/N_{(A)}} + \dfrac{1}{C/N_{(B)}}} = C/N_{(C)} \tag{3.8.3}$$

例えば、$C/N_{(A)}$ が40dB、$C/N_{(B)}$ も同様に40dB とすると合成の $C/N_{(C)}$ は、

$$\frac{1}{\dfrac{1}{10^{\frac{40}{10}}} + \dfrac{1}{10^{\frac{40}{10}}}} = \frac{1}{\dfrac{1}{10000} + \dfrac{1}{10000}} = \frac{1}{2\times 10^{-4}} = 5000 \tag{3.8.4}$$

$$C/N_{(C)} = 10\cdot\log_{10} 5000 = 36.9\,[\mathrm{dB}] \tag{3.8.5}$$

同一 C/N の系が2段接続されていると、トータルでは3 dB の C/N の低下を示すことになる。

もう少し理解を深めるために、$C/N_{(A)}$ が50dB、$C/N_{(B)}$ が45dB とすると合成の合成 $C/N_{(C)}$ は、

$$\frac{1}{\dfrac{1}{10^{\frac{50}{10}}} + \dfrac{1}{10^{\frac{45}{10}}}} = \frac{1}{\dfrac{1}{100000} + \dfrac{1}{31623}} = \frac{1}{4.1622\times 10^{-5}} = 24025 \tag{3.8.6}$$

$$C/N_{(C)} = 10\cdot\log_{10} 24025 = 43.8\,[\mathrm{dB}] \tag{3.8.7}$$

と計算できる。

3-8-3 *CN* の減算方法

次にトータルの $C/N_{(C)}$ が分かっていて、初段の $C/N_{(A)}$ から、途中の $C/N_{(B)}$ を求める場合の系は**図 3.8.2** のように考えられる。

$$\frac{1}{\dfrac{1}{C/N_{(A)}}+\dfrac{1}{C/N_{(B)}}}=C/N_{(C)} \tag{3.8.8}$$

$$\frac{1}{\dfrac{1}{C/N_{(C)}}-\dfrac{1}{C/N_{(A)}}}=C/N_{(B)} \tag{3.8.9}$$

$$\left.\begin{aligned} C&=10\log_{10}c\ [\mathrm{dB}] \\ c&=10^{\frac{C}{10}} \end{aligned}\right\} \tag{3.8.10}$$

$$\left.\begin{aligned} A&=10\log_{10}a\ [\mathrm{dB}] \\ a&=10^{\frac{A}{10}} \end{aligned}\right\} \tag{3.8.11}$$

$$\left.\begin{aligned} b&=\frac{1}{\dfrac{1}{c}-\dfrac{1}{a}} \\ B&=10\log_{10}b\ [\mathrm{dB}] \end{aligned}\right\} \tag{3.8.12}$$

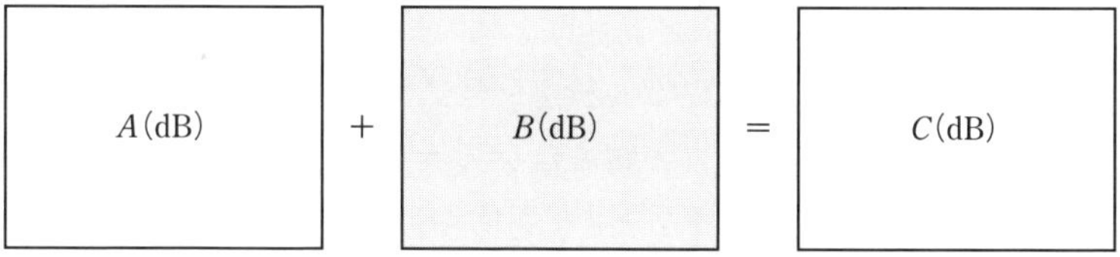

A(dB)	+	B(dB)	=	C(dB)
$A=10\log_{10}a\ [\mathrm{dB}]$ $a=10^{\frac{A}{10}}$		$b=\dfrac{1}{\dfrac{1}{c}-\dfrac{1}{a}}$ $B=10\log_{10}b\ [\mathrm{dB}]$		$C=10\log_{10}c\ [\mathrm{dB}]$ $c=10^{\frac{C}{10}}$

図 3.8.2　伝送系の途中の C/N 計算の方法

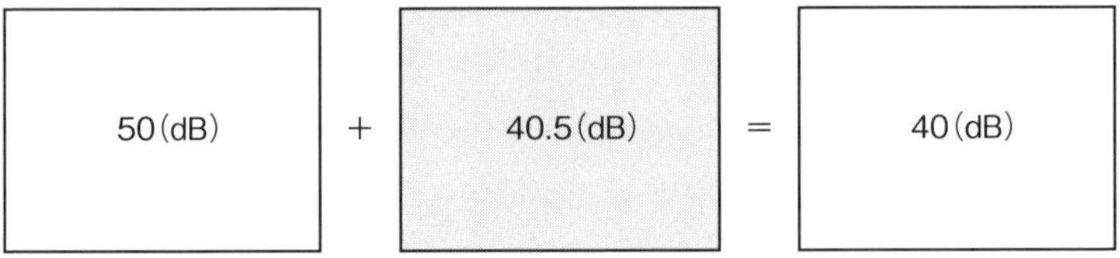

50(dB) + 40.5(dB) = 40(dB)

図 3.8.3 実際の C/N の計算結果

例えば $C/N_{(A)}$ が50dB、トータルの $C/N_{(C)}$ が40dBとする（**図 3.8.3**）と、途中の伝送路の $C/N_{(B)}$ は、

$$\frac{1}{\frac{1}{10^{\frac{40}{10}}}-\frac{1}{10^{\frac{50}{10}}}}=\frac{1}{\frac{1}{10000}-\frac{1}{100000}}=\frac{1}{9\times10^{-5}}=11111 \quad (3.8.13)$$

$$\begin{aligned} B &= 10\log_{10}11111\,[\mathrm{dB}] \\ &= 40.5\,[\mathrm{dB}] \end{aligned} \quad (3.8.14)$$

3-9 マルチパスと等価 C/N の加算

伝送路の場合、ガウス雑音による C/N 劣化やマルチパス等の劣化も等価雑音という概念を用いて合成して扱い、受信機入力での C/N 値を規定することもある。

ここでは C/N の加減算から少し発展して、地デジなどで伝送路の評価で使われるマルチパスと等価 C/N について議論したい。ここで遅延プロファイルとは、送信電波を受信し直接波と遅延波を時間軸上にスペクトラム画像として表したものである。原理としては、伝送信号に付加した信号であるSP（スキャッタード・パイロット信号）の周波数レスポンスをIFFT（高速逆フーリエ変換）することにより遅延プロファイルを作成している。アナログ放送の場合は、受信した画像に多重像（ゴースト）が生じるためマルチパスの発生を容易に認識することができるが、デジタル放送の場合は崖効果（クリフエフェクト）という特性があるため、受信画像からではマルチパス発生を段階的に知ることが難しい。そのため遅延プロファイルの測定が必要となる。**図 3.9.1** に測定表

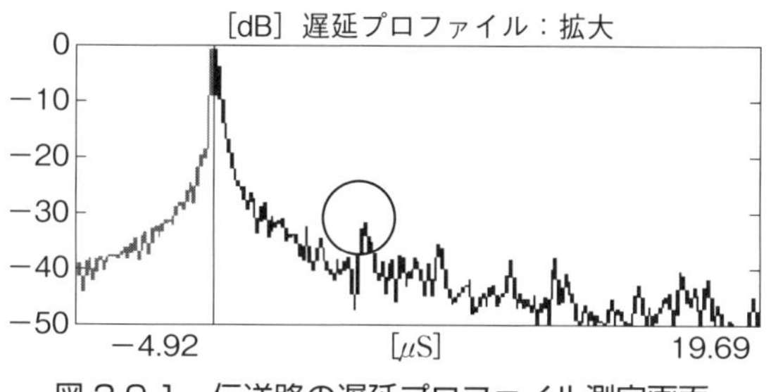

図 3.9.1 伝送路の遅延プロファイル測定画面

示の一例を示すが、縦軸が受信した電波の強度、横軸が送られてきた電波の到達時間となる。一般的に親局送信所や中継送信所からの直接電波は到達時間も短く信号強度も強い。受信する信号は干渉がないものが望ましいが、遅延時間の少ない近傍での反射波や、遅延時間の大きな遠方での反射波が観測される。これらは送信点と受信点間にある構築物や山岳等の反射による複数の伝搬経路からの電波でありマルチパスという。

3-9-1 マルチパスと合成の等価 *C/N* の算出

遅延プロフィルにおいて基準波から、一番目にあらわれる遅延波をマルチパ

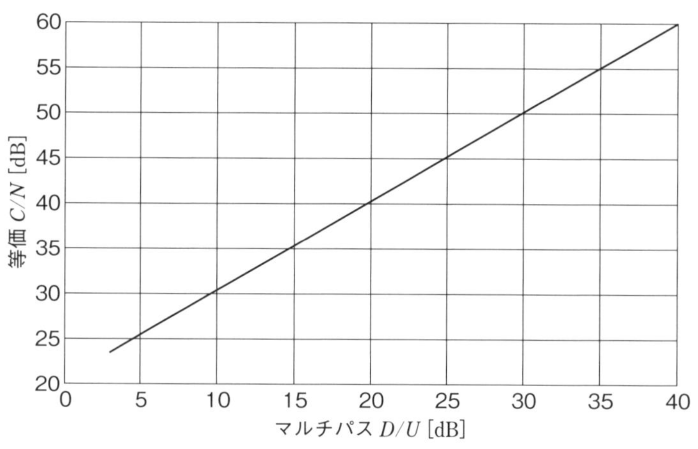

図 3.9.2 遅延波 *D/U* の求め方

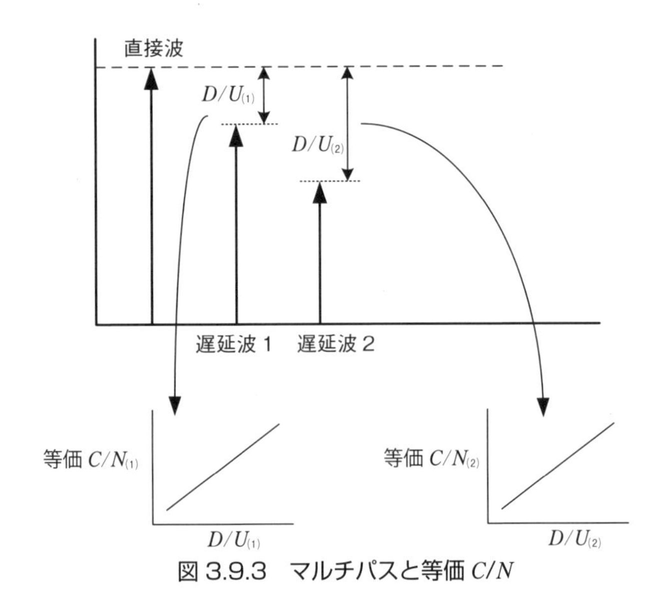

図 3.9.3 マルチパスと等価 C/N

ス D/U_1、2番目に現れる遅延波をマルチパス D/U_2 とし、**図 3.9.2** から等価 C/N_1、等価 C/N_2 を求めることができる（**図 3.9.3**）。このときの等価 C/N を（3.9.1）式に示す。

$$\text{等価}C/N = (\text{マルチパス}D/U) + 20\,[\text{dB}] \tag{3.9.1}$$

3-9-2 等価 D/U の加算方法

$$\frac{1}{\dfrac{1}{C/N_{(1)}} + \dfrac{1}{C/N_{(2)}}} = C/N_{(equivalent)} \tag{3.9.2}$$

例えば、$C/N_{(1)}$ が25dB、$C/N_{(2)}$ が30dB とすると合成の等価 $C/N_{(equivalent)}$ は、

$$\frac{1}{\dfrac{1}{10^{\frac{25}{10}}} + \dfrac{1}{10^{\frac{30}{10}}}} = \frac{1}{\dfrac{1}{316} + \dfrac{1}{1000}} = \frac{1}{4.16 \times 10^{-3}} = 240.1 \tag{3.9.3}$$

$$C/N_{(equivalent)} = 10 \cdot \log_{10} 240.1 = 23.8\,[\text{dB}] \tag{3.9.4}$$

と計算できる。

親局受信$C/N_{(rec.)}$とマルチパスによる等価$C/N_{(equivalent)}$との合計した$C/N_{(total)}$は、

$$\frac{1}{\frac{1}{C/N_{(rec.)}}+\frac{1}{C/N_{(equivalent)}}}=C/N_{(total)} \tag{3.9.5}$$

トータル$C/N_{(total)}$はMER（Modulation Error Ratio：変調誤差比）などから特定が可能であるから、親局受信$C/N_{(rec.)}$を算出するには次式によって求めることができる。

$$\frac{1}{\frac{1}{C/N_{(total)}}-\frac{1}{C/N_{(equivalent)}}}=C/N_{(rec.)} \tag{3.9.6}$$

地デジ伝送路の場合、ガウス雑音によるC/N劣化やマルチパス等の劣化も等価雑音という概念を用いて合成して扱い受信機入力でのC/N値を規定することができる。

3-10 n次ひずみを加算する

3-10-1 ひずみとは何？ ひずみの加算とは

我々の周りを取り巻く、電子装置や増幅器では入力信号がそのまま増幅されることは無くて、基本波に加えて多くのひずみ波が発生する。信号が低周波でも高周波でも同様の現象が現れる。非線形（ノンリニア）系では容易に発生する。ひずみには2次、3次、そしてn次と云う様に入力の信号をn乗とする成分が発生する。それらのひずみ波は基本波の高調波成分として発生する。2波合成信号であれば、その差分との間でも相互変調が発生する。変調や復調ではこの非線形性が必要になるから興味深い部分である。

電子回路の入出力特性を**図3.10.1**に示す。実際の回路の入出力特性は幾つかのひずみの合成であると考えると回路が面白くなる。連続性のあるひずみ波はフィーリエ級数で展開すると、幾つかの正弦波の合成として表すことが出来る。

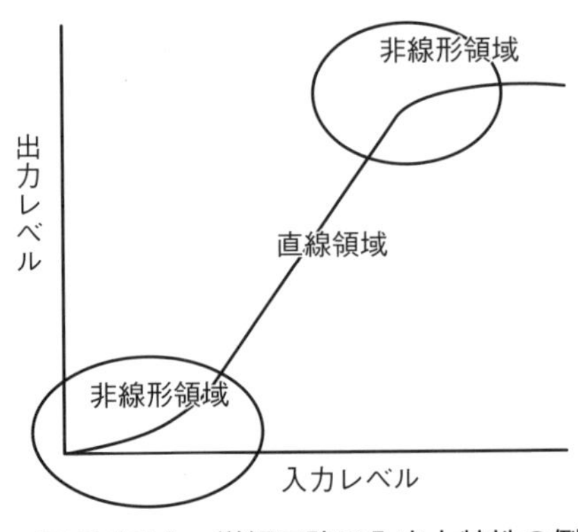

図 3.10.1　増幅回路の入出力特性の例

筆者はひずみ特性も幾つかのひずみ成分の合成として考えるのも面白いと考えた。

3-10-2　非線形による混変調、相互変調の発生

単一の正弦波でも非線形回路を通過すると、2倍、3倍の高調波の発生が避けられない。そのため増幅器では直線性が求められる。しかしこのひずみが無いと変調や復調が行われない。周波数変換（ヘテロダイン）などではこの非直線性が必要な特性である。被変調後は増幅では逆に直線性が求められる。

一般的な非線形素子では、信号の微弱レベルの非線形、高いレベルでの飽和特性に起因する非線形性がある。非線形回路に入力される信号 e_i を式（3.10.1）で表現する。1次から4次までの非線形特性から出力される信号 e_o を式（3.10.2）で表した。

$$e_i = A\cos(at+\theta_a) + B\cos(bt+\theta_b) + C\cos(ct+\theta_c) \qquad (3.10.1)$$

$$e_o = k_1 e_i + k_2 e_i^2 + k_3 e_i^3 + k_4 e_i^4 + \cdots\cdots \qquad (3.10.2)$$

図 3.10.2 は、代表的な非線形特性であり低いレベルの閾値以下は導通が無く、高いレベルでは飽和特性を示すものとしている。

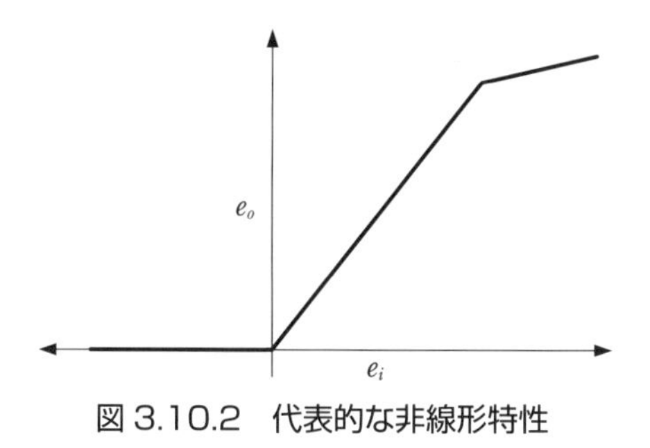

図 3.10.2　代表的な非線形特性

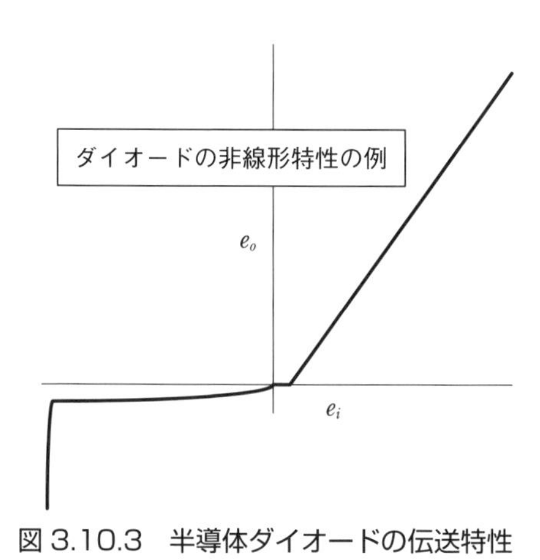

図 3.10.3　半導体ダイオードの伝送特性

図 3.10.3 は、半導体ダイオードの代表的な非線形性を示した。この回路を入力信号が通過すると**表 3.10.1** の様に 1 次から n 次までの非線形性に基づく高調波成分やビート成分が生成される。

3-10-3　非線形特性のシミュレーションと伝送特性

非線形特性は、半導体デバイス、電子管デバイスでも観測される。これらの n 次ひずみを正規化して合成するとよく観察される実際の特性に近いことが分かる（**図 3.10.4** ～**図 3.10.6**）。

表3.10.1 非線形性で生成される出力成分

1次成分	$k_1 e_i =$	$+k_1 A\cos(at+\theta_a)$ $+k_1 B\cos(bt+\theta_b)$ $+k_1 C\cos(ct+\theta_c)$	基本波成分
2次成分	$k_1 e_i^2 =$	$=\frac{k_2}{2}A^2+\frac{k_2}{2}B^2+\frac{k_2}{2}C^2$	直流成分
		$+k_2 AB[\cos(a+b)t+(\theta_a+\theta_b)]$ $+k_2 BC[\cos(b+c)t+(\theta_b+\theta_c)]$ $+k_2 CA[\cos(c+a)t+(\theta_c+\theta_a)]$	和成分
		$+k_2 AB[\cos(a-b)t+(\theta_a-\theta_b)]$ $+k_2 BC[\cos(b-c)t+(\theta_b-\theta_c)]$ $+k_2 CA[\cos(c-a)t+(\theta_c-\theta_a)]$	ビート成分
		$+\frac{k_2 A^2}{2}\cos(2at+2\theta_a)$ $+\frac{k_2 B^2}{2}\cos(2bt+2\theta_b)$ $+\frac{k_2 C^2}{2}\cos(2ct+2\theta_c)$	第2高調波成分

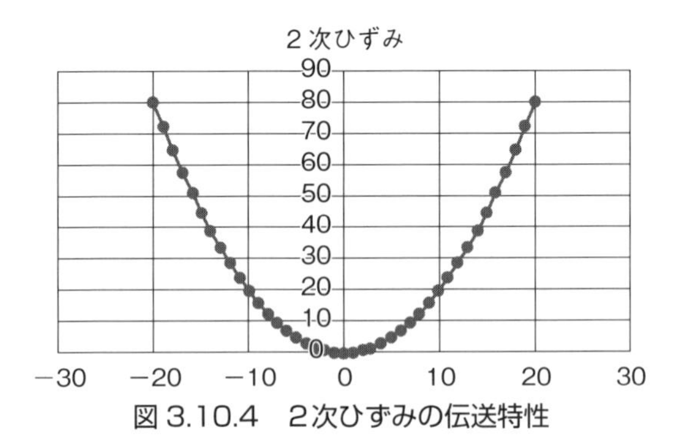

図3.10.4 2次ひずみの伝送特性

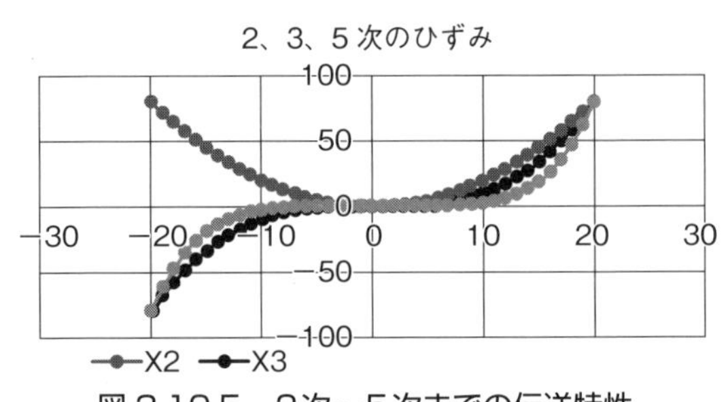

図3.10.5 2次～5次までの伝送特性

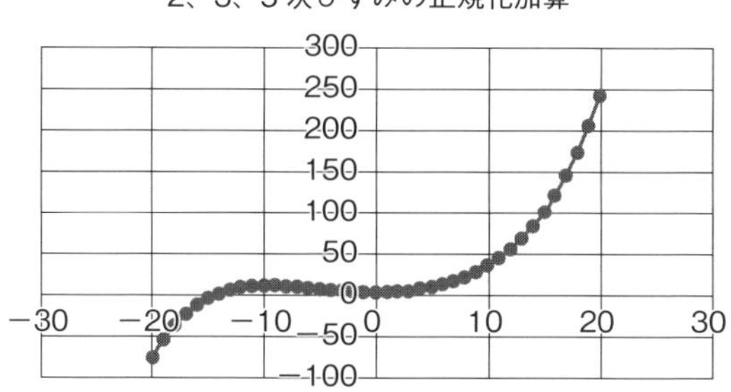

図 3.10.6　2次～5次のひずみの加算

（閑話休題）

昔、ある学生が私を訪ねてきて質問した。変調や復調には回路やデバイスの非線形を用いるが、増幅器には直線性が求められる。直線性の良い回路と非線形性の両立性とは？　特性のどこを用いるのかと。直線性のいいところを使うと変調も復調も出来ないのではということらしい。

図3.10.2のような代表的な特性をじっと見ていると、断点が見えてくる。電流の流れない領域と電流が流れ始める右肩上がりの傾きの部分である。非線形性とはこの断点の部分を云うから、この付近にバイアスを与えて用いれば非線形領域を利用できることになると。直線領域を使うのであればもっとバイアスを与えればいいと。回答した。

3-11 伝送線路とスミスチャート

3-11-1　スミスチャートを描く

伝送路の解析ではスミスチャートを用いることが多い。伝送路の特性インピーダンスと負荷との条件で伝送路入口のインピーダンスを求めるとき、分布定数線路での整合などには便利である。

反射係数を式（3.11.1）に示す。θ、u、v は任意の点 z の関数である。

$$\Gamma(z) = |\Gamma(z)|e^{j\theta} = u + jv \tag{3.11.1}$$

Z_N は正規化インピーダンスである。

$$Z_N(z) = \frac{Z(z)}{Z_0} = \frac{1+\Gamma(z)}{1-\Gamma(z)} \qquad (3.11.2)$$

$Z_N(z) = r + jx$ のように表現すると、式（3.11.2）は式（3.11.3）となる。

$$r+jx = \frac{1+u+jv}{1-(u+jv)} \qquad (3.11.3)$$

$$\left(u-\frac{r}{r+1}\right)^2 + v^2 = \left(\frac{1}{r+1}\right)^2 \qquad (3.11.4)$$

式 (3.11.4) は、中心が $u - v$ 平面上で $[r/(r+1),\ 0]$ にあり、半径 $(1/r+1)$ の円の方程式を表している。

$$(u-1)^2 + \left(v-\frac{1}{x}\right)^2 = \left(\frac{1}{x}\right)^2 \qquad (3.11.5)$$

式（3.11.5）は中心が $u - v$ 平面で点（1, $1/x$）を中心とし、半径 $1/x$ の円の方程式である。

図 3.11.1 の（a）と（b）を同一平面上に描いたのが**図 3.11.2** である。これがスミスチャートの基本形である。

スミスチャート上では、半回転で $\lambda/4$、1回転で $\lambda/2$ である。負荷の正規化インピーダンスを計算して、チャート上にプロットして伝送路の長さによる波長を回転させる。電源側に回すのか、負荷側に回すのかは求めるインピーダンスによる。自由空間の伝送路では波長の短縮は考えないが、同軸線路では内導体と外導体間の絶縁物としての誘電体の充填物を挿入する。それによって波長短縮が発生する。通常のポリエチレンなどでは短縮率は約2/3になる。その分チャート上で回転させる電気長を短くすることが必要になる。スミスチャートでは減衰定数 α を見込んでいないが解析上で配慮することも可能である。

図 3.11.3 は実際用いられているスミスチャートである。

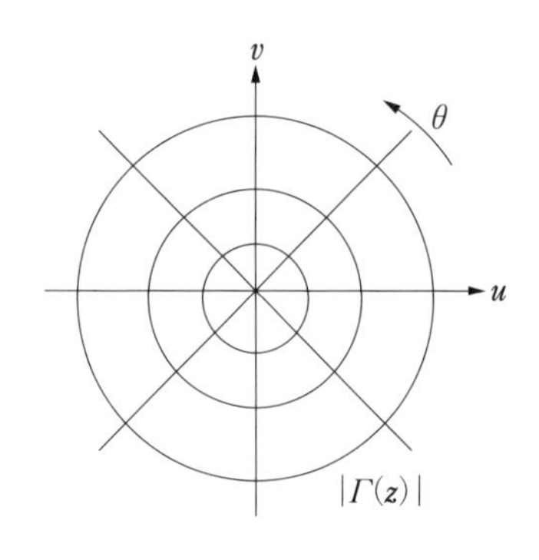

(a) u-v 平面上の反射係数

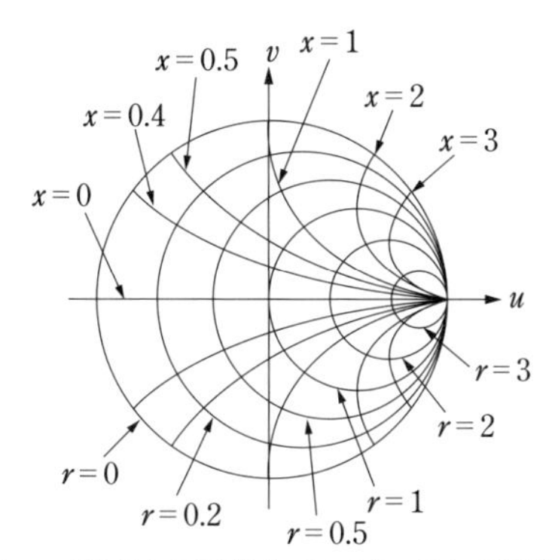

(b) u-v 平面上の正規化インピーダンス座標

図 3.11.1 スミスチャートの構成要素

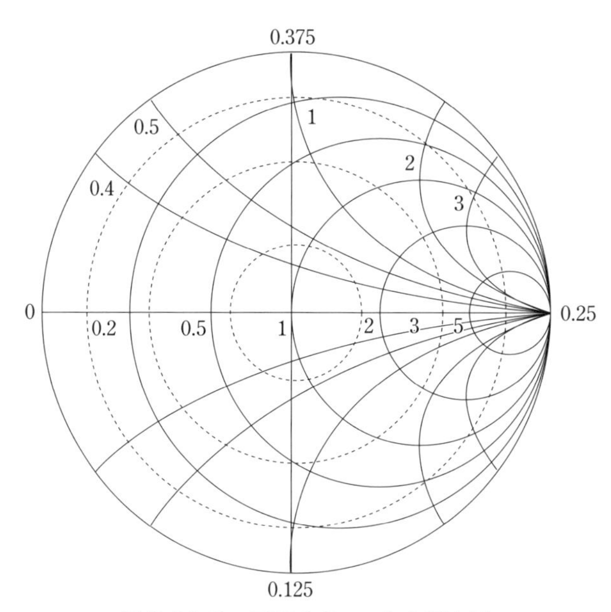

図 3.11.2 スミスチャートの基本形

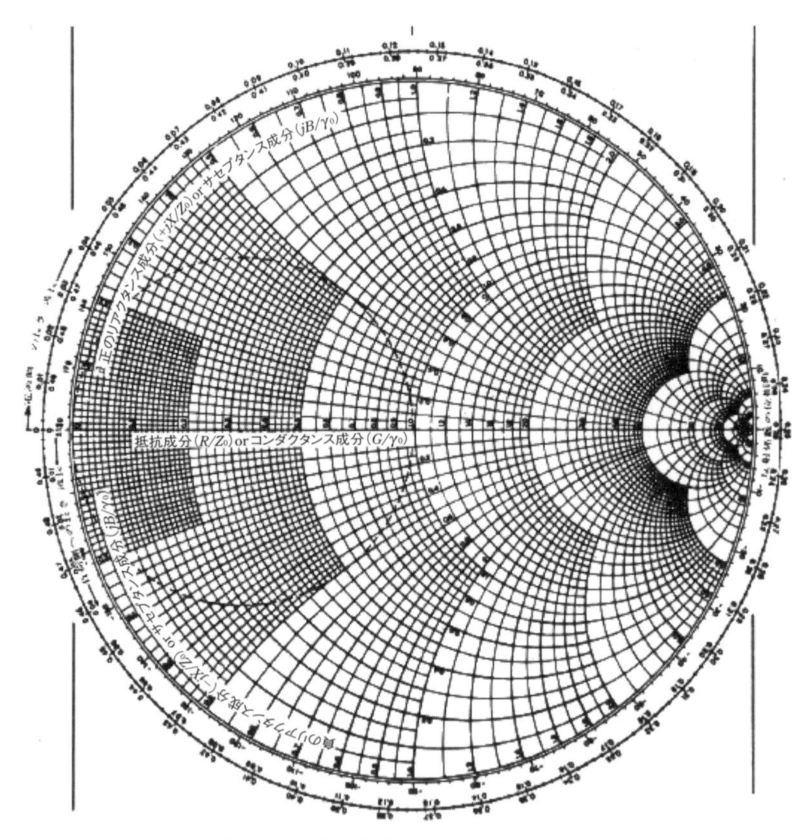

図 3.11.3 一般的に使用されるスミスチャート

3-12 リターンロスの考え方

3-12-1 反射係数とリターンロス

伝送路の整合性を論じるのに、反射係数、VSWRなどが用いられることはご承知の通りです。ここではリターンロスと云う概念を解説する。

リターンロスは、反射係数の絶対値の常用対数を取って20倍したものである。整合状態が良くて反射係数が0.003であれば、RLは−50(dB) 程度になる。また反射係数が0.977程度であれば、RLは－0.2（dB）程度になる。整合条件が良いということはRLがマイナスに大きな値となる。整合状態をデシベルで評価できるので便利である。

$$\mathrm{RL}(return-loss)=-20\log_{10}|\Gamma|[\mathrm{dB}] \tag{3.12.1}$$

3-12-2 リターンロスはブリッジの不平衡時の検出電圧から

測定の基本的は**図3.12.1**のブリッジ回路の１アームが被測定端子ですから、測定端子がオープンのときと、ショートのときの検出部の電圧を計算すると、それぞれ電源電圧eの２分の１になる。当然オープンとショートでは電圧の極性は異なることになる。簡単にするにはこの$1/e$の電圧を２倍しておけば、それぞれを１、－１と出来るから反射係数に読み替えることができる。ここでは簡単にするために電源の内部抵抗はゼロとする。

図3.12.2は、測定端がopenとショートの検出電圧、それぞれの検出電圧をベクトル図で表現したものである。

3-12-3 リアクタンス負荷時の検出電圧（e_Γ）

図3.12.3はインダクタンスもしくはキャパシタンスを負荷にした場合の検出電圧を示す。各リアクタンスに応じてベクトルの回転量は異なるが、(e_Γ)のレベルは一定である。従って反射係数は１となる。

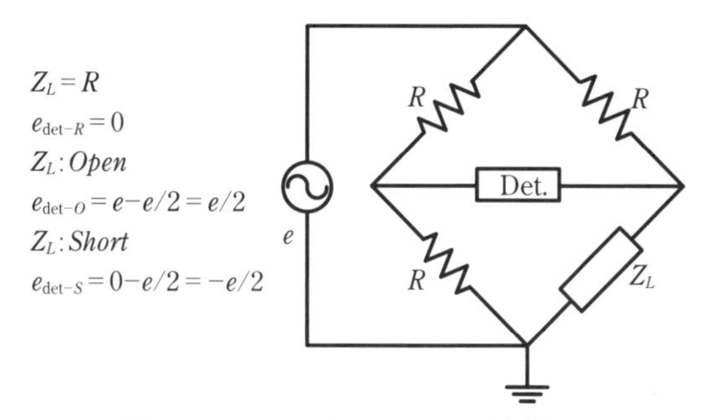

図3.12.1 リターンロスの演算

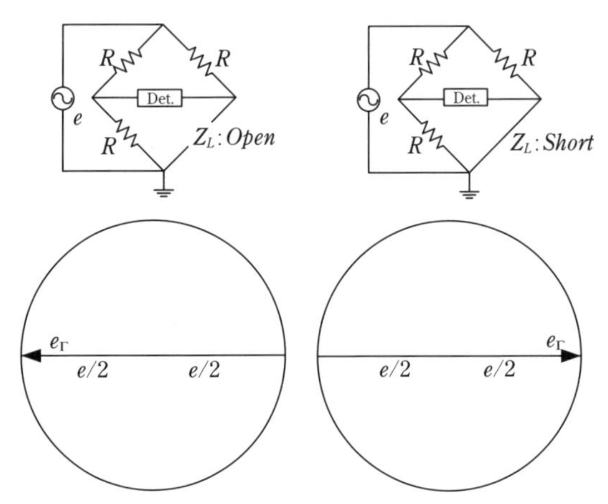

図 3.12.2 測定端が open とショートの検出電圧

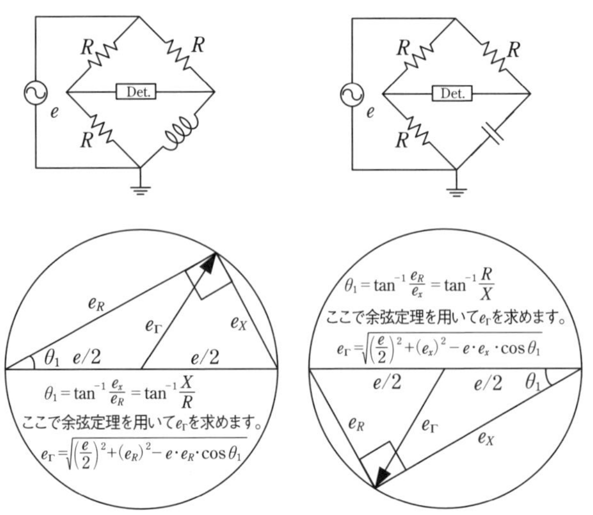

図 3.12.3 リアクタンス負荷時の検出電圧 e_Γ

3-12-4 インピーダンス負荷時のブリッジの不平衡電圧の検出

図 3.12.4 は、検出端子 det. に出力される検出電圧（e_Γ）を示す。先に述べたが、反射係数を知るにはこの電圧を 2 倍すればよいことになる。

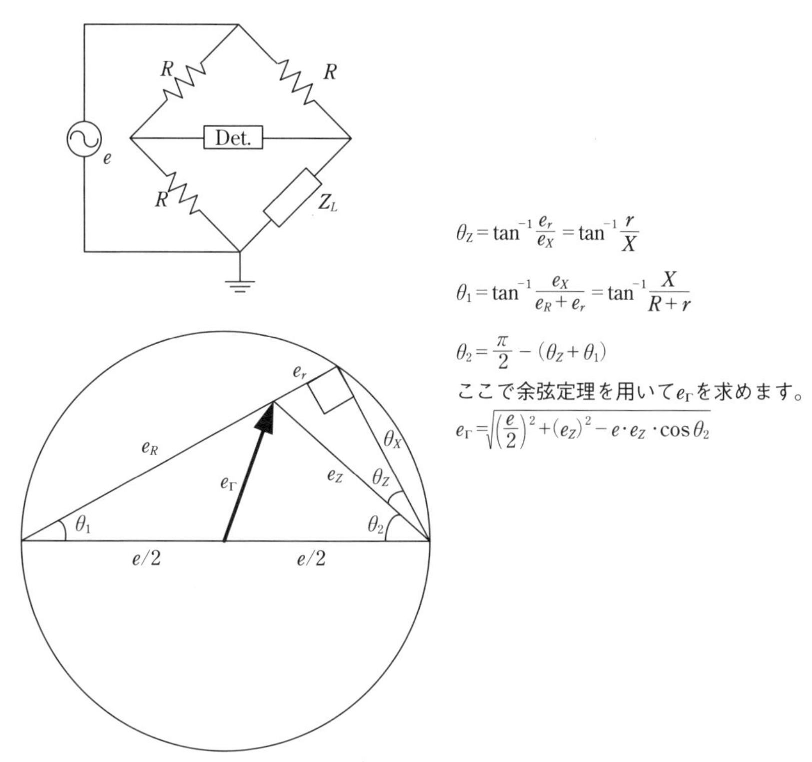

図 3.12.4 インピーダンス接続時の検出電圧ベクトル

3-13 ヘテロダイン（周波数変換）

3-13-1 周波数変換とは

周波数変換とは受信した高周波信号をそのまま増幅するのでは無くて、高い周波数（アップコンバート）にしたり、低い周波数（ダウンコンバート）に変換することである。専用の受信機で入力周波数が一定であれば特に周波数変換をすることもないのかもしれない。受信機はあらゆる周波数を受信するから一度中間周波数に変換してから信号を増幅したほうが効率的である。送信機でも変調は低い周波数で行ってから高い周波数に変換する。ヘテロダイン周波数変換すると中心周波数は、高い方、もしくは低い方にシフトするが、変調した結果の被変調波の伝送帯域はそのままに維持される。デジタルの技術では標本化定理ということがある。デジタル信号を時間間隔で刻むこと。時間の逆数は周波数だからイメージが湧くと思う。この標本化周波数は元の信号の最大周波数の2倍以上あることが必要である。これを2倍以下の周波数で標本化すると折り返しひずみ（Aliasing）という現象が発生する。テレビで昔の西部劇を見ているときに馬車の進行方向と車輪の回転方向に違和感を覚えたことがありませんか。進行方向に対して逆回転している画像である。あれはフィルムカメラのシャッタスピードとテレビのシャッタスピードが24枚と30枚の差があるために発生している。ストロボスコープで扇風機の回転を見ているときストロボの周期によっては扇風機が止まったり逆回転したりする現象も同様の原理による。

3-13-2　周波数変換の仕組み

高周波の信号を直接増幅することもありますが周波数を中間周波数に下げて用いることが多々ある。周波数を下げることをダウンコンバート、逆に周波数を高くする場合はアップコンバートと云う（**図 3.13.1**）。

局部発信周波数の選定を受信信号より高くとる場合と、低くとる場合でIF（中間周波数）の中の側波帯の変調極性が反転することに注意しなければならない。受信信号よりも局部発信周波数が高いとIFの変調極性は反転する。逆に局部発信周波数が低いとIFの変調極性は変わらない。**図 3.13.2** はそれをイメージ化したものである。

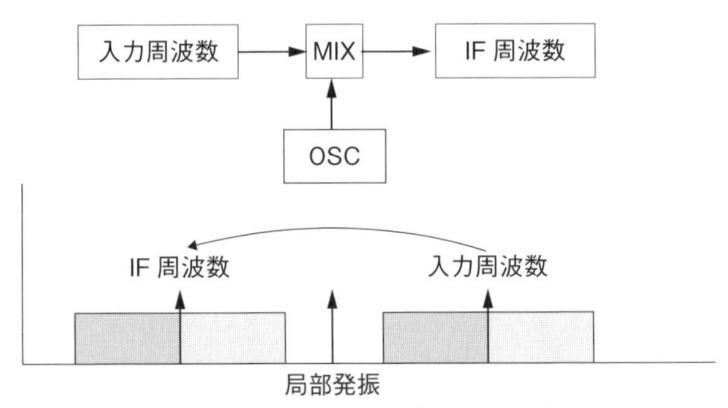

図 3.13.1　中間周波数へのダウンコンバート

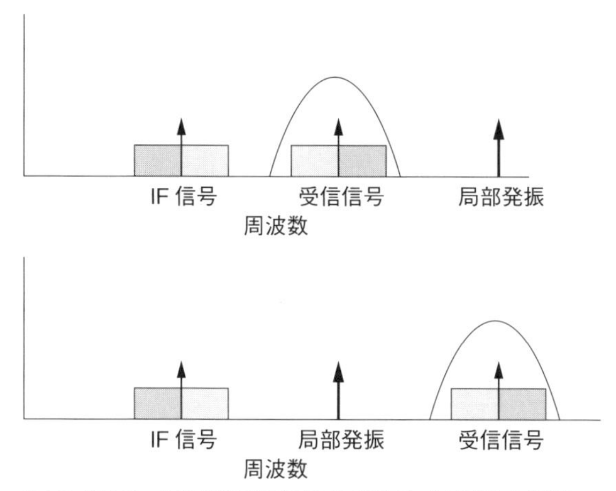

図 3.13.2　局部発信周波数の選定と IF 信号の極性

3-13-3　周波数変換とイメージ周波数妨害

図 3.13.3 は、周波数変換とイメージ周波数妨害を示した。受信信号から IF 信号を生成するときに局部発信周波数よりも IF だけ高い周波数（$F_{LO}+F_{IF}$）も IF 成分として落ちてくる。これをイメージ周波数という。このようなことが懸念される場合には、周波数変換する前に帯域制限してフィルタリングを行う。

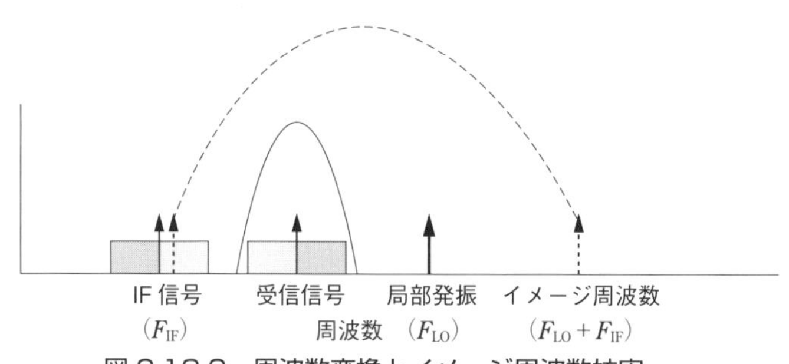

図 3.13.3　周波数変換とイメージ周波数妨害

3-13-4 周波数変換に伴う折り返しひずみ（エリアシング）

図 3.13.4 のヘテロダイン回路で局部発振周波数の選定が不適切であると、中間周波数 IF の側波帯と源信号との重なりが発生する。これを折り返しひずみ、またはエリアシングと呼ぶ。この場合には標本化定理を満足せずに信号に損傷を与えることになる。

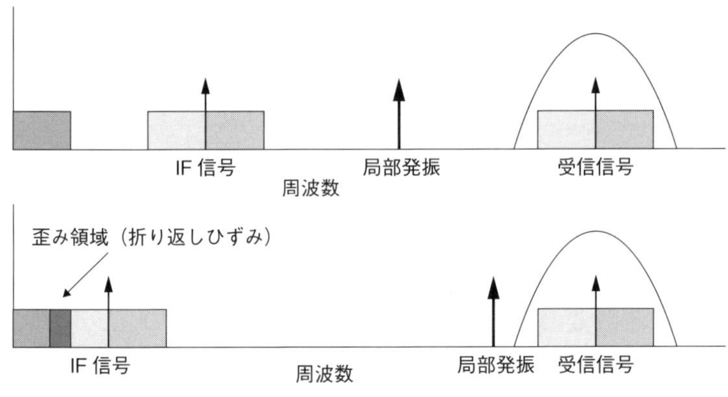

図 3.13.4 局部発信周波数の選定とエリアシング

3-14 VCOの動作

3-14-1 VCOの出力信号の生成

VCO（Voltage Controled Oscillator）は測定器ではあらゆる部分で使用されている。高周波測定では点々法によって特定の周波数の値を知ることよりも周波数の帯域内での特性を一挙同に確認するニーズが多い。スペクトラムアナライザ、ネットワークアナライザなどに用いられている。

一般的なVCOの機能を式（3.14.1）で表現した。

$$v_0(t)=\sqrt{2}A_0\cos\left(\omega_0 t+K_0\int^t v_d(t)dt\right) \tag{3.14.1}$$

但し、$v_0(t)$：VCOの出力電圧、$v_d(t)$：制御電圧、ω_0：VCOの自走発振周波数、K_0：VCOの利得係数［rad/V/s］、$\sqrt{2}A_0$：VCOの出力振幅。

右辺の括弧の中の第2項が制御電圧によるVCOの位相変化を表しており、これを微分したものが周波数偏移となる。

図3.14.1は、FMとPMとの相関性を参考に示した。

VCOに要求される性能としては、

① 入力DC電圧に対して発振周波数のリニアリティがいい。

② 発振周波数が温度、電源電圧の変動の影響を受けない。

③ 発振器からの雑音レベルが少ない。

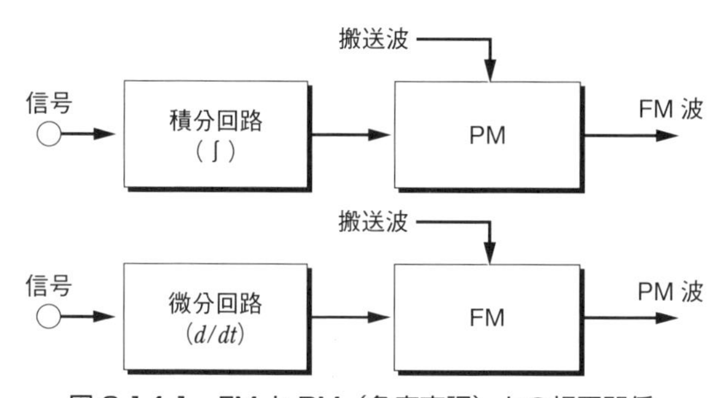

図3.14.1 FMとPM（角度変調）との相互関係

④ 所要の周波数範囲をカバーできる。

応用されるデバイスとしては、

⑤ 水晶発振VCO

⑥ LC発振器

⑦ CR発振器（マルチバイブレータなど）

周波数のリニアリティについては、スペアナなどの画面上に周波数マーカなどを挿入して。測定現象の精度を向上することが出来る。

3-14-2 VCOとFM変調器

図3.14.2はFM変調器の一例である。VCOを考えるとき放送で用いているFM変調器が思い起こされる。音声信号をリアクタンス変調器に入力してFM波を得ている。入力には音声または映像なども挿入する。周波数安定度を得るには自励発振よりも水晶を用いたVCXO、セラソイド変調なども思考の延長上には考えることが出来る。但し、VCXOやセラソイド変調では周波数偏移が大きく取れないからその点での配慮が必要になる。

VCOでも基本波自励発振であるから周波数の安定性を確保するためにAPC（Automatic Phase Control）などの回路を付加する必要がある。APC回路はPLL回路そのものと云うことができる。

このFM変調器は、外部からAPC信号をフィードバックしてセンター周波

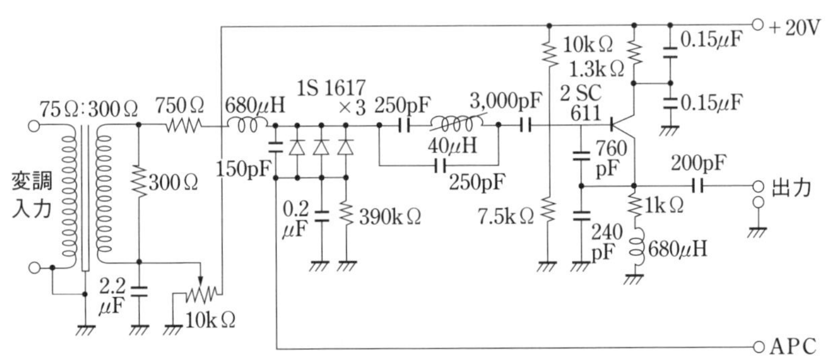

図3.14.2 FM変調器の一例

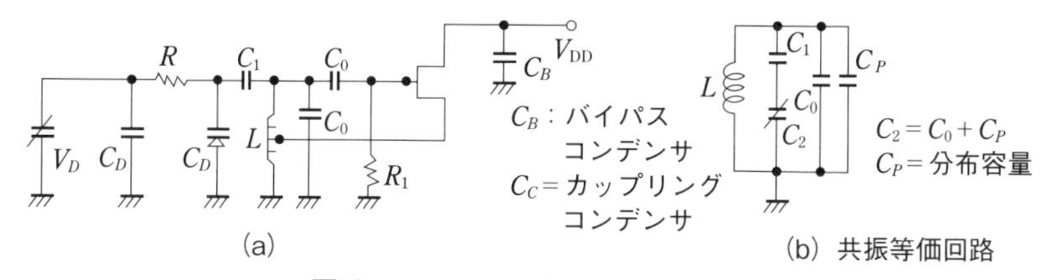

図 3.14.3　FM 変調部の発振回路

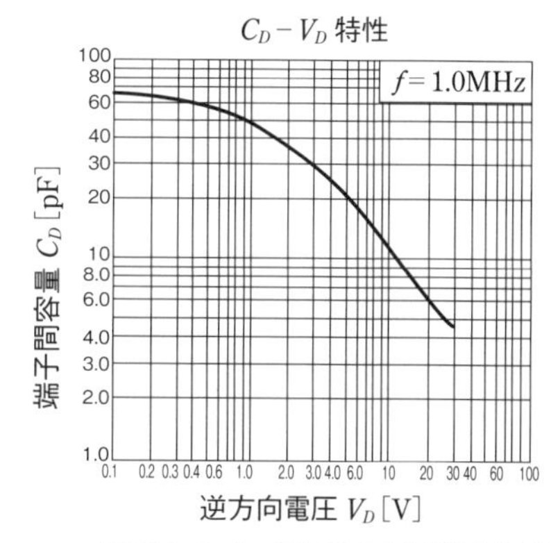

図 3.14.4　端子電圧と静電容量

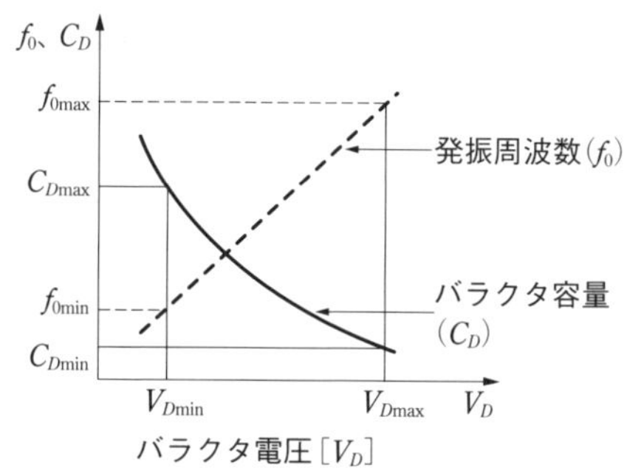

図 3.14.5　端子電圧と発振周波数

数を維持していた。自励発振部はバラクタダイオードなどを用いた（**図 3.14.3**）。

発振周波数を電圧で制御するには、発振回路のキャパシタンス、もしくはインダクタンスを変化させれば可能である。昔、フェライトに直流を印加してインダクタンスを変化した掃引発振器を見たことがある。入力電圧と発振周波数のリニアリティが得られれば実用は可能である。非線形性は補償回路に頼ることになる（**図 3.14.4**、**図 3.14.5**）。

$$C = C_P + \frac{C_0}{\left(1 + \frac{V_R}{\phi}\right)^K} \qquad (3.14.2)$$

但し、C_0：V_R = 0V の時の静電容量、ϕ：コンタクトポテンシャル（≈ 0.7V）、C_P：寄生容量、K：接合状態による係数。

3-15 分周・逓倍回路

3-15-1 ヘテロダイン（周波数変換）

図 3.15.1 の一般的なヘテロダインでは、中心周波数を中間周波数に変換することが可能です。但し、ローカル周波数の選定によっては上下の側波帯の交換が行われる。映像信号ではポジ・ネガの反転、音声信号では180度の位相転回が生じる。解消するにはインバータ（位相反転回路）を挿入すればよい。

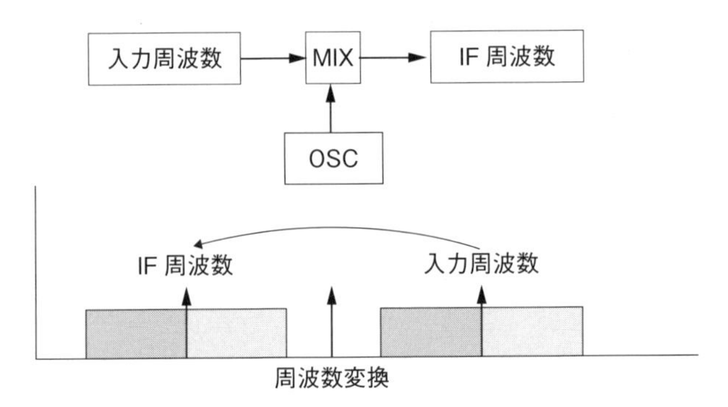

図 3.15.1 一般的な周波数変換（ヘテロダイン）

3-15-2 分周回路と側波帯

図 3.15.2 の分周回路では中心周波数が変化するのと同時に側波帯の帯域幅が変化する。

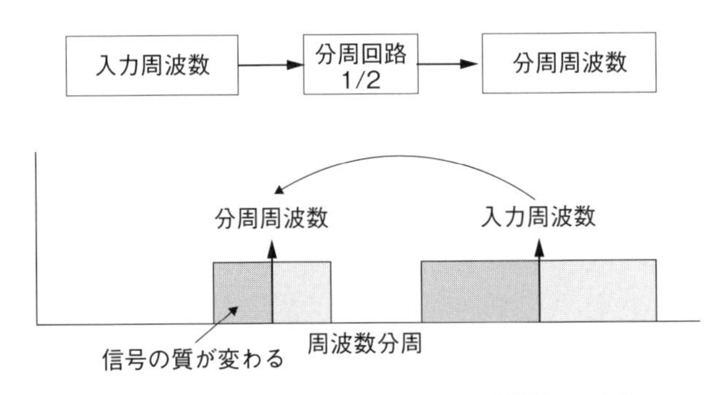

図 3.15.2 周波数の分周と側波帯情報の変化

3-15-3　2逓倍回路と側波帯（図 3.15.4）

図 3.15.3 は全波整流回路による2逓倍回路を示す。電源の整流回路でも使われているが高周波用のダイオードブリッジで構成することが出来る。

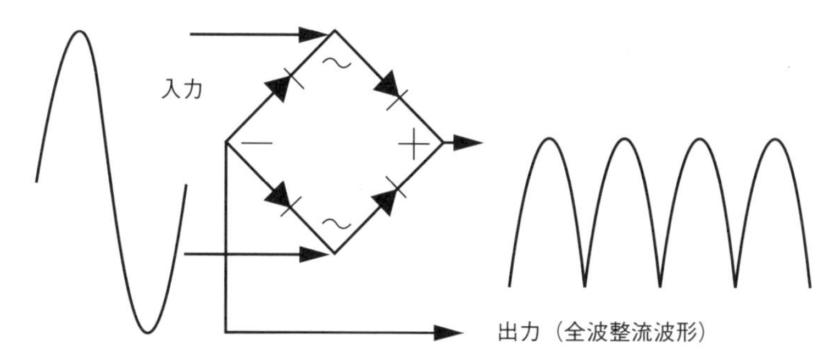

図 3.15.3　全波整流回路による2逓倍回路

以下にフーリエ級数展開で解説を加える。

$$a_n = \frac{1}{\pi}\int_0^{2\pi} f(\theta)\cos n\theta d\theta = \frac{1}{\pi}\left[\int_0^{\pi} E_m \sin\theta\cos n\theta d\theta + \int_{\pi}^{2\pi}(-E_m)\sin\theta\cos n\theta d\theta\right]$$

$$= \frac{E_m}{\pi}\int_0^{\pi}\{\sin(n+1)\theta - \sin(n-1)\theta\}d\theta$$

$$= \frac{E_m}{\pi}\left[\frac{-\cos(n+1)\theta}{n+1} - \frac{-\cos(n-1)\theta}{n-1}\right]_0^{\pi}$$

$$= \frac{E_m}{\pi}\left\{\frac{1-(-1)^{n+1}}{n+1} - \frac{1-(-1)^{n-1}}{n-1}\right\}$$

$$a_n = \frac{2E_m}{\pi}\left\{\frac{1}{n+1} - \frac{1}{n-1}\right\} = \frac{-4E_m}{\pi(n^2-1)}$$

$E_m\sin\theta$　$-E_m\sin\theta$　$f(\theta)$　E_m　0　π　2π

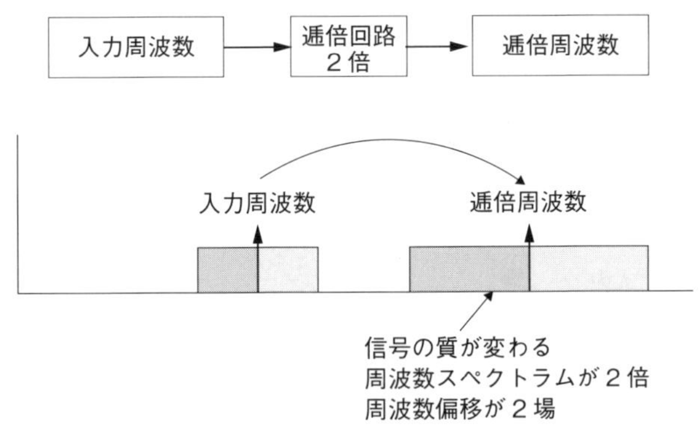

図 3.15.4　逓倍による側波帯情報の変化

$$a_0 = \frac{1}{2\pi}\int_0^{2\pi} f(\theta)d\theta = \frac{1}{2\pi}\left[\int_0^{\pi} E_m \sin\theta d\theta + \int_{\pi}^{2\pi}(-E_m)\sin\theta d\theta\right]$$

$$= \frac{E_m}{2\pi}\{[-\cos\theta]_0^{\pi} + [\cos\theta]_{\pi}^{2\pi}\} = \frac{E_m}{2\pi}\{[1-(-1)] + [1-(-1)]\}$$

$$= \frac{4E_m}{2\pi} = \frac{2E_m}{\pi}$$

$$f(\theta) = \frac{2E_m}{\pi} - \sum_{n=2}^{\infty}\frac{4E_m}{\pi(n^2-1)}\cos n\theta$$

$$= \frac{2E_m}{\pi}\left(1 - \frac{2\cos 2\theta}{3} - \frac{2\cos 4\theta}{15} - \frac{2\cos 6\theta}{35}\cdots\cdots\right)$$

3-15-4　周波数変換（ヘテロダイン）と分周／逓倍の違い

・周波数変換では、中心周波数が変換されるが、側波帯のスペクトラムは変わらない。

・分周 / 逓倍では中心周波数が変わるが、側波帯の周波数スペクトラムも変わる。

・分周回路：PLLの位相検出など（位相・周波数偏移の圧縮）。

・逓倍回路：周波数変調、PM、PSK変調の偏移拡大。

3-16 PLL回路の動作と応用

3-16-1 PLLの基本構成の解説

PLL（Phase locked loop）回路は、通信装置や高周波測定装置の中には必ず用いられている。後段で述べる応用回路も枚挙にいとまがないほど他分野に及ぶ。

図3.16.1はPLLの基本回路である。

基準周波数f_rは、安定した周波数を水晶振動子や、原子発振デバイス、またはGPSなどを使った基準信号を用いる。所要の周波数とするために事前に分周して周波数を低減するなどの事前の措置も必要になる。基準周波数を得るためにヘテロダインなどするとヘテロダインの周波数の精度が低下することになる。位相検波器は、一般的に±180度の位相比較器が用いられる。原理的に±180度以上の位相比較を高精度で行うのは難しい。図の位相比較器は、基準周波数とVOCの発振周波数f_0をN分の1にした周波数とでの比較である。位相比較器の出力は、直流を含む低周波成分と高調波成分である。周波数の安定化制御のための信号はLPFを通して直流成分を取り出し、増幅してVCO（Voltage Control Oscillator）に入力する。VCOは電圧に対して正確な周波数を発信するものを選択する。N分の1のプログラマブルデバイダは、IC化されたフィリップフロップの多段構成回路を用いる。VCOは自走の発振器であるから出力の周波数Nf_rの正確さを決めるのは分周器とf_rである。PLL構成回路

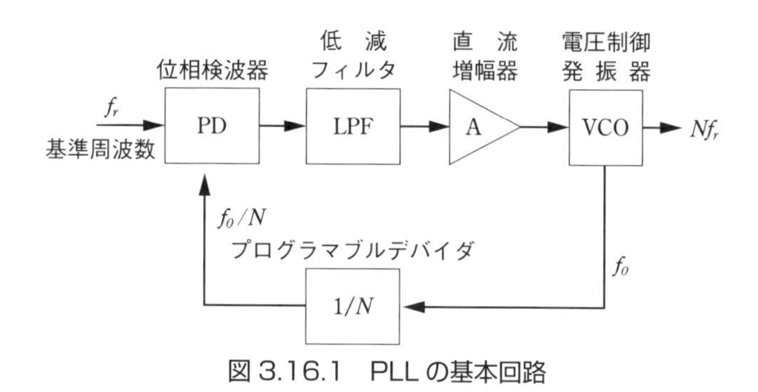

図3.16.1 PLLの基本回路

はループ制御を継続する中で機能を実現することになる。

3-16-2 高精度な発振出力を得る多重ループ回路

図 3.16.2 は多段合成の PLL を組み合わせた、所要の発振出力を取り出す回路である。分周器は M と N を持つ。ここでも重量なのは基準周波数の精度である。発振出力は $(M+N/10^4)f_r$ である。

ここで M と N は、

$$\left.\begin{aligned} M &= M_1\times10^3+M_2\times10^2+M_3\times10+M_4 \\ N &= N_1\times10^3+N_2\times10^2+N_3\times10+N_4 \end{aligned}\right\} \qquad (3.16.1)$$

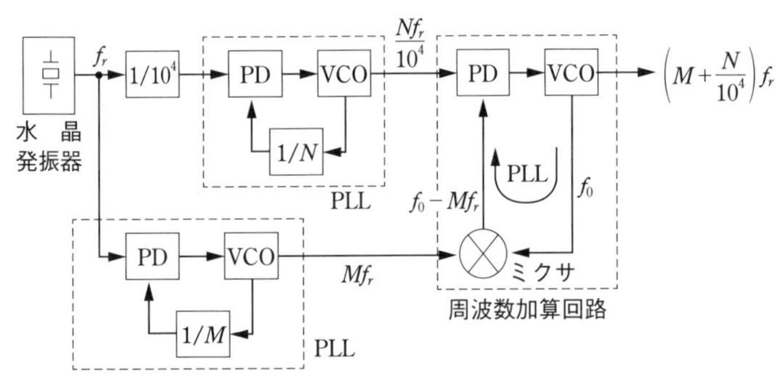

図 3.16.2 M, N の分周器による所要周波数の PLL

3-16-3 PLL の応用

図 3.16.3 は一般的な FM 復調回路である。入力からの FM 信号は中間周波数に変換されて、リミッタを経てディスクリミネータに入力される。FM 検波回路は比検波器、位相検波方式など色々な種類がある。

図 3.16.4 は PLL を用いた FM 復調回路である。FM 信号と VCO の出力がミ

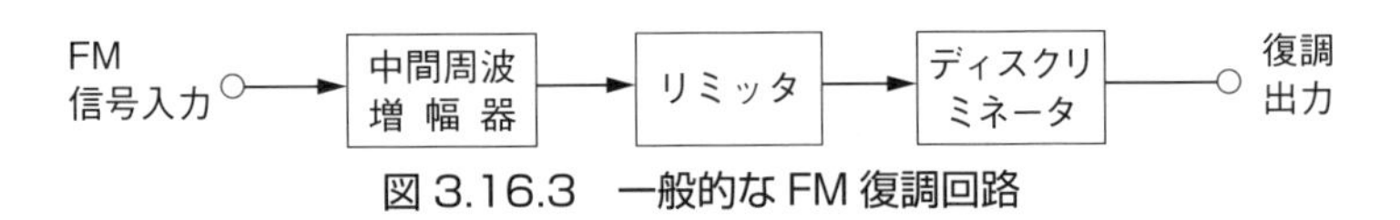

図 3.16.3 一般的な FM 復調回路

キサで位相比較されることで、その差分の信号レベルを取り出して、ループフィルタを経ることでFM信号から復調信号を取り出すことができる。VCOは常に復調信号でミキサ出力がゼロになるように追いかけられることになる。特徴としては広帯域な伝送特性を持つ。

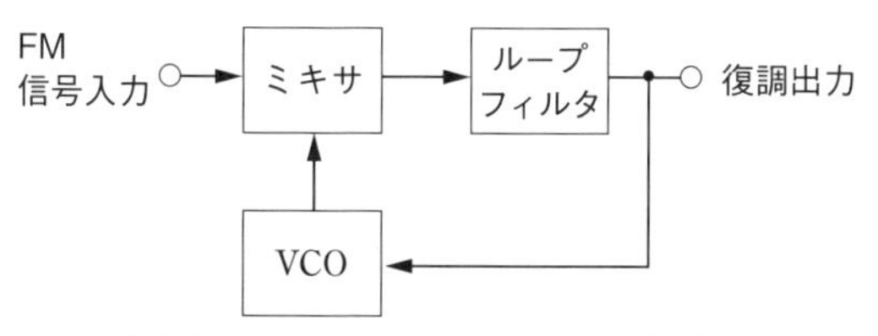

図3.16.4 PLLを用いたFM復調回路

3-16-4 FM帰還と帯域の抑圧

筆者が初めてこの回路にお目にかかったのは、中継放送所の混信対策への応用である。**図3.16.5**に示すように通常のFM復調信号をローカルのVCOに逆位相の信号で入力することでミキサとの間でFM入力信号の偏移（デビエーション）を抑圧することが出来る。理想的は1本のキャリアにすることが出来る。または偏移を逆にすることも可能になる。通信路の混信などを狭帯域フィルタで除去するなどの応用が考えられる。

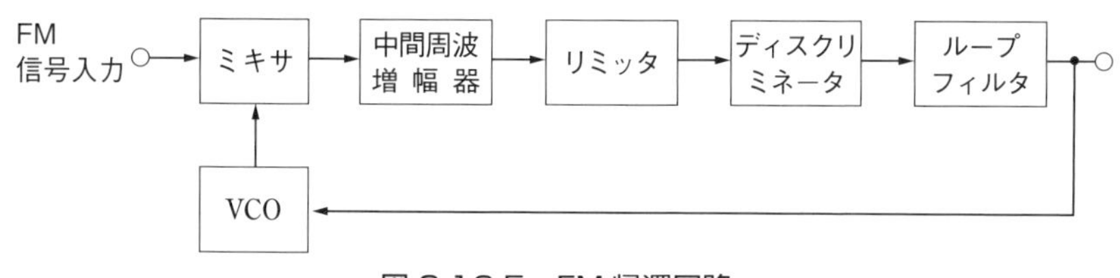

図3.16.5 FM帰還回路

3-16-5 コスタスループによるPSKデジタル信号との同期

オープンループのデジタル伝送路の同期再生は面倒なことが多い。QPSK（4相PSK）などの通信信号から同期信号を再生するのに、**図3.16.6**のようなコスタスループが用いられる。

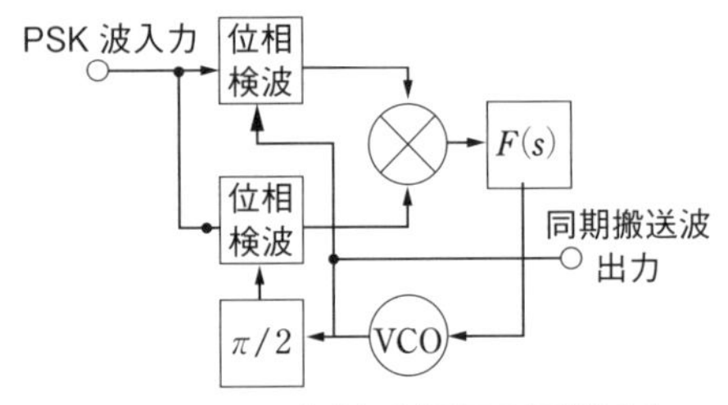

図 3.16.6　デジタル信号の同期再生

3-17 複素電圧ベクトルの求め方

妨害波があっても高精度でアンテナインピーダンスが測定できる方法を確立した。これにより放送サービスの休止を必要としないアンテナインピーダンス測定法を可能とした。ここではブリッジに測定誤差を与えない高誘起電圧抑圧方法と、同一周波数妨害波が到来する環境下でも高精度に測定信号を検出できる二重直交検波方式を用いた測定方法の概要を紹介する。

図 3.17.1 は二重直交検波方式の概要である。図においてアンテナに誘起した妨害波と発振部からの測定信号とが同一周波数（f_0）とした場合について説明する。ブリッジ部の信号源に測定信号を加え、アンテナインピーダンスと平衡が取れたときブリッジから検出された測定信号成分は最小になる。しかし、妨

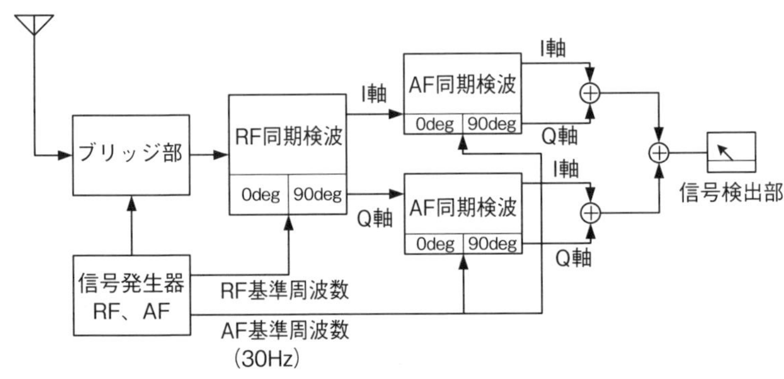

図 3.17.1　二重直交同期検波回路

害波が誘起している環境下では測定信号の検出が出来ないため、30Hzの認識信号（以下、認識信号と略す）を搬送波抑圧振幅変調し測定信号として用いる。ブリッジ部で検出された妨害波と測定信号との合成信号はRF直交検波部（RF detector）、及び音声帯直交検波部（AF synchronous detector）で二重直交検波する。いずれの直交検波部もI軸およびQ軸の直交信号を出力する。抵抗、キャパシタンス、及びインダクタンス素子で構成されているブリッジ部では平衡状態に調整する過程で検出される測定信号の振幅と位相が変化するため、希望信号のエネルギを取り出すために直交軸検波が必要となる。I軸、Q軸の出力信号は、妨害波信号と認識信号の合成波である。次に、認識信号を基準としたAF直交検波部で直交軸検波することで合成波から認識信号成分に比例した直流電圧をI軸、Q軸の直交軸から出力させる。これら直流電圧の二乗加算値はブリッジ部で検出された認識信号のエネルギに比例しており、二乗加算値が最小となるようブリッジ調整することで被測定アンテナのインピーダンスが測定できるのが本方式の特長である（**図3.17.2**、**図3.17.3**）。

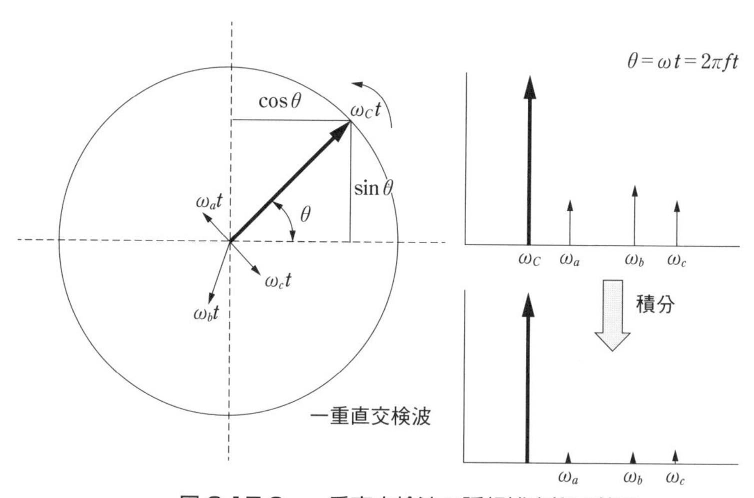

図3.17.2 一重直交検波の誘起雑音抑圧効果

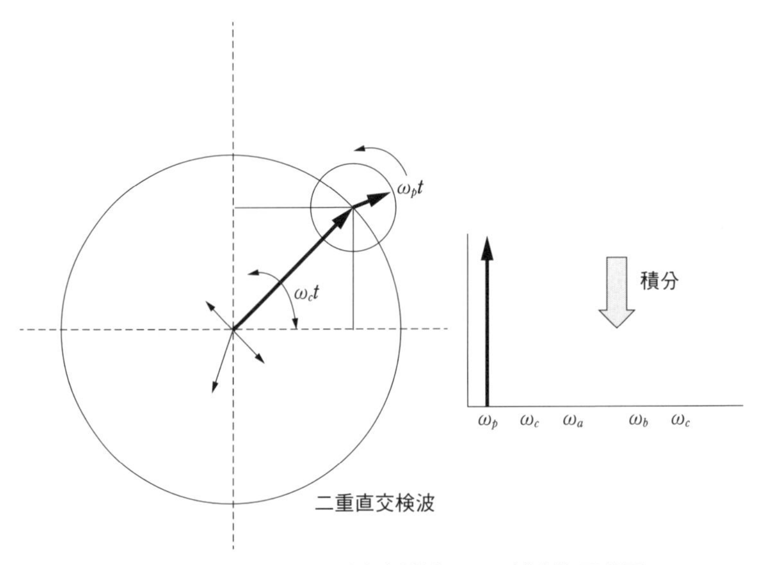

図 3.17.3 二重直交検波による雑音抑圧効果

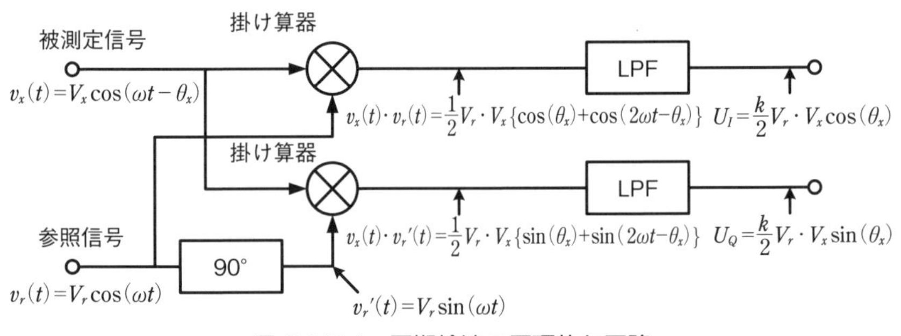

図 3.17.4 同期検波の原理的な回路

図 3.17.4 は、同期検波回路の一例である。

被測定信号と参照信号の掛け算の出力結果を以下の数式で示した。

$$v_x(t)\cdot v_r(t)=\frac{1}{2}V_r\cdot V_x\{\cos(\theta_x)+\cos(2\omega t-\theta_x)\} \qquad (3.17.1)$$

LPF を通すことで、

$$U_I = \frac{k}{2} V_r \cdot V_x \cos(\theta_x) \tag{3.17.2}$$

$$v_x(t) \cdot v_r'(t) = \frac{1}{2} V_r \cdot V_x \{\sin(\theta_x) + \sin(2\omega t - \theta_x)\} \tag{3.17.3}$$

LPF を通すことで、

$$U_Q = \frac{k}{2} V_r \cdot V_x \sin(\theta_x) \tag{3.17.4}$$

$$V_x = \frac{2}{kV_r} \sqrt{U_I^2 + U_Q^2} \tag{3.17.5}$$

$$\theta_x = \tan^{-1}\left(\frac{U_Q}{U_I}\right) \tag{3.17.6}$$

ここで、位相 θ_x に特化した議論をするならば、振幅変調によって生ずる派生的位相ひずみ成分を IPM（Incidental Phase Modulation）という量で測定することが可能である。今回は IPM の解説は省略する。IPM は、振幅変調によって生ずる位相ひずみを議論するときに有効な測定量である。

コラム③ 二重直交検波の開発

C3-1 中波アンテナのインピーダンス特性測定

筆者らが数年前に開発した中波のアンテナインピーダンス測定装置を紹介したい。これはアイディアから測定器の完成まで約2年、大変筋のいい開発であったと記憶している。

放送中に、近距離、同一周波数で使用する中波予備アンテナの基部インピーダンスを測定することは不可能であると云われていた。中波放送用アンテナのインピーダンス測定には、ブリッジやインピーダンスアナライザを用いた方法が知られている。同期検波方式による高感度位相検出方法などでも同一周波数妨害波に対して安定した除去能力を得ることは困難であった。今回、測定対象の一つとしたのは建設中のラジオ送信所のアンテナインピーダンスの測定であった。これと同じような例として、送信所の近傍にある予備アンテナの測定などは自局の放送電波により被測定アンテナ基部に高誘起電圧が発生している場合がある。このような高誘起電圧環境下では測定器を焼損させる可能性もあり、加えて測定精度を低下させる要因ともなる。従来、アンテナインピーダンス測定を行うためには、夜間放送休止時間帯を設けて測定を実施するか、同一周波数の妨害波が存在する場合には、当該周波数の上下に測定周波数をシフトして測定し、当該周波数でのインピーダンス値を補間して決定する必要があった。

C3-2 インピーダンスの決定

RFとAF同期検波の多段回路と積分回路により妨害波を抑圧したかたちでの測定信号の中から変調波エネルギ成分を取り出すことができる。この検出信号は測定信号の変調波エネルギ成分と比例関係にある。検出信号はブリッジの平衡点出力である。すなわち、測定信号エネルギを妨害波の中から高精度に抽出した成分となる。通常のブリッジ調整の様に検出信号が最小になるようにブリッジ部を平衡調整すれば、ブリッジの読値からアンテナインピーダンスの実数部、虚数部を決定することができる。本装置では妨害波の抑圧 D/U 比は－50dB が得られた。

C3-3 性能の評価方法

開発した二重直交検波方式と従来型の検波方式で実施した測定値の比較を行った。また、妨害波の有無による測定値の違いも併せて検証した。製作した測定器と従来型測定器、更にインピーダンスアナライザを用いて同一インピーダンスを各種妨害波重畳条件で計測して測定結果を比較した。測定したインピーダンスは $Z = R \pm jX$ であるから、リアルパートとJパート全体で評価するため、測定した各インピーダンス値を使って反射係数を算出した。次に VSWR を算出して、その結果から便宜的に1を引いて%で表示する方法を考えた。比較側と参照側（基準とする装置の測定結果）のインピーダンス値が全く等しければ、反射係数 Γ はゼロになるからエラー ρ_{error} はゼロとなる。

比較的合理的な誤差の評価方法と考えている。

$$\Gamma = \frac{Z_{doub.} - Z_{conv.}}{Z_{conv.} + Z_{doub.}} \tag{4.3.7}$$

$$\rho_{error} = \left\{ \left(\frac{1 + |\Gamma|}{1 - |\Gamma|} \right) - 1 \right\} \times 100 \tag{4.3.8}$$

但し、Γ：反射係数（比較するインピーダンスから算出）、Z_{doub}：二重直交検波方式によるインピーダンス値、Z_{conv}：従来型検波方式によるインピーダンス値、ρ_{error}：誤差［%］。

2方式の測定器の比較には、疑似インピーダンス回路を構成して回路に同一周波数の妨害波を重畳して行った。妨害波重畳された状態では、従来方式の測定では不可能であったのに対して、新しく開発した二重直交検波方式では、妨害波の有無に関わらず測定が可能であることを検証した。測定結果から測定誤差は最大でも1.7（%）であり測定精度は保証されると判断した。また、二重直交検波方式の対妨害波比は、−50dBという値を得ている。測定評価の結果をまとめると以下のようになる。

①測定誤差：1.7（%）以下

②対妨害波比：約−50dB（測定信号：妨害波比）

③微少測定信号を用いるため周辺受信エリアへの影響はない。

開発した高誘起電圧環境下における中波アンテナインピーダンス測定装置を紹介した。ブリッジに測定に誤差を与えない高誘起電圧の妨害波抑圧方法と、妨害波と測定信号が同一周波数であっても積分効果を使って測定信号を高感度で検出できる二重直交検波方式を開発し、高確度でアンテナ定数を決定することを可能とした。緊急時、非常時など、ラジオ放送への期待が高まる中で放送の休止が難しい状況となった。本測定器の開発により、親局放送中に予備アンテナのインピーダンス測定が可能となった。

第4章 デジタル送信機の仕組み

送信機の効率はデジタル処理方式になって総合効率は80％を越えるようになった。いくつかの開発の変遷の中で現在は固体化PA（power amplifier）を加算する方式を採用している。固体化PA単体での効率は90％を越えるものもある。一番大きなメリットは個別のPAが同時に障害を受けることは少ないので電波が完全に止まることは無いこと。合成する出力トランスの２次側のインピーダンスは非常に低いのでアンテナからのサージ移行電圧も少ないのが特長である。日本では送信出力が500kWの装置が運用されている。

送信装置の前面パネルが音声や音楽に応じて固体化PAの動作ランプがチカチカと点滅するのは壮観である。中には怠けて動作しない故障PAも出てくるから設備の自動監視も重要である。設備設計ではスワッパブル方式と云って運用中にPAユニットを差し替え出来るシステムも採用しているようである。

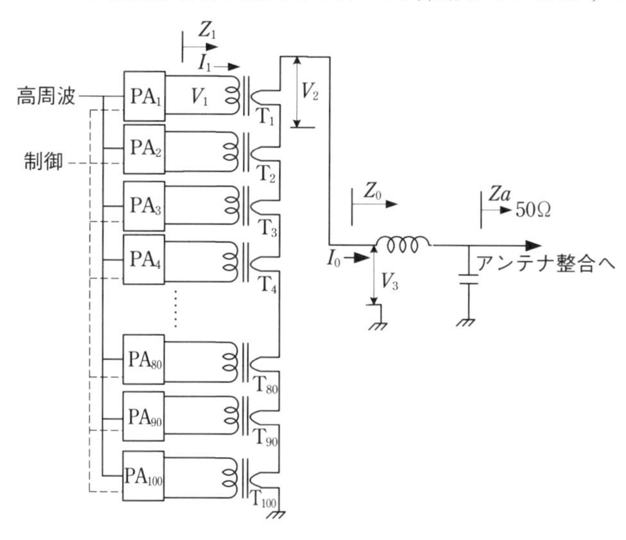

4-1 高周波回路とアース

4-1-1 止まり木アースはポテンシャルを決めるだけ

デジタルでもアナログの設備でも共通の対策としての機器のアース処理がある。送信装置を更新したとき、機器のアースを装置の床下の銅板のベタアースに施したことがある。ベタアースであるからインピーダンスはかなり低いはずである。暫くして運用中に、雷で数台の固体化PAが壊れたことがあった。幸いデジタル送信機の強みでPAが数台壊れてもサービスには支障は無かった。その後、調査と幾つかの対策を実施したが、その中で最もシンプルな改善点がベタアースを送信機の外側に設置し直したことである。対策前は雷サージ電流が送信機の筐体を通過し易い構造であったため、内部ユニットに影響を与えたのではと判断したからである。これは、単なる思い付きではなく、実際アース回路にサージ電流発生器でサージを印加して、各ユニットへの誘導電圧を観測

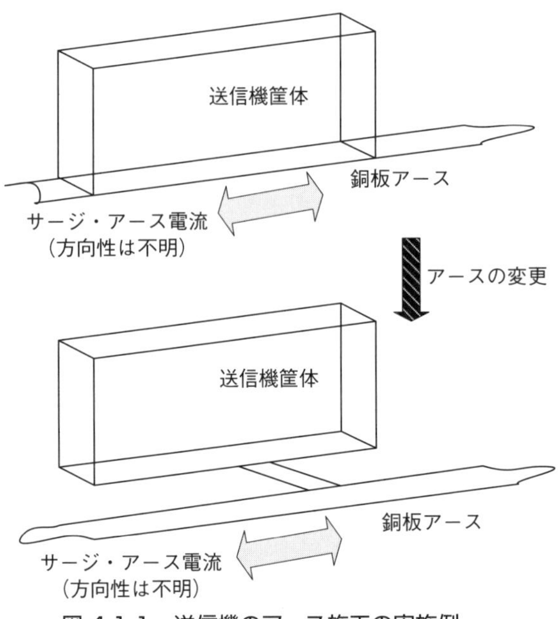

図4.1.1 送信機のアース施工の実施例

した。**図 4.1.1** のように、送信機の下部に敷設したベタアースを、切り離して別に敷設したアースに対して止まり木方式に変更した。このようにすることで、機器のアースポテンシャルは変わらずにサージ電流が送信機を通過しないようにした。

4-1-2 1点アースへのこだわり

送信機の図面を見ると、各段の増幅器のアースが別々に記載されている。現在でも増幅器の各段の設置は離隔してあるのだろうが、アース間で電位を持つ場合もあるから注意が必要である。アース間に電位がある部分を無理やり接続すると当然電流が流れる訳だから起電力をもつ部分は何らかのストレスとなる。

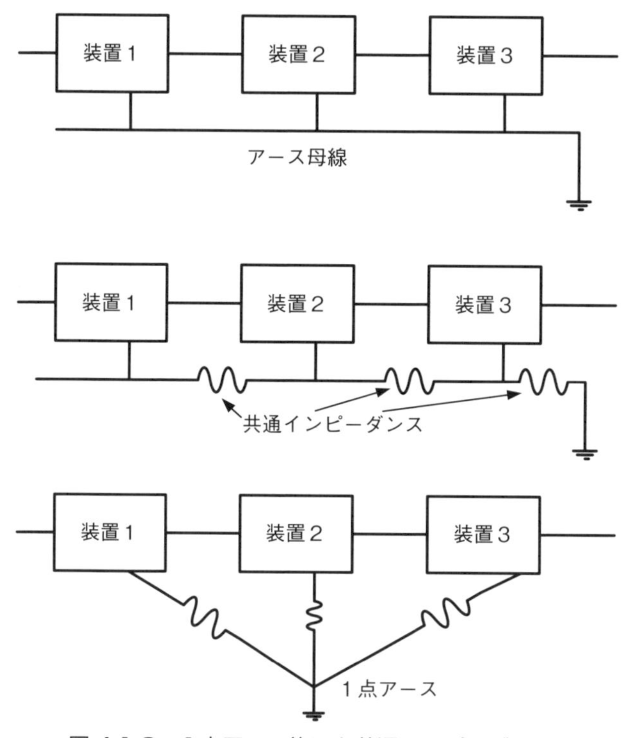

図 4.1.2 1点アース施工と共通インピーダンス

発熱か、それとも電流が流れることでコモンモードのノイズの誘導が発生する。

本来は1点アースどうしを接続してもお互いに干渉しないはずである。単にポテンシャルを決めるためのアースを連結して共通回路を形成してアース電流を流すとなると厄介である。**図4.1.2**のように相互の電流が共通インピーダンスを介して干渉することになる。従ってそれぞれの機器からの個別のアース線路が必要となる。

4-2 PCB（Print Circuit Board）と接続

4-2-1 デジタル信号の接続

オシロスコープやシンクロスコープでデジタル波形を観測する場合にプローブを用いる。被測定物に対して影響のない高インピーダンスで接触する方法が必要である。**図4.2.1**は入力抵抗が50Ωとしても入力容量が存在するので入力インピーダンスは低下する。入力容量はストレーキャパシティが存在するのでこれを除去することは困難である。PCBの基板配線の引き回し等において入力インピーダンス調整は、重要である。

4-2-2 入力電圧の分圧と高インピーダンス

図4.2.2はプローブの入力インピーダンスを10MΩにするためにR_1を9MΩ、

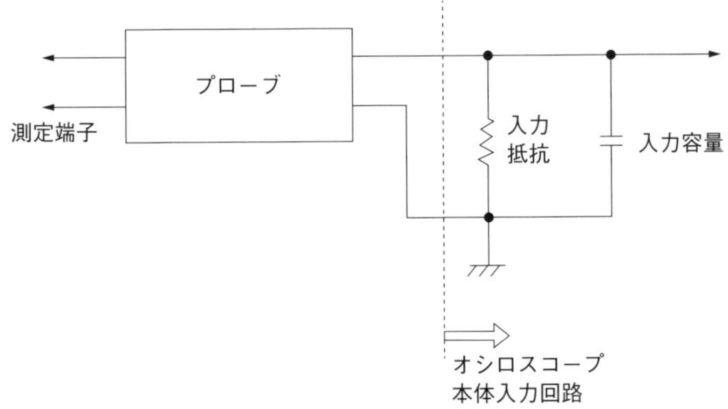

図4.2.1　基板の観測と入力インピーダンス

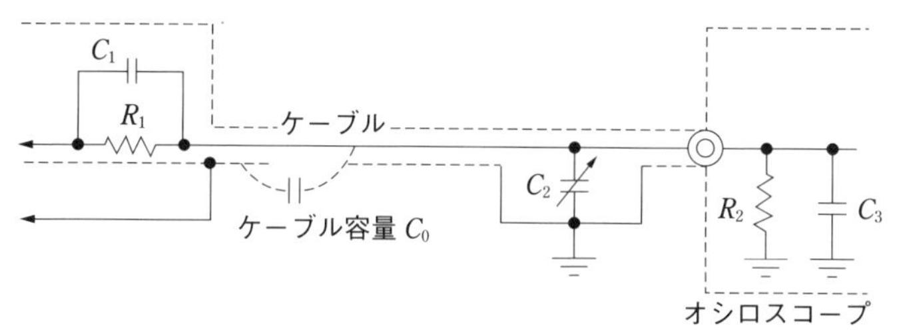

図 4.2.2　分圧プローブとインピーダンス

R_2 を 1 MΩ に見立てた構成とした。C_1 は R_1 周辺に存在する容量である。C_3 はオシロの入力のストレーキャパシティ、C_2 はこのプローブが周波数特性を持たないようにするための付加容量である。半固定のトリマコンデンサが使われる。

4-2-3　過度特性を排除した CR 回路

図 4.2.3 はプローブ回路を単純にして、$C_2 + C_3 = C_2$ として回路電流を計算した。回路に流れる過度電流をそれぞれ計算した結果を以下に示す。

$$i_1 = \frac{E}{R_1 + R_2} - \frac{E(R_1 C_1 - R_2 C_2)}{R_1(C_1 + C_2)(R_1 + R_2)} \varepsilon^{-\frac{R_1 + R_2}{R_1 R_2 (C_1 + C_2)} t}$$

$$i_2 = \frac{E}{R_1 + R_2} - \frac{E(R_2 C_2 - R_1 C_1)}{R_2(C_1 + C_2)(R_1 + R_2)} \varepsilon^{-\frac{R_1 + R_2}{R_1 R_2 (C_1 + C_2)} t} \qquad (4.2.1)$$

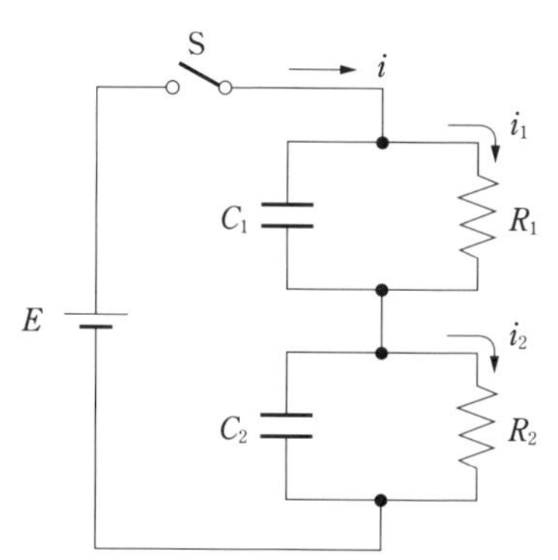

図 4.2.3　周波数特性を持たない組合せ

$$i=\frac{E}{R_1+R_2}+\frac{E(R_1C_1-R_2C_2)^2}{R_1R_2(R_1+R_2)(C_1+C_2)^2}\varepsilon^{-\frac{R_1+R_2}{R_1R_2(C_1+C_2)}t}$$

式（4.2.1）の関係から$R_1\cdot C_1=R_2\cdot C_2$にするとそれぞれの式の第２項目は0となるから、電流は$E/(R_1+R_2)$で過度的な要素が無くなる。これは伝送路の接続において周波数特性を持たないこということである。またR_2の端子電圧を抽出しても微分回路や積分回路になっていないことでもあり、アンダーシュート、オーバーシュートを持たない矩形波特性が保たれる。

4-3 受信機の製作

4-3-1 受信機の入力と整合

受信機の整合は信号レベルの視点かと考える。受信アンテナと整合回路、そして給電線の繋がりで考えたときに、アンテナと不整合だった反射波どこに行くのだろうか。受信機にはレベルが低下するだけで、反射波は受信アンテナから再輻射されてしまう。再輻射された電波は送信所に向かって飛んでいくことになる。送信所では各受信所からの反射波を一手に引き受けることになる。

しかし、送受信間は遠距離だから送信所に戻る電波は希釈されてしまって送信所に与える影響はない。近傍であればそうはいかないが。従って受信アンテナの基部の整合は極力受信レベルを上げるように整合を取らねばならない。大きなレベルで受信できれば多少のロスは問題にならない。これが送信アンテナとの大きな違いと云える。例えば受信アンテナの基部を短絡したとき、反射波はアンテナから輻射される。アンテナ輻射抵抗×輻射電流の２乗かアンテナの基部インピーダンスの抵抗分×基部電流２乗の電力が再輻射されることになる。アンテナの放射抵抗がゼロであれば再輻射される電力はゼロだがこれはアンテナとしては用をなしていない。ですから受信アンテナでは入力インピーダンスに完全に整合を取ったとしても取り出せる電力はアンテナ誘起電力の1/2となる。整合を取っても半分は送信所に返していることになる。

本当ですかね。よく受信アンテナ系では反射のある伝送路のVSWRを改善するために伝送路に抵抗減衰器を挿入することがある。これによって受信機と

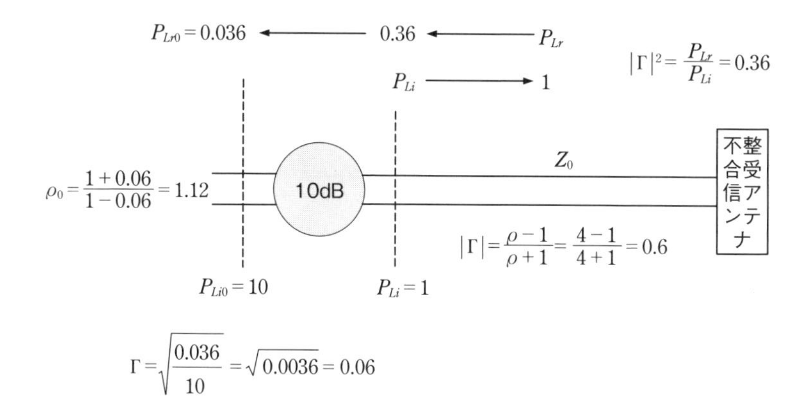

給電線入口のVSWRを大幅に改善することができる。また長い給電線では伝送損失があるからこれによってアンテナ入力端のVSWRより給電線の末端のほうがVSWRは改善されることがある。

受信アンテナの見かけのVSWRを10dBの減衰器を使って改善する方法を例にとると、VSWRの4 が1.12となる。

4-3-2 受信系の耐雷と誘導雑音

耐雷を考えると、信号線をメタルから光ファイバにする方法がある。中波でも一部の装置で高周波信号のドライブ伝送に使用している例もある。但し、最終的には電気信号でドライブする必要があるから信号処理の前後には、E/O変換と、O/E変換が必要になる。

テレビの中継送信所では、親局受けの受信所と中継送信機が分離された局所の場合、光伝送を活用している例がある。従来からのアナログ中継送信所での使用実績を受けて、地上デジタル中継送信所でも導入されている。**図4.3.1**に示すように耐雷対策のために受信所と送信所とを光ファイバで縁切りしている。更に受信所では、高C/NのE/O変換を実現するためにHA（Head Amp.）に数mWの電力を供給する必要がある。無給電光伝送方式では、光で電気エネルギを伝送する方法を採用している。光から電気への電力変換効率は数10%と低いが、落雷で一気に送受信設備が破壊されることを考えれば、この対策は大変有

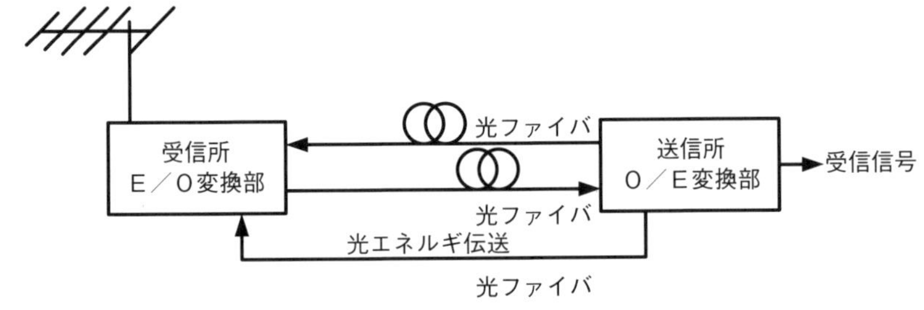

図 4.3.1 無給電光伝送装置の基本構成

効である。アナログ時代からデジタル時代になっても雷との縁は切れそうにないから雷対策は永遠に続くのだろう。中波でも多くの活用が考えられそうである。

大電流の流れている電力線と信号線を並行して伝送する場合、トラフ内でも電力線と信号線の離隔距離の確保やセパレータの設置を行うが、この対策が十分でないと電磁誘導で信号線への雑音の乗り移りがありメタル線では万事休すということがある。一般的に静電シールドは比較的容易だが、磁気シールドは大変難しい。銅ラスの半田付け接続一つにも工夫が必要であった。同軸線路（メタル線路）では誘導対策のために、信号の送りと受けでビデオトランスを用いて浮かせる方法もあるが低電圧で大電流が流れている線路の近くでは誘導障害の除去は難しい。

4-4 フィルタをつくる

4-4-1 同軸線路によるフィルタ

VHF のテレビ送信機に用いていたのを思い出す。大きな太い同軸構造で同軸管の先端部は短絡電流が流れるので他の場所に比べて熱を帯びている。このフィルタは映像と音声の合成に用いるための 3 dB カップラや CIN（Constant Impedance notch Filter）などと一緒に用いる。音声周波数を反射させて、映像周波数は通過させるフィルタにする。**図 4.4.1** の L_s、C_s で直列共振を形成する。周波数が低くなると直列共振部はキャパシティブになるから、それと L_p とで

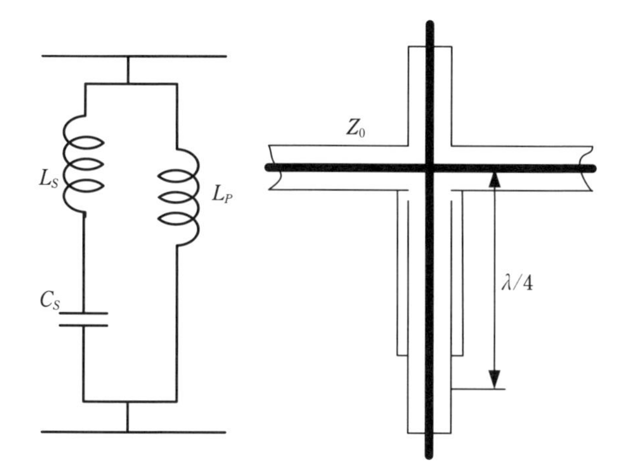

図 4.4.1 同軸構造のノッチフィルタ

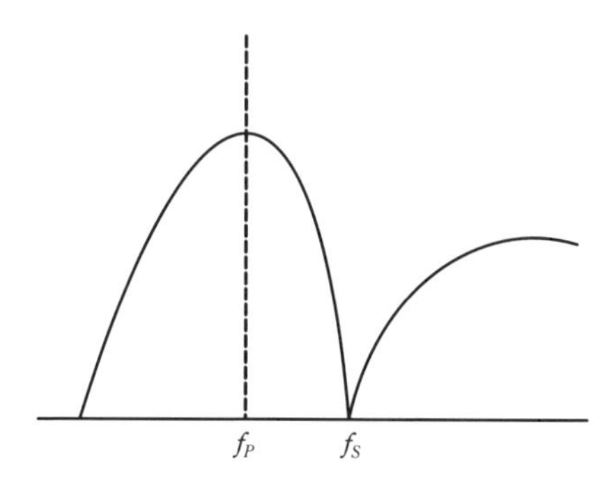

図 4.4.2 ノッチフィルタの周波数特性

並列共振を形成してその周波数を通過周波数としている。周波数が近接していると回路の損失を抑えるのが難しい。そのため比較的大型の同軸管で構成されている。

同軸管は内部が2重構造で直列共振を形成する。もう1本のスタブ構造の同軸線路は並列共振用のインダクタンスを形成している。**図 4.4.2** はフィルタの周波数特性を示す。それぞれの周波数差が近接していると特性の維持、伝送損失に注意が必要になる。

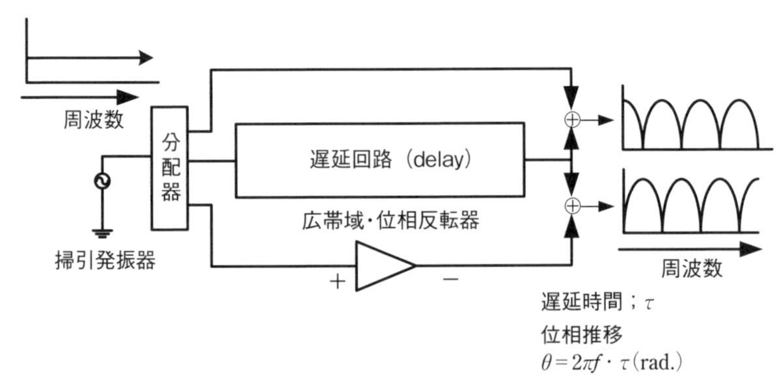

図 4.4.3　コムフィルタの原理図

4-4-2　遅延線路によるコム（櫛型）フィルタ

少し異質な議論になる。送受信回路と云うよりは信号処理に用いるフィルタでコムフィルタ（Comb Filter）の話である。同軸線路とか広帯域遅延線路を組み合わせたフィルタで、**図 4.4.3** に示す。

4-5　増幅器の効率

4-5-1　高周波増幅器の動作

固体化 PA（Power Amplifire）の動作を少し深く掘り下げてみたい。固体化増幅回路を考えるときに、負荷インピーダンスと効率の関係が気になるところである。必要な出力を得るために印加する電源電圧、そして負荷インピーダンスの関係である。最大効率を得るための負荷インピーダンスの設定がある。

4-5-2　固体化 PA の動作効率

フルブリッジ回路の FET の動作を考える。FET はスイッチング素子として使用している。**図 4.5.1** は代表的なのフルブリッジ回路である。

負荷インピーダンスに加わる出力電圧は、**図 4.5.2** のように矩形波となる。この矩形波の基本波成分最大値 E_m は、

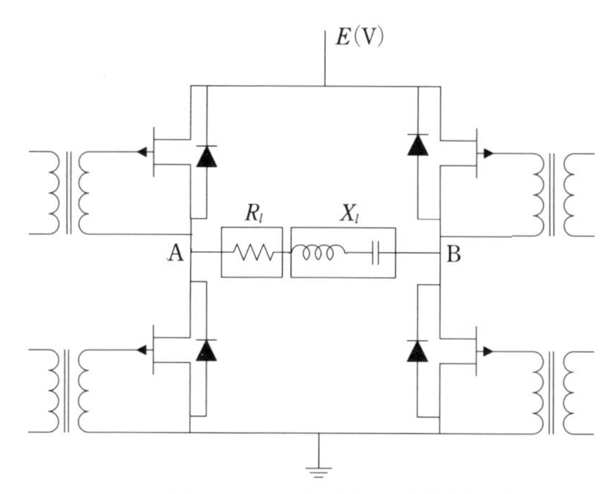

図 4.5.1　フルブリッジ PA 回路

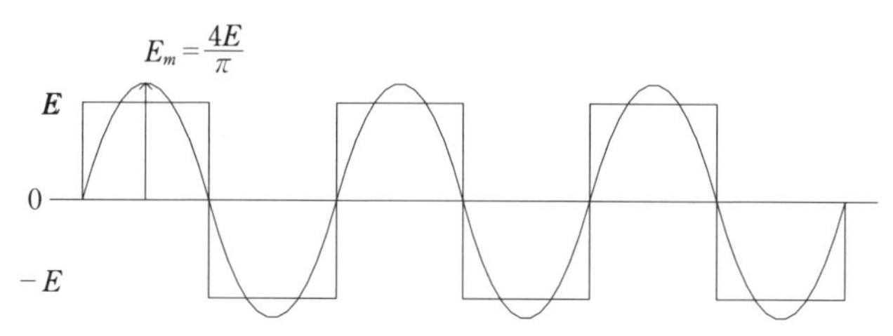

図 4.5.2　負荷に加わる印加電圧と基本波電圧

$$E_m = \frac{2}{\pi}\int_0^{\frac{\pi}{2}} 2E\cdot\cos\theta\cdot d\theta = \frac{4E}{\pi} \qquad (4.5.1)$$

一方、負荷インピーダンスの A-B 間を流れる電流 I_m は直列共振回路によって高調波成分は阻止されるため、基本波成分のみの正弦波となる。正弦波の最大値 I_m は、

$$I_m = \frac{E_m}{|2r+Z_l|} = \frac{4E}{\pi\sqrt{(2r+R_l)^2+X_l^2}} \qquad (4.5.2)$$

但し、R：負荷抵抗成分、X_l：負荷リアクタンス成分、r：FET のオン抵抗、E：電源電圧。

出力の負荷 R_l に消費される電力 P_o は、

$$P_o = \left(\frac{I_m}{\sqrt{2}}\right)^2 \cdot R_l = \frac{1}{2} I_m{}^2 \cdot R_l = \frac{8E^2 \cdot R_l}{\pi^2\{(2r+R_l)^2 + X_l^2\}} \quad (4.5.3)$$

I_m を $\sqrt{2}$ で除しているのは、実効値に変換するためである。

電源から供給する電流は、波高値 I_m の脈流となるから直流値 I_d（脈流の平均値）は、

$$I_d = \frac{2}{\pi} I_m = \frac{8E}{\pi^2 \sqrt{(2r+R_l)^2 + X_l^2}} \quad (4.5.4)$$

従って、直流電源によって供給する直流入力電力 P_{dc} は、

$$P_{dc} = E \cdot I_d = \frac{8E^2}{\pi^2 \sqrt{(2r+R_l)^2 + X_l^2}} \quad (4.5.5)$$

となり、固体化 PA の効率 η_p は、式（4.5.6）で表すことが出来ます。

$$\eta_p = \frac{P_o}{P_{dc}} = \frac{R_l}{\sqrt{(2r+R_l)^2 + X_l^2}} \quad (4.5.6)$$

4-6 変調方式とベクトル表現

4-6-1 AM 変調のおさらい（図 4.6.1）

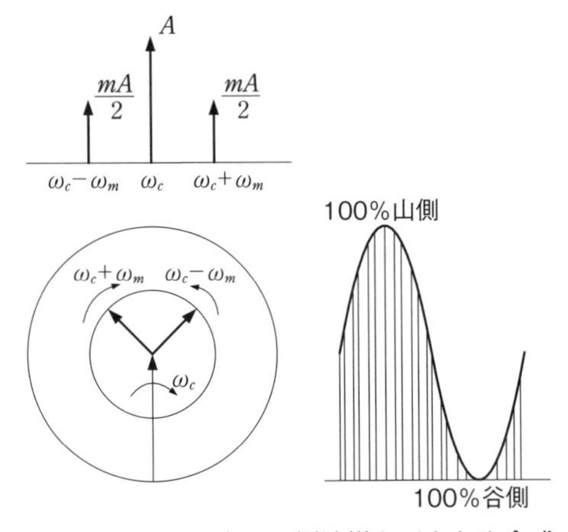

図 4.6.1 AM 変調の側波帯とベクトル合成

AM 波を一般的な式で表現したのが式（4.6.1）である。

$$
\left.
\begin{aligned}
V_c(t) &= A\cos\omega_c t \\
V_m(t) &= B\cos\omega_m t \\
V_{AM}(t) &= \{A + V_m(t)\}\cos\omega_c t \\
&= A(1 + m\cos\omega_m t)\cos\omega_c t \\
A_{AM}(t) &= A\cos\omega_c t + \frac{mA}{2}\cos(\omega_c + \omega_m)t + \frac{mA}{2}\cos(\omega_c - \omega_m)t
\end{aligned}
\right\} \quad (4.6.1)
$$

但し、$V_c(t)$：搬送波の振幅、$V_m(t)$：変調波の振幅、$V_{AM}(t)$：被変調波、ω_c：搬送波の角周波数、ω_m：変調波の角周波数、m：変調度。

4-6-2 FM 変調の式の展開

FM 波を表現すると、

$$
\begin{aligned}
i &= I_m\sin(\omega t + \beta_f\sin pt) \\
&= I_m\{\sin\omega t\cdot\cos(\beta_f\sin pt) + \cos\omega t\cdot\sin(\beta_f\sin pt)\} \\
&= I_m\sin\omega t\{J_0(\beta_f) + 2J_2(\beta_f)\cos 2pt + 2J_4(\beta_f)\cos 4pt + \cdots\} + \\
&\quad I_m\cos\omega t\{2J_1(\beta_f)\sin pt + 2J_3(\beta_f)\sin 3pt + 2J_5(\beta_f)\sin 5pt + \cdots\}
\end{aligned} \quad (4.6.2)
$$

但し、ω：搬送波の角周波数、I_m：キャリアの振幅、p：変調波の角周波数、β_f：変調指数、J_0～J_n：ベッセル係数による展開。

4-6-3 FM 波をベクトルで表現するには

別の項で詳細に解説するが、FM 波の側波帯をベクトル合成することで変調指数による帯域の広がりと帯域制限の関係をイメージできる（**図 4.6.2、図**

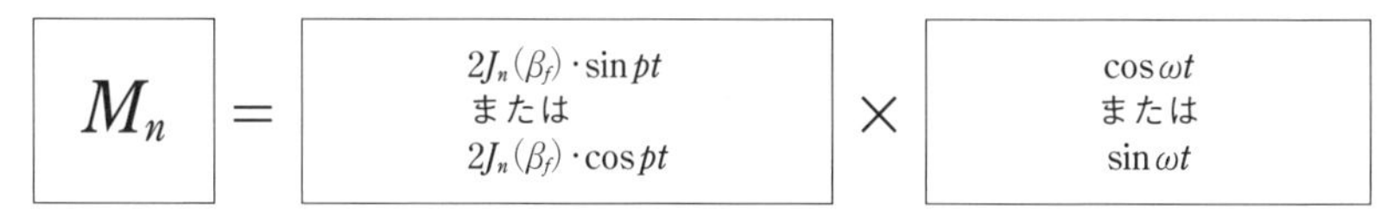

図 4.6.2　FM 側波帯を交通整理するための変調積

4.6.3）。

$$
\begin{aligned}
&= I_m\{J_0(\beta_f)\sin\omega t && \text{搬送波}\\
&\quad + 2J_1(\beta_f)\sin pt\cdot\cos\omega t && \text{第1変調積}\\
&\quad + 2J_2(\beta_f)\cos 2pt\cdot\sin\omega t && \text{第2変調積}\\
&\quad + 2J_3(\beta_f)\sin 3pt\cdot\cos\omega t && \text{第3変調積}\\
&\quad + 2J_4(\beta_f)\cos 4pt\cdot\sin\omega t && \text{第4変調積}\\
&\quad + 2J_n(\beta_f)\} && \text{第n変調積}
\end{aligned}
$$

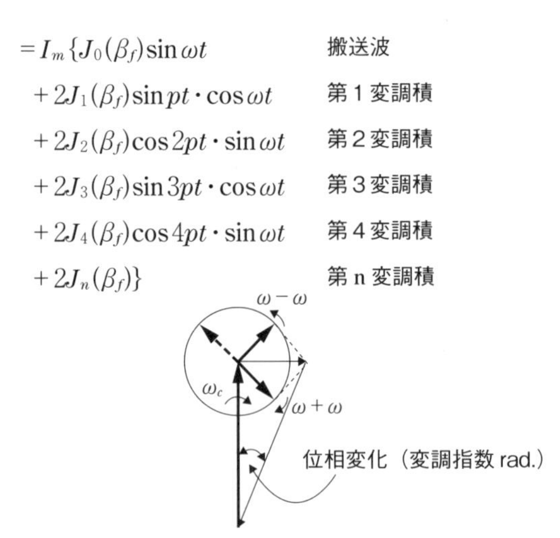

図 4.6.3　側波帯のベクトル合成と位相偏移

4-7 デジタル送信機の電力加算

4-7-1　中波送信機の100％変調時の考察

ここで、中波送信機の変調時のエネルギのやり取りについて考える。

① 真空管式（プレート変調）送信機の場合の電力

無変調時は、真空管PAから1の電力を出力しているが、100％変調時の平均電力は変調器（変調管）側から0.5の電力を供給してもらい平均電力は、搬送波電力の1.5倍となる。瞬時の100％出力電力は4倍になる。

② 固体化PWM式送信機の電力

やはり無変調時は、PAから1の電力を出力しているが、100％変調時は変調器（PWM）側から0.5の電力を供給してもらっている。合成の平均電力は1.5倍、瞬時の100％出力はやはり4倍になる。

③ デジタル処理型送信機の電力

無変調時は、固体化PAがn_0台（約半数）働いて１の電力を出力しているが、100％変調時は、固体化PAが$2 \cdot n_0$台働いて瞬時出力は４倍になる。平均電力は変調信号の角周波数で１周期積分した時の電力として求められるから、無変調電力の1.5倍になる。

④ デジタル処理型送信機のAM変調の谷でのPA動作

デジタル処理型の場合、変調の谷の瞬間では全PAが休止（off）している。無変調時は半数のPAが動作していると考える。

⑤ 整理

AM送信機の電力の物理的な考え方は真空管式、固体化、そしてデジタル処理型と全て同様である。アナログのＡＭ被変調波の100％変調時の先頭電力は無変調時の電力の４倍に、平均電力は1.5倍になる。

4-7-2 簡易なデジタル送信機のモデル計算

図4.7.1は、中波のデジタル送信機の簡易な構成例を示す。これを例にとり、合成出力の計算を行った。全体を理解するために、PAは大きなステップを受け持つビックステップPAのみの構成として、バイナリステップ（1/2, 1/4, 1/8, …）のPAは無視した。固体化PAは総数で100台。送信機出力は20kWを想定した。１台の固体化PAを400Wと想定しているので、概算は以下のように考えられる。実際のPAと出力トランスの結合については、PA数台を並列接続して出力合成トランスに導く方法が取る場合が多い。ここでは分り易く考えるために、PA一台に一台の出力トランスとした。

固体化PA数と合成出力の概算は、以下のように考えることができる。実際PA台数は、音声の量子化による刻み方によっても数が異なる。低出力の送信機では一台あたりのPA出力の低減、もしくはPA数を十数台の構成とすることもある。

（計算の例）

$$P_{no-\mathrm{mod}} = 400\,\mathrm{W} \times 50台 = 20\,\mathrm{kW}$$

$$P_{100}\,peak = (400 \times 2)\mathrm{W} \times 100台 = 80\,\mathrm{kW}$$

$$P_{100ave} = \frac{80\,\mathrm{kW}}{4} \times 1.5 = 30\,\mathrm{kW}$$

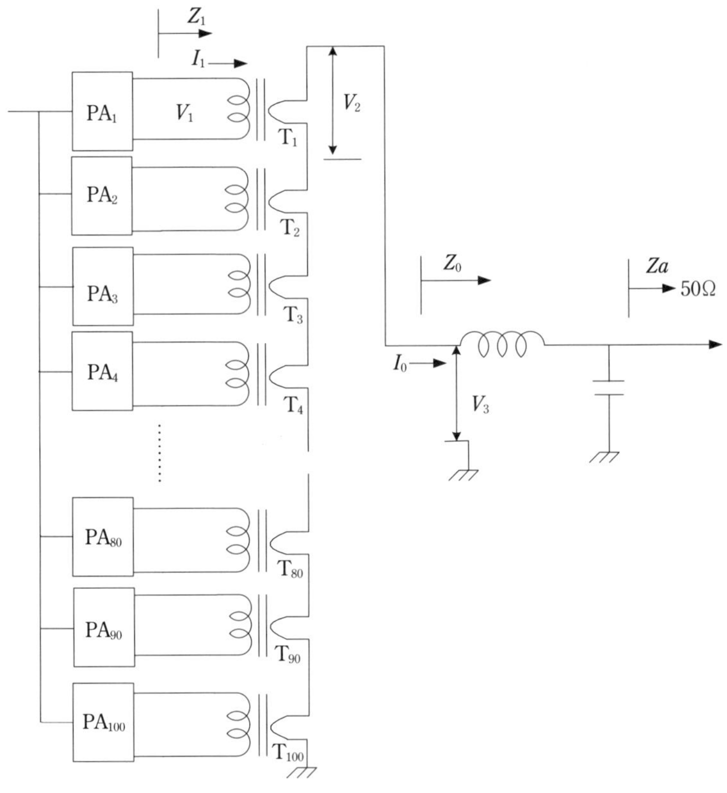

図 4.7.1 中波デジタル処理型送信機の一例

4-8 アンテナと整合回路

4-8-1 アンテナは自由空間とのインピーダンス変換素子

アンテナは触覚という意味がある。蟻などの昆虫の触覚もアンテナという。電波を伝搬させるのにアンテナを用いる。電波を出す側は送信アンテナを、そして受信する側は受信アンテナを使用する。最近のスマートフォンとか携帯電話もあの小さな筐体（ケース）の中にアンテナが入っている。アンテナが無かったら電波はどうなるのか考えてみたい。電波である高周波信号を作るためには送信機を必要とする。そして送信機で作った高周波を空間に放つ必要がある。適当な導線を送信機に吊下げてみてもいいかもしれない。しかし適当なアンテナ導線では送信機のすべてのエネルギを電波として飛ばすことが出来ない。空間に放射されない分だけ送信機にエネルギが戻ってくる。それを反射波と云う。反射波に対してアンテナから放射される電波として進行波がある。効率よくアンテナから送信機のエネルギを空間に放射させるために送信機、フィーダ、アンテナ整合部、そしてアンテナ素子と自由空間とを繋ぐ必要がある。給電線のインピーダンスは50Ωとか75Ωで設計使用されることが一般的である。アンテナの入力インピーダンスと給電線のインピーダンスを合わせる整合作業が必要である。

アンテナには3つのインピーダンスを考えることが出来る。①フィーダとの接続で問題となるアンテナの入力インピーダンス。②長さと太さで決まるアンテナの特性インピーダンス、そして③アンテナから電波が放射されるための放射インピーダンスである。自由空間のインピーダンスを電波インピーダンスとも云うが、アンテナはこの電波インピーダンスとアンテナの入力インピーダンスに変換するための変換素子（整合回路）と考えることもできる。**図4.8.1**はアンテナを取り巻くインピーダンスを整理して表したものである。

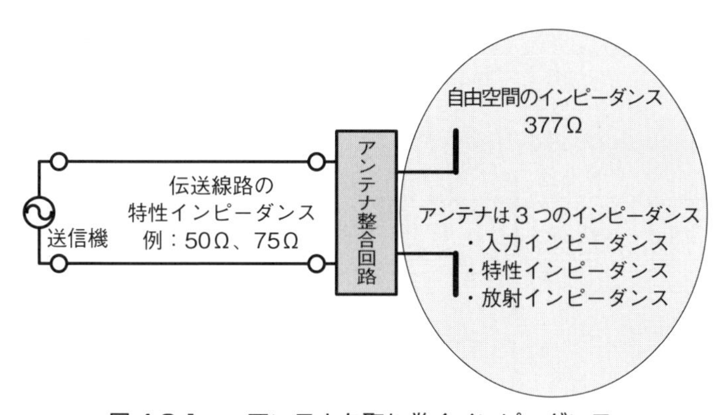

図4.8.1　アンテナを取り巻くインピーダンス

4-8-2 フィーダを騙してアンテナに見せかける

図 4.8.2 は、平衡２線式と同軸フィーダからの電波の放射のイメージを描いたものである。整合ということを考えればフィーダの特性インピーダンスを変化させることなく、自由空間にシームレスで結合できれば一番都合がいいわけである。平衡２線フィーダの先端を開放の状態から徐々に線路を開いていき、直角に広げたときがダイポールアンテナである。例えば$\lambda/2$のダイポールであれば入力のインピーダンスは$74+j42\Omega$程度であるから当然フィーダの特性インピーダンスとは異なる。そのためにアンテナとフィーダの接続部には整合回路を挿入する必要がある。自由空間の電波インピーダンスは377Ωであることから、$\lambda/2$のダイポールアンテナの入力インピーダンスである$74+j42\Omega$との間において整合は取れていない。そのためアンテナ素子がインピーダンス変換器として作用していることとして考えることが出来る。整合はフィーダとアンテナの間で行うからアンテナ内には定在波が発生していることにもなる。同軸フィーダの特性インピーダンスは内導体の直径dと外導体の直径Dの関数で

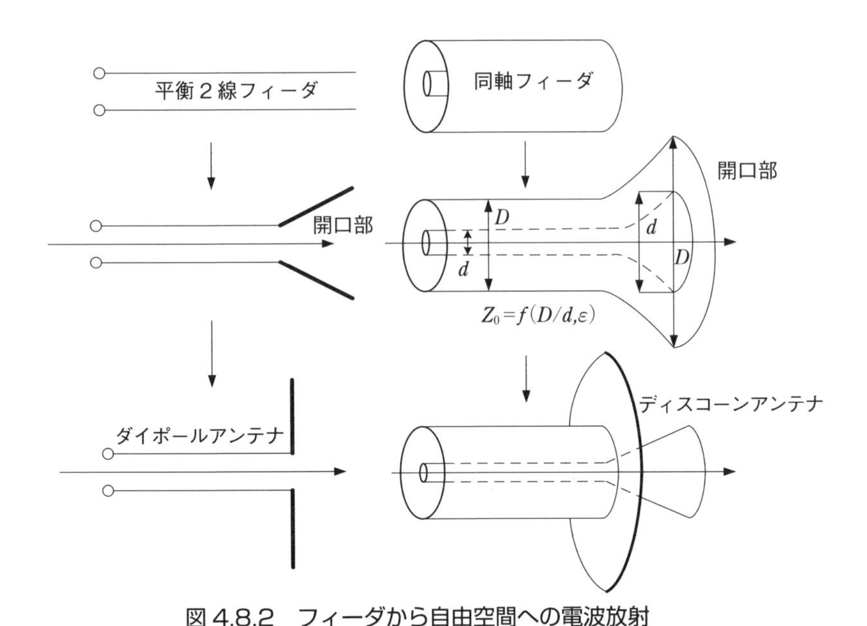

図 4.8.2 フィーダから自由空間への電波放射

ある。εはケーブル内に充填した誘電体の誘電率。このD/dを変えずに先端を開放していけば電波は騙されてスムーズに放射して行きそうである。図にはディスコーンアンテナのイメージを示した。

4-8-3 アンテナが必要な理由と放射強度

アンテナが必要な理由とは何かを考えてみる。アンテナは電波を放射したり受信したりする装置。給電線だけをぶら下げても空間との間でエネルギのやり取りは出来ない。自由空間という共通の伝送路に特定の無線通信のための周波数を割り込ませる必要がある。自由空間のインピーダンスは377Ω。この共通のハイウエイに脇道から通信の電波を挿入するイメージである。自由空間は大きな川のようなものと考えるとその川にところどころから注ぎ込むのが多くの通信路といったイメージである。アンテナは大きな川にスムーズに流れを合わせることが必要となる。送信アンテナは中波帯では数百mの高さにもなる。アンテナは一般的に共振回路だから波長に合わせた長さで使用する。その方が電波の放射効率も高くなる。アンテナの議論でよく持ち出されるアイソトロピック・アンテナがある。アイソトロピック・アンテナからは、電波の放射が球面状に四方八方に広がっていく。一番基本となるアンテナである。次に持ち出

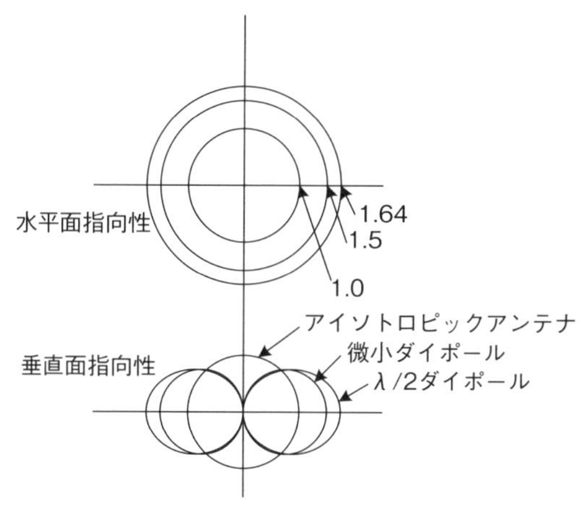

図 4.8.3 アンテナの利得と指向性

されるのが電気ダイポールとか微小ダイポールアンテナである。このアンテナからの電波はアンテナの芯方向には放射はないが、芯の垂直方向に電波が放射される。アイソトロピック・アンテナの放射方向の強度を1とすると、微小ダイポールの最大放射方向では1.5倍となる。$\lambda/2$ ダイポールアンテナでは最大放射方向の放射強度がアイソトロピック・アンテナに比べて1.64倍となる。アンテナの長さは基本的に波長に合わせた形で設計される。どんな長さのアンテナでも電波は放射するが、反射の無い効率的な空間への放射にために適切な長さを選択する。

図4.8.3 は、アンテナの利得と指向性を示す。

4-9 電波と所要電界強度

電波の特性インピーダンスは、自由空間の固有インピーダンスとか波動（サージ）インピーダンスとか様々な云い方がされている。すなわち電波の伝送路の固有インピーダンスである。空間に特性インピーダンスを規定するイメージは描きづらいと思う。電波の特性インピーダンス線路は、あらゆる周波数の電波がこの空間を共有の伝送路として使用する高速道路のような存在と考えてはどうでしょう。伝送線路でも特性インピーダンスを考えるが、これは伝送線路のインダクタンスとキャパシタンスから算出できる。伝送線の内部の充填物である誘電体の ε も特性インピーダンスには加味される。自由空間ではインダクタンス→透磁率、キャパシタンス→誘電率とで関連付けて考える。

4-9-1 電磁界の伝搬（マクスウェル方程式から）

$$E_1 = \frac{\lambda}{2\pi c} \cdot \frac{l \cdot I}{r^3} \sqrt{1 + 3\cos^2\theta}\,\sin(\omega t - kr)$$ 静電界

$$E_2 = \frac{1}{c} \cdot \frac{l \cdot I}{r^2} \sqrt{1 + 3\cos^2\theta}\,\sin(\omega t - kr)$$ 誘導電界

$$E_3 = -\frac{2\pi}{\lambda c} \cdot \frac{l \cdot I}{r} \sin\theta \sin(\omega t - kr)$$ 放射電界

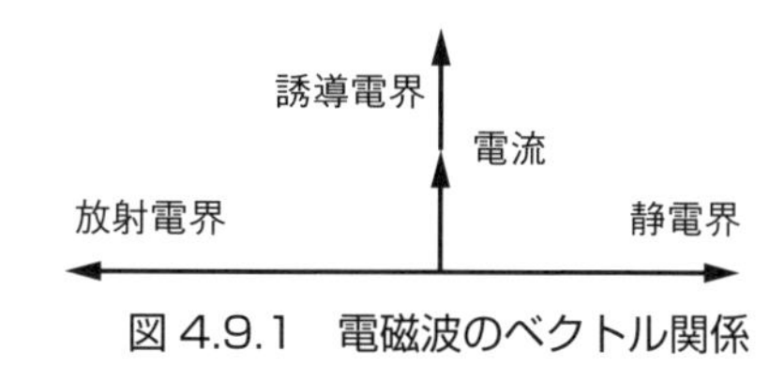

図 4.9.1　電磁波のベクトル関係

$$H_1 = 0 \qquad \text{静磁界}$$

$$H_2 = \frac{1}{c} \cdot \frac{l \cdot I}{r^2} \sin\theta \sin(\omega t - kr) \qquad \text{誘導磁界}$$

$$H_3 = -\frac{2\pi}{\lambda c} \cdot \frac{l \cdot I}{r} \sin\theta \sin(\omega t - kr) \qquad \text{放射磁界}$$

ここでアンテナから電波が放射される仕組みを少し考えてみる。送信機のエネルギが遠くの受信者に届くまでに空間や真空中を電波が伝送していくと考える。そのエネルギにはもちろん紐などはっていないので無線伝送と云うことになる。空気中であれば音が空気を振動させて伝搬していく。水中でも音波が伝わるのは水が媒介するからである。それでは電波は何を振動させて伝搬するのか？　昔の物理学者はエーテルと云う存在を探していた。電波が伝搬するにはエーテル内を伝搬していくことが必要であると考えていたためであるが、エーテルは見つからなかった。電波の伝搬を議論するにはマクスウェルが一役買う。マクスウェルの電磁方程式を解くと、静電界、誘導電磁界、そして放射電磁界の項が出てくる。前者の２つは距離の２乗、３乗に反比例するためアンテナなどの近傍には存在するが直ぐ減衰してしまう。放射電磁界は距離に反比例する $1/r$ の項であり減衰量は少ない成分である。電波の伝搬ではこの放射電磁界の相互作用で説明される。

一般的に電波として扱うのは放射電磁界である。特別にアンテナ近傍の電磁界を議論するときには**図 4.9.1** のようにこれらの多くの成分のベクトル合成値として扱う必要が出て来る。これら近傍の電磁界成分まで考えると、遠方の放射電磁界で云う自由空間のインピーダンスである377Ω はアンテナの近傍ではもっと高い値になる。電波防護指針などではアンテナ近傍電磁界強度や電力束密度などを規定して議論する。我々が一般に通信に使用する世界は放射電磁界を基本に考えることができる。

(2) 固有インピーダンス（波動インピーダンス）

電解 E ［V/m］と磁界 H ［A/m］の比は［Ω］の単位を有し、それを Z_0 とおき、真空中の誘電率 ε および透磁率 μ の値から、次のように定義できる。

$$Z_0 = \frac{E}{H} = \sqrt{\frac{\mu_0}{\varepsilon_0}} \fallingdotseq 120\pi \fallingdotseq 377\,[\Omega]$$

ただし、$\mu_0 = 4\pi \times 10^{-7}$ ［H/m or (V·s)/(A·m)］

$$\varepsilon_0 \fallingdotseq \frac{10^{-9}}{36\pi}\ [\mathrm{F/m\ or\ (A\cdot s)/(V\cdot m)}]$$

この Z_0 を真空中（近似的に空気中）の固有インピーダンス、または波動インピーダンスという。これは伝送線路における特性インピーダンスに相当する。

電波の自由空間のインピーダンスを 120π と表現することもある。これは377Ωになる。アンテナ近傍には先に述べた3つのインピーダンスが使われる。入力インピーダンス、特性インピーダンス、そして放射インピーダンスである。アンテナの入力インピーダンスは高周波信号が自由空間にデビューするための登竜門のインピーダンスとも云える。

コラム④ 遅延時間とひずみ

C4-1 伝搬路と伝送線路

自由空間の電波の伝送速度は、光と同じ 3×10^8 (m/s) である。同軸線路や平衡2線式伝送路では、伝送速度が低下する。何故でしょうか。それは伝送線路がLCのラダー回路などで等価表示されるように、電気信号がキャパシタンスのインダクタンスでエネルギが充放電されることで伝送されることからも遅延がイメージできる。同軸線路などでは、小電力の伝送のための線路では、内導体と外導体をセパレートするために、インシュレータ（絶縁物）で離隔している。テフロンやポリエチレンなどを用いている。ケーブル内全体を誘電物質で充填したケーブルでは波長短縮は真空中の2/3程度にもなる。電波の周波数は伝搬路によって変化することはないから、波長が短縮されることで伝搬時間が遅延する。マラソン選手で云えば1歩あたりのピッチが狭くなるからである。伝送路を構成する媒体が異なることで遅延時間も異なる。

C4-2 伝送線路の伝達関数

次に伝送線路の伝達関数 γ（ガンマ）を考える。伝達関数には減衰定数 α と位相定数 β とで定義される。演算のプロセスは以下に示すが伝送線路の特性インピーダンス Z_0 は単位長あたりのインダクタンス、キャパシタンスが分かれば、以下の式で計算できる。

$$Z_0 = \sqrt{\frac{L}{C}}\,[\Omega] \tag{C4.1}$$

伝達関数 β は、

$$\left.\begin{aligned} \gamma &= \pm\sqrt{ZY} = \pm(\alpha + j\beta) \\ &= \pm\omega\sqrt{LC}\left(j + \frac{R}{2\omega L} + \frac{G}{2\omega C} + \cdots\right) \\ \beta &= \omega\sqrt{LC} \end{aligned}\right\} \quad \text{(C4.2)}$$

伝送路内の電磁波の伝搬速度は、

$$v = \frac{\omega}{\beta} = \frac{1}{\sqrt{LC}} = \frac{c}{\sqrt{\mu_r \varepsilon_r}} \quad \text{(C4.3)}$$

但し、c：真空中の電磁波の伝搬速度、μ，ε：媒質の透磁率、誘電率、μ_r，ε_r：比透磁率、比誘電率。

$$\beta = \frac{2\pi}{\lambda} \quad \text{(C4.4)}$$

C4-3 並行ケーブル、同軸ケーブルの電磁波の伝搬

これらの伝送路の電磁波の伝送モードは、TEM（Transverse Electro-Magnetic wave mode）である。これは自由空間の電波の伝送モードと同じである。TEM モードとは電波の伝搬方向に対して電界と磁界は直交している。同軸ケーブルの内部構造を**図 C4.1** に示す。導波管では TE（Transverse

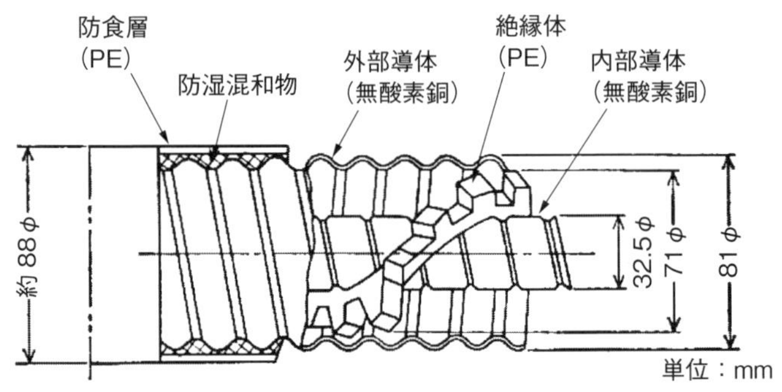

図 C4.1 同軸ケーブルの内部構造

Electro-wave）モードとかTM（Transverse Magnetic-wave）モード、またはハイブリッドモードで伝送することも考える。TEモードは電波の伝送方向に対して磁界Hが存在する。TMモードでは電波の伝送方向に対して電界Eが存在する。

C4-4　遅延時間とひずみ

伝送路が長くなると電磁波の伝搬は遅れる。真空中よりも同軸ケーブルの方が遅れ時間は約1.5倍もある。遅れた信号を捉えて検出すれば特段ひずみはない。基本波成分は遅延によって $\theta = 2\pi f\tau L$ (rad.)位相が回転する。

ここで τ は遅延時間、L は伝送路の距離である。基本波は360度回転すると元に戻る。しかし側波帯は群遅延時間が異なるから、元の信号と遅延信号とを合成するとひずむことになる。これがマルチパスである。

第2部

高周波測定

第5章 高周波測定の実務

本文の中ではIP3を解説している。信号の同時増幅では相互変調によって$2f_1-f_2$と$2f_2-f_1$の成分が元の信号f_1とf_2以外に現れてくる。３次ひずみ成分のなせる業である。増幅器ではこれらの量をもって性能を評価する目安にしている。後述するが相互変調成分と基本波の増幅の延長線上をインターセプトポイントと称している。

イラストは衛星用の増幅器系である。１波を単独に増幅してコンバイナで２波合成すれば相互変調ひずみは発生しない。しかし２波同時増幅ではひずみが出てくる。このひずみがシステム系で特に支障の無い値であれば無視できるが信号への悪影響があると抑圧する必要がある。飽和特性レベルの高い増幅器を設計・選択することになる。

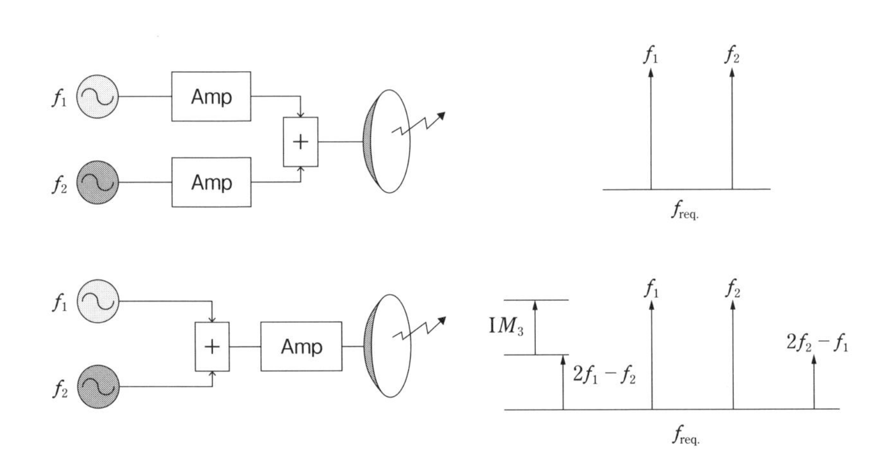

5A-1 半導体デバイスとマイクロ波

5A-1-1 トンネル・ダイオード

負性抵抗素子である半導体である。N型、P型半導体に加えるドナー、アクセプタ不純物の量を多くしたときのエネルギバンド構造を**図5A.1.1**に示す。

次にダイオードに順方向電圧を印加すると接合面が極端に薄い構造になるため、N型半導体の伝導体の電子がP型半導体の充満帯に流れる現象が発生する。これがトンネル電流である。

順方向とは、P型に+、N型に−電圧を印加することである。トンネル・ダイオードは順方向で使用する。**図5A.1.2**のように順方向電圧を更に印加すると電流は流れづらくなる。更に電圧をあげると一般的なダイオードの様に順方

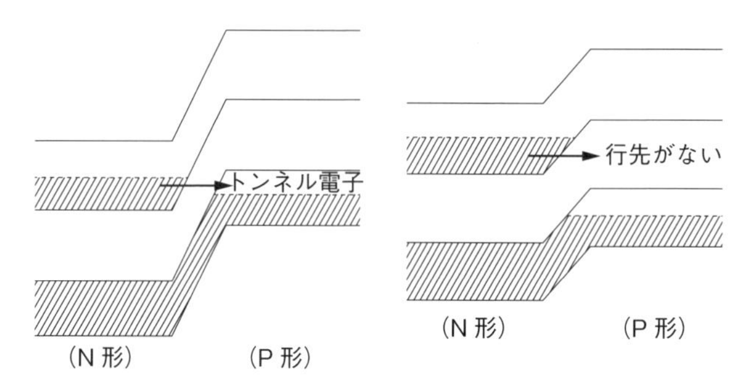

図5A.1.1 順方向電圧におけるトンネル電子

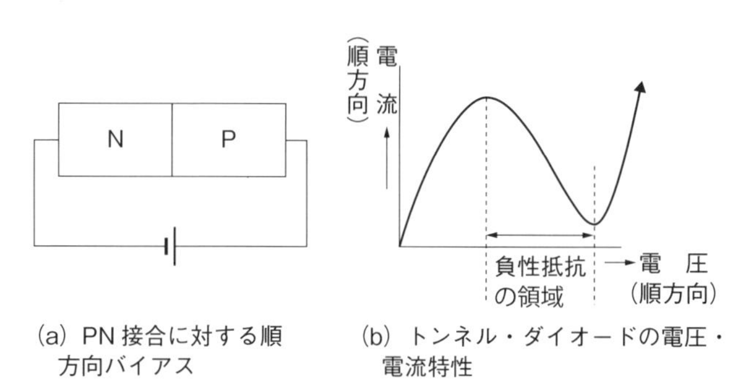

(a) PN接合に対する順方向バイアス

(b) トンネル・ダイオードの電圧・電流特性

図5A.1.2 トンネル・ダイオードの負性抵抗領域

向電流が流れる。負性抵抗特性とは電圧を上げているのにも関わらず電流が低下する領域をいう。

このダイオードは、1957年に江崎玲於奈氏が発見した。エサキ・ダイオードとかトンネル・ダイオードと呼ばれる。他に逆バイアス電圧で使用するインパット・ダイオードなどがある。動作原理は異なるがいずれも負性抵抗素子である。

5A-1-2 パラメトリック増幅器

パラメトリック増幅器とは、コンデンサという回路素子のパラメータを変化させて増幅動作をさせるため、このような名称がつけられた。

図 5A.1.3 の共振回路内部では高周波の信号が振動している。コンデンサの端子電圧との関係は、

$$V = Q/C \tag{5A.1.1}$$

時間 t_1 においてコンデンサが瞬間的に小さくなると V は瞬間的に大きくなる。このまま高周波の振動は継続する。t_2 のときにコンデンサを元の値に戻す。次の半周期で同様にコンデンサを小さくすると高周波振幅は瞬間的に大きくなりその振動を継続する。コンデンサの操作は交流電圧の周波数の2倍で行って

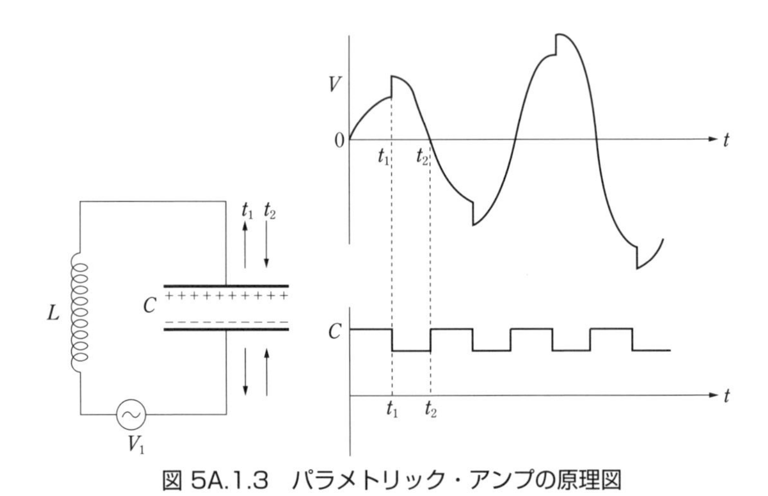

図 5A.1.3 パラメトリック・アンプの原理図

いる。この操作をポンピングという。無限に交流振幅が大きくなるわけでは無く、コンデンサの操作エネルギと回路の抵抗損失エネルギとが平衡するところが増幅の限界値と考えられる。

即ちパラメトリック・アンプは負性抵抗素子を使った増幅器である。

5A-2 デジタル固体化増幅器の効率

5A-2-1 高周波電圧加算と合成出力

図5A.2.1は、高周波電圧を加算して、合成電力を得るための回路である。電源を1段、2段、3段と段階的に合成加算するイメージを示す。固体化PA（Power Amplifire）は単体では90%以上の効率を持ち、多段合成の損失を加味しても80%以上の総合効率を実現することが可能である。

負荷抵抗Rを一定としたとき、複数の電源に応じた合成電力P_nは、式(5A.2.1)で示すことができる。

$$P_n = \frac{(n \cdot e)^2}{R} = \frac{n^2 \cdot e^2}{R} \qquad (5A.2.1)$$

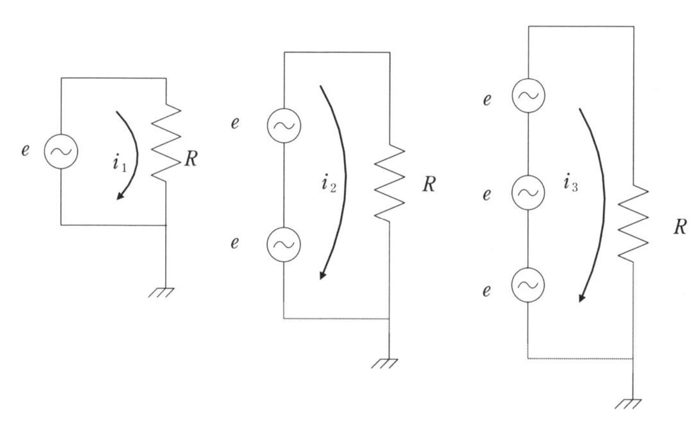

図5A.2.1 電圧加算と電力合成

但し、n：PAの合成台数、e：個別PAの出力電圧（トランスの1次側換算）、R：PAの負荷インピーダンス（抵抗負荷とした）。

例えば、50台のPA動作で無変調時出力とすれば、100%変調では、PAが100台動作すると考えられるから、100%変調時との比は、$\frac{100^2}{50^2}=4$となる。即ち、一般的に云われるAM波の100%変調時の搬送波の尖頭電力は4倍に増加する。この点は、中波送信機の耐圧計算等を考える上で大変重要な点である。

5A-2-2　100%変調における平均電力の計算

変調度mに応じたPAの平均出力P_mは、以下のように表現できる。

$$P_m=\frac{1}{2\pi}\int_0^{2\pi}\frac{1}{R}[(n\cdot e)+(n\cdot e\cdot m\cdot\sin\omega_p t)]^2 d\omega_p t \qquad (5A.2.2)$$

$$=\frac{1}{2\pi}\int_0^{2\pi}\frac{(n\cdot e)^2}{R}+\left[\begin{array}{c}\dfrac{2(n\cdot e)^2\cdot m\cdot\sin\omega_p t}{R}+\\ \dfrac{(n\cdot e)^2\cdot m^2\cdot\sin^2\omega_p t}{R}\end{array}\right]d\omega_p t \qquad (5A.2.3)$$

100%変調における平均電力P_{100}は、

$$P_{100}=\frac{1}{2\pi}\int_0^{2\pi}\frac{(n_0\cdot e)^2}{R}(1+m\cdot\sin\omega_p t)^2 d\omega_p t \qquad (5A.2.4)$$

但し、P_{100}：100%変調時の平均電力、n_0：無変調時のPA合成台数、ω_p：変調信号の角周波数、m：変調度（0〜1）。

$$P_{100}=\frac{1}{2\pi}\int_0^{2\pi}\frac{(n_0\cdot e)^2}{R}(1+m\cdot\sin\omega_p t)^2 d\omega_p t$$

$$=\frac{(n_0\cdot e)^2}{R}(1+m^2/2) \qquad (5A.2.5)$$

$$=1.5\frac{(n_0\cdot e)^2}{R}$$

即ち、デジタル処理型の100%変調時の平均電力は、無変調時の1.5倍となる。変調角周波数ω_pで積分する前の瞬時の100%尖頭電力は4倍である。

5A-3 回路間の整合回路

5A-3-1　中波帯の整合回路

中波放送は1925年に東京の芝浦から試験電波が発射されて、今も重要なメディアとして利用されている。AM 変調だから通信工学の基礎で学んだ馴染みの深いサービスである。近年では送信機本体はデジタル処理化されて電力効率が格段に向上している。過去の装置の全体効率が60％程度であるから、近年のデジタル装置は80％程度である。効率の向上で電力消費も低減して、増幅装置の損失の熱処理も軽減されている。ここでは伝統的な中波装置の整合回路について述べる。

5A-3-2　π 型整合回路の定数の決定の方法

整合回路については、S を用いた設計が主流であった。S は共振回路の Q とほぼ同様の概念である。S を小さく設計すると、リアルパートに消費されるエネルギとリアクタンスに蓄えられるエネルギを比較したときに、リアクタンスに蓄えられるエネルギは低減することになる。極端な場合、リアルパートだけで構成した回路であればエネルギの蓄積を考えることはないので広帯域となることが想像できる。**図 5A.3.1** は π 型の整合回路である。

図 5A.3.1 は、入出力のインピーダンスを定めて整合を行うとき、S の選択の違い（並列コンデンサの選定の違い）を同時に表現したものである。図のベクトルで示すように S は自由に設定できる。この図は整合周波数をポイントで表現しているので広帯域、狭帯域を論ずるのは難しいが、S が小さい場合に入力インピーダンスを角周波数 ω で微分した値の小さい方が帯域内の VSWR の劣化は少ないと云える。

$$S_2 = \frac{R_2}{X_{C2}} \tag{5A.3.1}$$

$$R = \frac{R_2}{1 + S_2^{\,2}} \tag{5A.3.2}$$

$$X_{L2} = RS_2 \tag{5A.3.3}$$

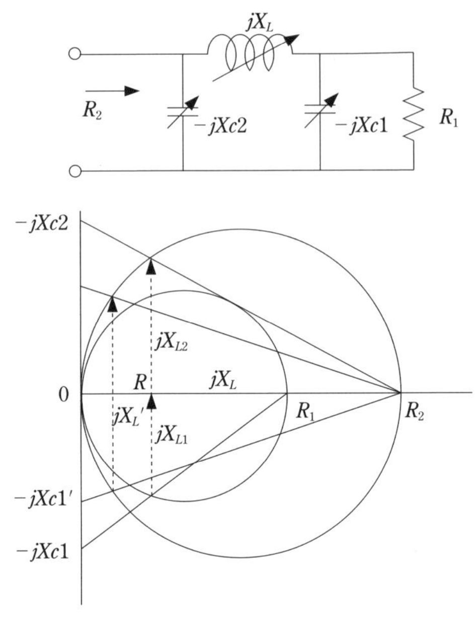

図 5A.3.1 π型整合における S の選定

$$S_1 = \sqrt{\frac{R_1}{R} - 1} \tag{5A.3.4}$$

$$X_{C1} = \frac{R_1}{S_1} \tag{5A.3.5}$$

$$X_{L1} = RS_1 \tag{5A.3.6}$$

位相を計算すると、

$$\phi_2 = \tan^{-1} S_2 \tag{5A.3.7}$$

$$\phi_1 = \tan^{-1} S_1 \tag{5A.3.8}$$

$$\phi = \phi_1 + \phi_2 \tag{5A.3.9}$$

で表現される。

入力から出力までの合成位相推移量 ϕ は式（5A.3.9）で与えられる。整合回路内にインピーダンスの補正回路などを形成するために使用周波数の近接した共振特性素子を多用すると素子のKVAが非常に大きくなることがある。KVAの増加は整合回路の伝送損失も増加することになるから、それによる温度上昇による素子の帯域特性の安定度確保に注意しなければならない。

5A-4 高周波増幅器の IP_3 と相互変調

5A-4-1 増幅器の非直線性

増幅器の非直線性は**図5A.4.1**に示すような代表的な特性が考えられる。ここでは IP_3（3次の相互変調）成分を解説する。

5A-4-2 2信号による増幅器の相互変調成分の生成

近接した2周波数を増幅器に入力してその増幅器出力をスペクトラムアナライザで観測する（**図5A.4.2**）。観測波形の一例を**図5A.4.3**に示した。

3次ひずみで決定される IP_3 は次のように計算することができる。

$$IP_3 = P_0 + \frac{P_0 - P_n}{n-1} = P_0 + \frac{P_0 - P_3}{2} = P_0 + \frac{IM_3}{2} \qquad (5A.4.1)$$

$$P_3 = 3P_0 - 2IP_3$$

但し、P_0：基本波の出力、P_n：n 次の相互変調、P_3：3次の相互変調、IP_3：3次のインターセプトポイント。

3次の相互変調成分 P_3 は、基本波の出力が3倍になると略3倍となる。これは対数で表現しているので真数で計算すると3桁の値に相当する。出力が10倍になるとその3乗であるから1,000倍の値になる。

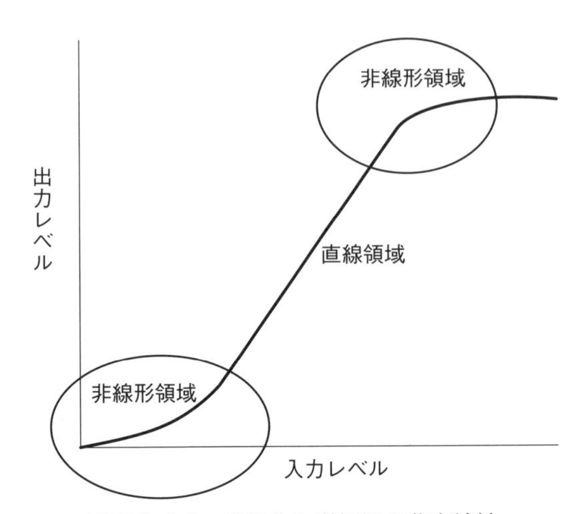

図 5A.4.1 代表的な増幅器の非直線性

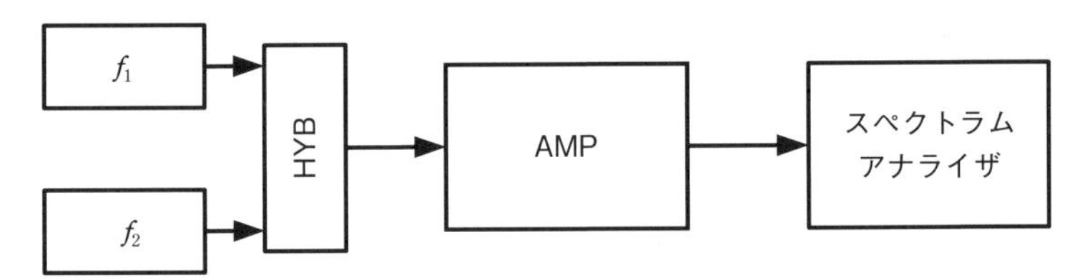

図 5A.4.2 2信号による相互変調の測定

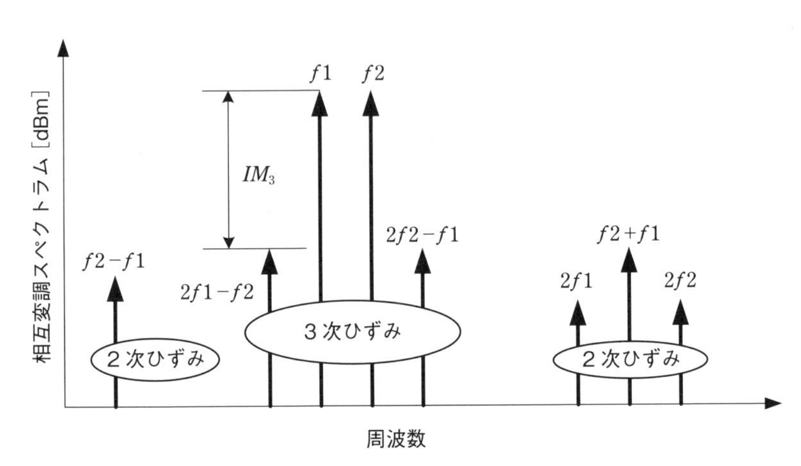

図 5A.4.3 増幅器出力のスペアナ観測波形

5A-4-3　3次のインターセプトポイント

図 5A.4.4 に IP_3 は3次の相互変調によるインターセプトポイント、IP_2 は2次の相互変調によるインターセプトを示す。

ここで、1 dB コンプレッションとは、基本波増幅器が飽和することを考慮して基本波の増幅特性を直線に見立てた場合の想定値からの圧縮である。IP_3 は3次ひずみによって発生した相互変調成分の増加直線と基本波の直線との交点である。より高い入力電力レベルで IP_3 が得られることが増幅器のひずみ性能が高いことになる。即ちひずみ発生が少ない増幅器と考えられる。

5A-4-4　TWTA の IP_3 の測定例

TWTA の3次ひずみの評価を**図 5A.4.5** に参考に載せた。挿入する直線の延長が少々面倒だ。

(閑話休題)

2波の信号のビートを表現した数式を参考に載せた。増幅回路の非線形で周波数の差分が発生するが、単純な信号の加算でもビートが検出されることを表現した。2つの音叉を近づけると唸りが聞こえる現象を体験できる。5A.4.2にそれを計算してみた。

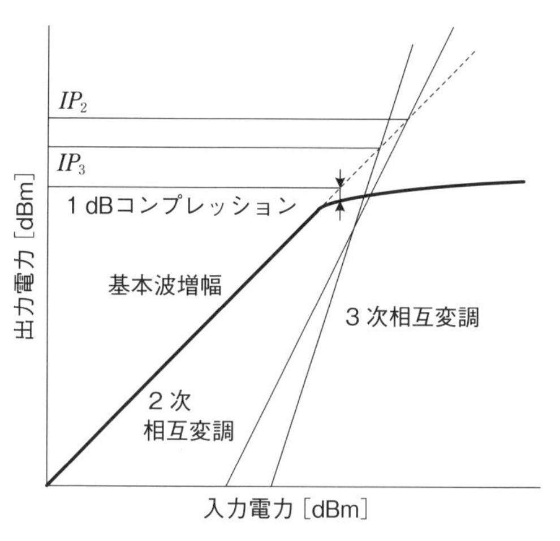

図 5A.4.4　インターセプトポイントの表現

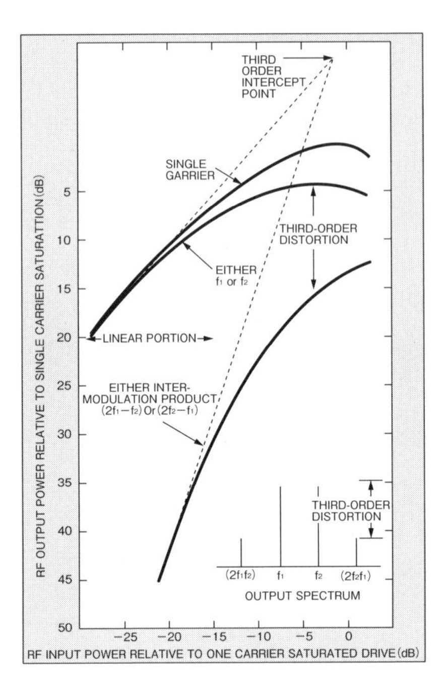

図 5A.4.5　TWTA の IP_3 の特性の一例

2波の正弦波を合成すると、

$$E = E_1 \sin \omega_1 t + E_2 \sin \omega_2 t$$

$$= \sqrt{E_1^{\ 2} + E_2^{\ 2} + 2E_1 E_2 \cos(\omega_1 - \omega_2)t}\ \sin\left(\frac{\omega_1 + \omega_2}{2} t + \phi\right)$$

$$\phi = \tan^{-1}\left[\frac{(E_1 - E_2)\sin\dfrac{\omega_1 - \omega_2}{2} t}{(E_1 + E_2)\cos\dfrac{\omega_1 - \omega_2}{2} t}\right] \tag{5A.4.2}$$

$$= \tan^{-1}\left[\frac{E_1 - E_2}{E_1 + E_2}\tan\left(2\pi\frac{f_1 - f_2}{2} t\right)\right]$$

これから、ビート周波数は $f_1 - f_2$ であり、$E_1 = E_2$ のときにビートの振幅は最大となる。この様なビートも興味深いので記載した。

5A-5 インピーダンスのベクトル解析

抵抗やコンデンサ、インダクタンスの並列回路の表現には円線図を用いる方法が利用される。誘導電動機の解析でも円線図を用いて解法することがある。モータも変圧器のようなものだから解析にも利用されたのだと考える。抵抗に並列にリアクタンスが付加されるときのインピーダンスベクトルを表現する方法を考察する。

5A-5-1 T型整合回路の負荷に対する入力インピーダンスの変化

図5A.5.1は、負荷R_1が、高い方向に変化したときの入力インピーダンスの変動軌跡である。

$$|R_0| = |X_{L1}| = |X_{L2}| = |X_C| \quad (5A.5.1)$$

$$R_1 \geq R_2 \quad (5A.5.2)$$

$$R_0 = \sqrt{R_1 \cdot R_2} \quad (5A.5.3)$$

図5A.5.2は、負荷R_1が、低い方向に変化したときの入力インピーダンスの変動軌跡である。

$$|R_0| = |X_{L1}| = |X_{L2}| = |X_C| \quad (5A.5.4)$$

$$R_1 \leq R_2 \quad (5A.5.5)$$

$$R_0 = \sqrt{R_1 \cdot R_2} \quad (5A.5.6)$$

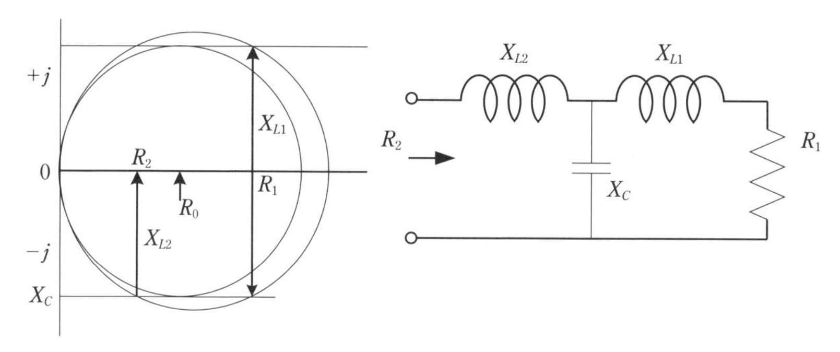

図 5A.5.1 T型・λ/4 回路の負荷変化に対する入力インピーダンス

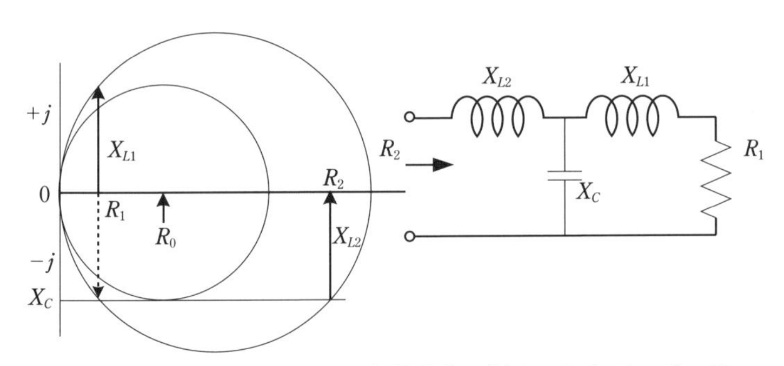

図 5A.5.2　T型・λ/4 回路の負荷変化に対する入力インピーダンス

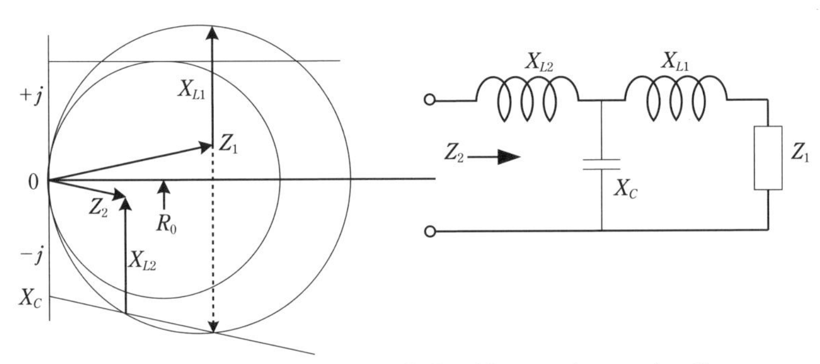

図 5A.5.3　T型・λ/4 回路の負荷に対する入力インピーダンス

図 5A.5.3 は、負荷のインピーダンスが高い方向に変化したときの入力インピーダンスの変動軌跡を示した。

$$|R_0| = |X_{L1}| = |X_{L2}| = |X_C| \tag{5A.5.7}$$

$$Z_1 \geq Z_2 \tag{5A.5.8}$$

$$R_0 = \sqrt{Z_1 \cdot Z_2} \tag{5A.5.9}$$

5B-1　OFDM 伝送と変調誤差比

デジタルの伝送量の劣化評価には、BER（bit error rate）が用いられることが多い。デジタル伝送路では、MER（Modulation Error Ratio）測定から得られる情報を用いて評価することができる。後述するが、伝送路の伝搬途中に特性劣化要素がある場合には等価 *C/N* と云う概念を用いて評価する。*C/N*（Carrier to Noise Ratio）とは搬送波電力対雑音比のことである。デジタル信号が復号できる限界値として、ガウス雑音下でのビット誤り率 2×10^{-4} が要求される。

5B-1-1 コンスタレーション（constellation）

コンスタレーションとは星座と云う意味である。後述する MER の算出の基になるコンスタレーションは、デジタル信号中の各サブキャリアの振幅と位相を平面上にプロットしたものである。**図 5B.1.1** は、QPSK と64QAM のコンスタレーションの実測波形の例である。デジタル信号の変調の様子を一気に観測できるから特性の劣化を知ることが容易である。図に示したエリア測定例のコンスタレーションではシンボル点にバラつきはほとんど見られない。

伝送の劣化はコンスタレーション波形から次のような特徴を知ることができる。

- 位相の変化→円周方向の変化として現れる
- 振幅変化→放射方向の広がりとなる
- *C/N* の劣化→点の広がりと拡散
- 妨害波の混入→離散点の存在として現れる

5B-1-2 MER の理解

MER（Modulation Error Ratio；変調誤差比）とは、**図 5B.1.2** に示すように

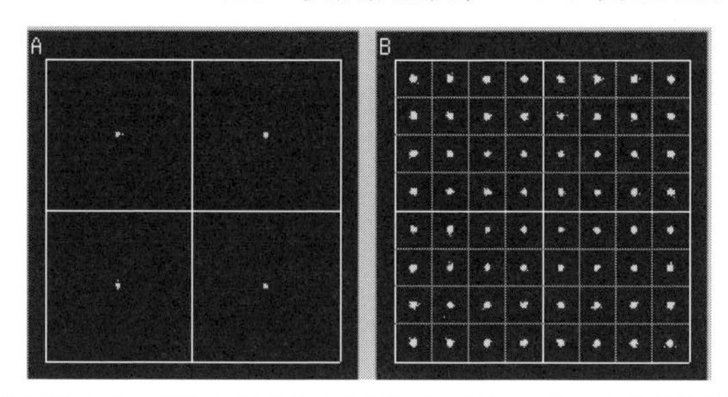

図 5B.1.1 エリアにおけるコンスタレーション実測波形

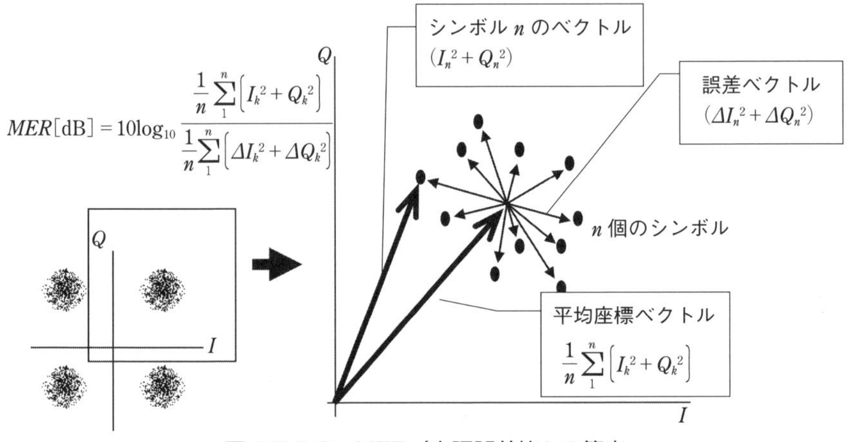

図 5B.1.2 MER（変調誤差比）の算出

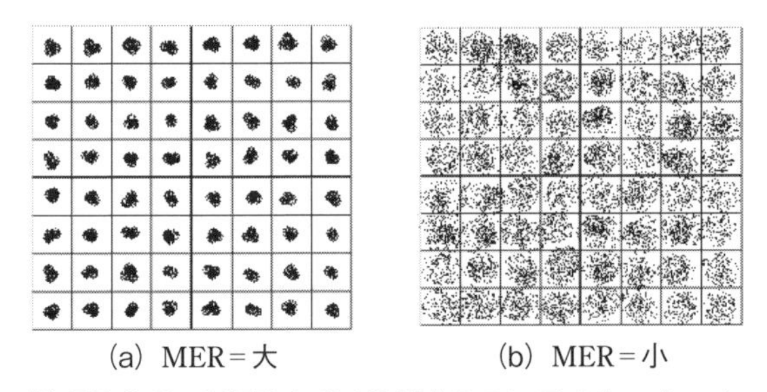
(a) MER＝大　(b) MER＝小

図 5B.1.3 MER と 64QAM のコンスタレーション

コンスタレーションのばらつきを数値化して表現したものであり、コンスタレーションの各ポイントからのベクトル誤差を電力換算したものである。MERは信号の品質を客観的に評価するためのものであり、主に伝送路の劣化、C/Nのマージンを見るために測定し、画像破綻前の放送波の品質劣化を判断する指標として最適である。**図 5B.1.3** に示したように、MERの値が大きいほど伝送品質は高い。

5B-1-3 MER の特徴

MER で測定評価することの特徴を述べると、

（長所）
・測定レンジが広範囲である
・TMCC（変調パラメータ）の影響を受けない
・性能の経年・経時劣化測定が可能
・試験信号は、実画像・PN（Pseudo Noise：疑似ランダム雑音）信号のどちらでも良い
（短所）
・映像受信可、不可の判断は出来ない
・間欠測定なのでバースト的な誤りは検出できない
・高品質な信号の場合、雑音加算法では精度が悪い

地上デジタル放送の受信では、MERを測定することが受信マージンを知る有効な手段となる。

5B-2 AMとFMラジオ

5B-2-1 AM変調

振幅変調は、通信工学では基本的な変調方式として解説される。ラジオ放送のスタートは1925年3月であるから、1世紀の歴史のあるメディアである。電波に情報を乗せる方法は、信号の振幅、周波数、そして位相を変化させて伝送することが想像できる。AM変調は搬送波の振幅を音や音楽で変化させる。数式で示した方が説明しやすいのかもしれない。近年ではデジタル変調方式が花盛り、AMとFMはアナログメディアの代表である（**図5B.2.1、図5B.2.2**）。

5B-2-2 FM変調

FM解析ではベッセル関数という数式が出てくる。FMの音楽は好きなのですが数式が嫌いだという人が多いのではないだろうか。AM同様、側波帯と帯域をベクトルで考えてみる。私はFM波の側波帯をベクトル加算で表現する方法を考えた。

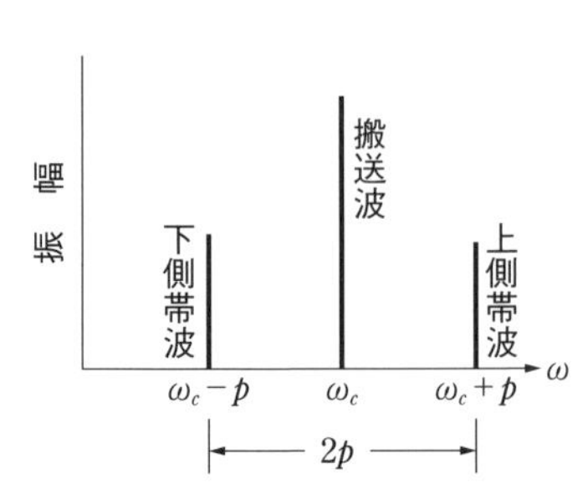

図 5B.2.1　AM 波のスペクトラム

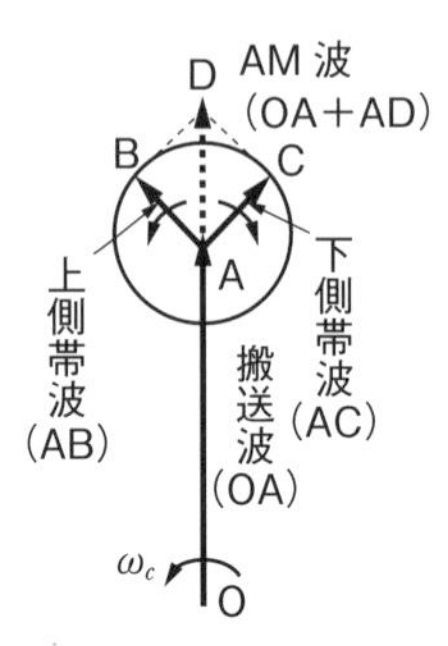

図 5B.2.2　AM 波のベクトル表示

最初に FM 波を表現します。

$$V_{FM}(t) = A\cos\{\omega_c t + \beta \sin \omega_m t\}$$

$$\frac{\Delta\omega(\text{最大角周波数偏移量})}{\omega_m(\text{変調角周波数})} = \beta(\text{変調指数}) \qquad (5B.2.1)$$

一般的な FM 解説では、最大周波数偏移を唐突に表現することが多い。私は FM 変調器や VCO などの変調感度に例えた方が分かりやすいと考えている。ある信号レベルを与えたときにどれだけ周波数偏移が発生するかということである。ですから FM 変調器によってこの感度値は異なる。それと変調角周波数との比を変調指数と定義する。レベルの世界と周波数の世界を一緒に考える部分が大抵理解を妨げる要因だと思っている。ここが肝かも。次に FM 波の解析を進める（**図 5B.2.3～図 5B.2.5**）。

$$\begin{aligned} V_{FM}(t) &= A\cos(\omega_c t + \beta\sin\omega_m t) \qquad (5B.2.2) \\ &= A\cos\omega_c t\cdot\cos(\beta\sin\omega_m t) - A\sin\omega_c t\cdot\sin(\beta\sin\omega_m t) \end{aligned}$$

$$V_{FM}(t) = A\left[\cos\omega_c t\left\{J_0(\beta) + 2\sum_{k=1}^{\infty} J_{2k}(\beta)\cos(2k\omega_m t)\right\} - \sin\omega_c t\cdot 2\sum_{k=1}^{\infty} J_{2k-1}(\beta)\cdot\sin\{(2k-1)\omega_m t\}\right] \qquad (5B.2.3)$$

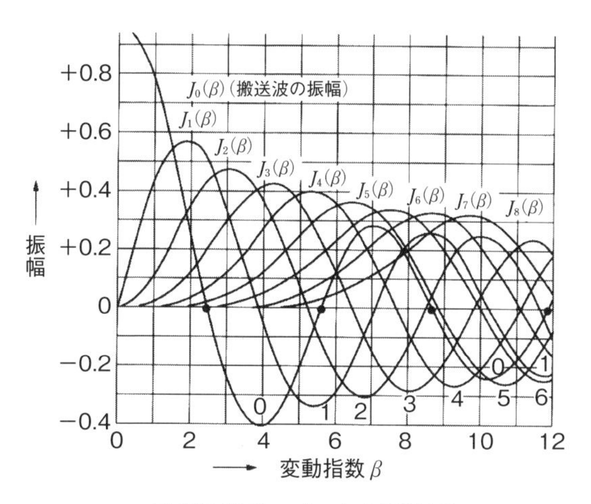

図 5B.2.3　ベッセル関数表

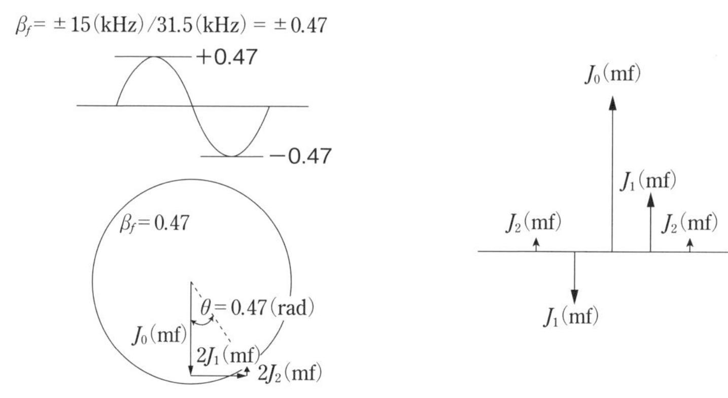

図 5B.2.4　FM 波のベクトル表現（変調指数 0.47）

図 5B.2.5　FM 波の周波数スペクトラム（変調指数 0.47）

$$
\begin{aligned}
&= A\Bigg[J_0(\beta)\cos\omega_c t + \sum_{k=1}^{\infty} J_{2k}(\beta)\{\cos(\omega_c + 2k\omega_m)t + \cos(\omega_c - 2k\omega_m)t\} \\
&\quad - \sum_{k=1}^{\infty} J_{2k-1}(\beta)\{\cos(\omega_c - (2k-1)\omega_m)t - \cos(\omega_c + (2k-1)\omega_m)t\}\Bigg]
\end{aligned}
\tag{5B.2.4}
$$

5B-3 アンテナインピーダンス特性監視

5B-3-1 送信電波でインピーダンスを測る

図 5B.3.1 は送信機の出力の一部を方向性結合器で抽出して運用中のアンテナの負荷状態を観測する様子を示す。アンテナインピーダンスの測定は通常、設備を休止してからの作業になる。運用中には一般的に給電フィーダの入射波、反射波を観測することが多い。

ここでは運用中のアンテナを含めた負荷インピーダンスの監視を考える。

5B-3-2 監視装置のインターフェース

図 5B.3.2 は、監視項目と各部とのインターフェースを示す。演算結果はデ

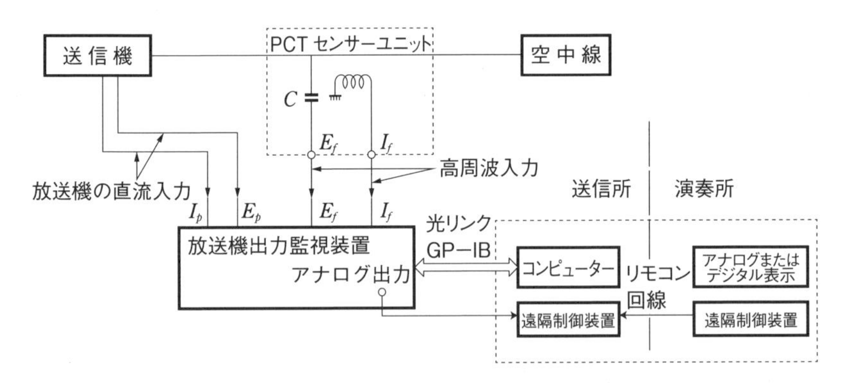

図 5B.3.1 総合監視システムの構成

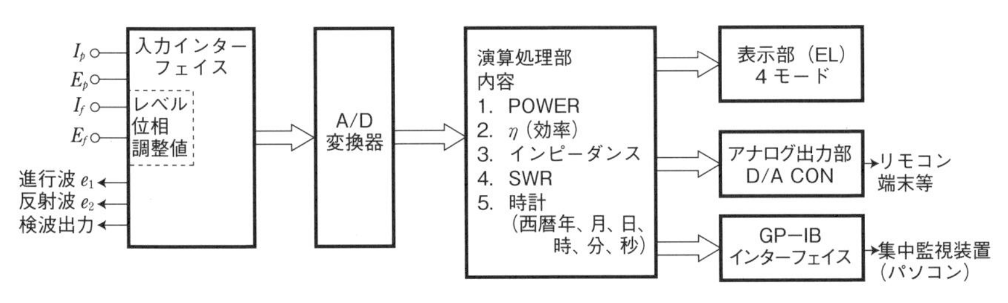

図 5B.3.2 監視項目とインターフェース

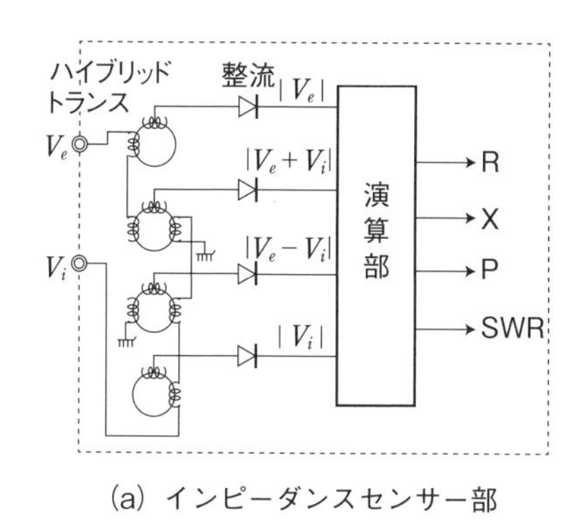

(a) インピーダンスセンサー部

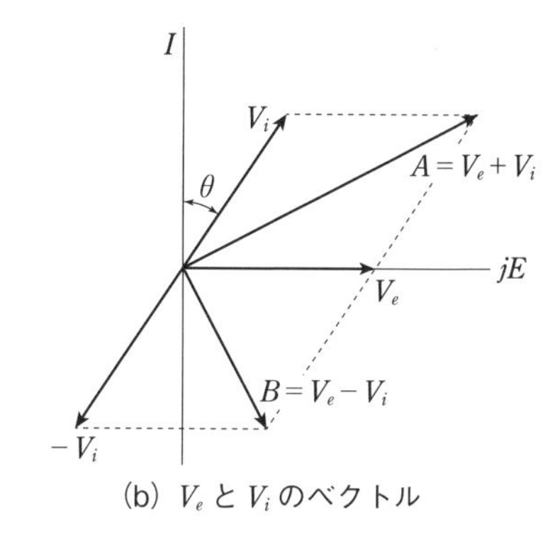

(b) V_e と V_i のベクトル

図 5B.3.3 高周波の電圧、電流成分のベクトル

ィスプレーで表示することは勿論、外部に伝送できるように設計した。データのデジタル伝送も可能だが、監視リモコン装置のアナログ伝送項目でもインピーダンス情報が送れる方法も含めた。

電圧と電流の要素からハイブリッドトランスなどを用いて所要信号を生成してその検波直流値であるスカラ量からインピーダンスのリアルパートと、± j パートを振り分けて表示することが出来る。

図 5B.3.3 は電圧成分 V_e と電流の成分 V_i とからそれぞれの測定量を算出できる原理を示す。

$$|V_e+V_i|=\sqrt{V_e^2+V_i^2+2V_eV_i\sin\theta}=A$$
$$|V_e-V_i|=\sqrt{V_e^2+V_i^2-2V_eV_i\sin\theta}=B$$

となり、

$$\sin\theta=\frac{A^2-B^2}{4V_iV_e}$$

$$\cos\theta=\sqrt{1-\sin^2\theta}$$

$$|Z|=\frac{|V|}{|I|}=\frac{K_v}{K_i}\cdot\frac{V_e}{V_i}$$

但し、K_v、K_i は比例定数、インピーダンス $R=|Z|\cos\theta$、$X=|Z|\sin\theta$。

5B-4 電波伝搬と電界強度

5B-4-1 地球の表面は水蒸気でいっぱい

大地表面には水蒸気が存在しており上空に行くほど水蒸気の密度が希薄になる。電波の屈折率を解析したスネルの法則から電波は少しずつ地球側に曲がって伝搬することになる。こうなると電波が比較的遠くに届くようにイメージできる。地球の表面が水蒸気で囲まれているために電波は少しずつ地面を抱き込むように伝搬していくと考えられる。

電波屋は、地表電波の伝搬路を直線と扱いたいので地球の半径を大きくした伝搬路を見立てる。このときの地球の半径を等価半径という。実際の地球の半径よりも等価半径係数としては4/3を採用することで、少し太った地球を考える。

5B-4-2 電波の伝搬のいろいろ

電波は無限の彼方に伝搬（伝送）出来るのだろうか？　ある点に置いた電球からの光が遠方に伝わって行くときには、少しずつ薄まって行くイメージは掴める。遠方へは電波は拡散して飛んで行くからと考える。これで電波が遠方に行くほど弱くなることが容易に理解できる。発光する光を強くすれば電波も強くなることも分かる。全方位に光を発散させることなどせずに、裏側に反射板でもつければ目的とする方向に指向性を持たせて電波を強くすることも可能となる。

電波伝搬では直接目的地に飛んで行く直接波と大地反射波を考える。電波の周波数によっては地面を匍匐（ホフク）前進して伝搬していくものもある。長波や中波という1 MHz程度の波ではこの成分を考える必要が出て来る。これを地表波と云う。それと、K型フェージングというオーソドックスな電波の強弱現象が発生する。伝搬路の水蒸気密度に起因した変動である。このときも地球の等価半径係数 K が変化しているとして電波の伝搬を考える（**図5B.4.1**）。

スカイツリータワーが浅草の押上近くに2011年5月に完成した。高さは634m。自立型の電波塔では世界一である。羽田空港に着くと遠くにその容姿

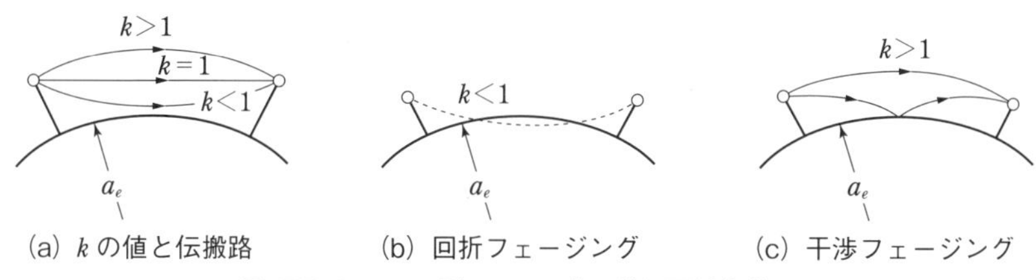

図 5B.4.1 K型フェージングと電波伝搬

を見ることができる。このスカイツリータワー上部の100mくらいは送信アンテナ群である。もし鉄塔のてっぺんから電波を出すことができたら、電波は半径100km以上遠くに飛んでいくことになる。ちなみに3776mの富士山から電波を発射すると約250kmの彼方に伝搬する。この電波の伝搬では地球の等価半径という概念を使う。次に、電波の伝搬距離を、富士山からとスカイツリータワーからの二通りに着いて計算してみた。

5B-4-3 地球の等価半径係数 *K* と電波の伝搬（図 5B.4.2）

$$\begin{aligned} d &= \sqrt{2ka \times 3776} \\ &= \sqrt{2 \times 8500 \times 10^3 \times 3776} \\ &= 253\,[\mathrm{km}] \end{aligned}$$

$$\begin{aligned} d &= \sqrt{2ka \times 634} \\ &= \sqrt{2 \times 8500 \times 10^3 \times 634} \\ &= 103.8\,[\mathrm{km}] \end{aligned}$$

図 5B.4.2 富士山とスカイツリーから電波を発射したらどこまで届く？

5B-4-4 地球の等価半径をイメージする

電波が曲がっていると電波の伝搬計算などで少々面倒になることが多いので、便宜的に電波は直線で伝搬するとして地球の曲率半径を少し大きくして考える。

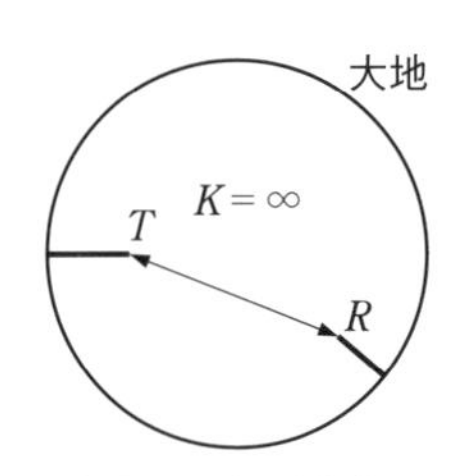

自由に通信が出来る

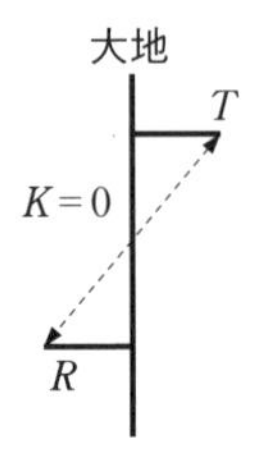

大地の裏側に電波は届かない

図 5B.4.3 等価半径係数 K が∞のときと 0 のときの電波の伝搬

これを地球の等価地球半径係数 K という。K は4/3、実際の地球の半径を r とすると等価地球半径 $K\times r$ は8500km 位となる。ここで K が∞のときと K が0のときを考えてみると、$K=\infty$ では地球上で全ての交信が可能となるが、$K=0$ では電波は全然交信できないことがイメージできる（**図 5B.4.3**）。

5B-5 デジタル設備

5B-5-1 ODFM 変調

OFDM 波を生成するためには、多値位相変調回路を多数構成する方法がある。基本的には周波数の本数と同数の QAM 変調回路が必要となる。しかしキャリアは5600本余りもあるから個別に変調器を用意していたのでは途方もない回路構成となる。OFDM 波の生成では数学的な演算処理（IC 回路）によって信号を得ている。そのために IFFT（Inverse Fast Fourier transform）を用いている。時間軸の信号を周波数軸上の信号に変換する操作である。 各キャリアにおける多値変調は、QPSK、16QAM、そして64QAM の形式をとる。**図 5B.5.1** は OFDM の生成のイメージを表現したものである。簡単に表現するために16QAM のみにした。

合成された時間軸上の OFDM 信号は、雑音に近い信号となる。例えば各キャリアの QAM のベクトル位相の方向が全て一致してしまえばピーク値はキャリアの数と同様の倍数となってしまう。平均電力レベルに対して確率的に OFDM 波は、10倍（電圧で３倍強）程度のピーク電力まで増幅する能力が求

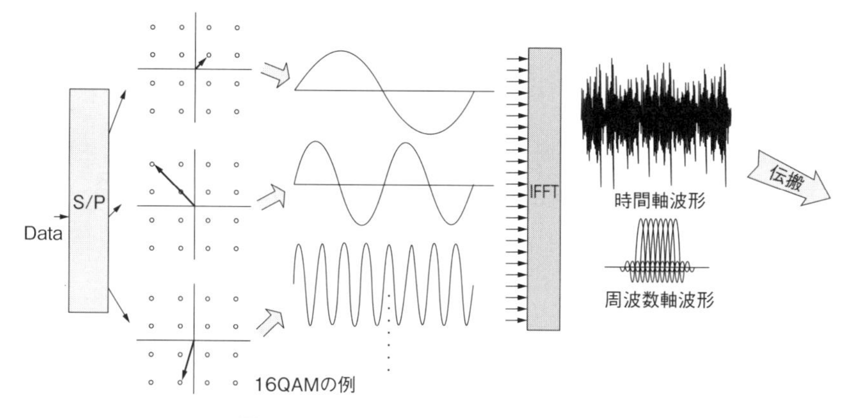

図 5B.5.1　OFDM 波の生成と IFFT

められる由縁である。これをバックオフ（Back off）という。1kW の平均電力の増幅に対してピーク電力を考慮すると10kW の増幅器が必要となる。

5B-5-2　ガードインターバルとマルチパス

地デジの伝送はマルチパスに強いといわれる。マルチパス（Multi-Path）とは多重伝搬である。アナログ時代はゴースト（Ghost）“お化け”と云うことが多かった。ゴーストとかマルチパスとは、伝送路における反射波の増加に等しい。不整合伝送路と云える。アナログ時代ではテレビジョンの受信画像が2重、3重になって見えたからである。

地デジではある時間内のマルチパスはキャンセルすることが可能である。ガードインターバル長を126μすれば、最大37.8km の遅延時間差までは補償できる。

図 5B.5.2 に示したのは、ガードインターバル信号を付加する方法である。生成した OFDM 波の有効シンボル長の後ろの信号をコピーしてシンボル期間の先頭に貼り付けて伝送シンボルをつくる。このようにすることでこのガードインターバル期間内のマルチパスは回避することができる。OFDM 信号は伝送シンボル期間ごとに同期復調されるので、ガードインターバル期間内にゴースト信号があっても有効シンボル期間内では正しく復号できることになる。このような伝送方式をとることで、親局と中継局（子局）とが同じ周波数で送信

しても、マルチパス同様に、エリア内での遅延時間がガードインターバル期間以内に設定されていればゴーストの無い受信が可能である。この技術がSFN（Single Frequency Network）を構築できる理由でもある。この場合、親局と子局の間の周波数、遅延時間は十分計算された設定値で管理して送信される必要がある。また、同じ中継局でも、親局を受信して子局も同一周波数で送信する方法を採用する場合は受信が重複するエリアの改善も含めてガードインターバル期間内に遅延時間を納めることが必要となる。この点が従来のアナログテレビ放送では出来なかった高度な技術である。従来のアナログでは、MFN（Multi Frequency Network）が殆どであり、親局と子局の送信周波数は異なっていた。ガードインターバル時間を長くすればするほど、長い時間遅れのゴーストに対応することが可能である。しかし、ガードインターバルは冗長な信号伝送であるから、本来伝送すべき情報量を減らす結果となる。

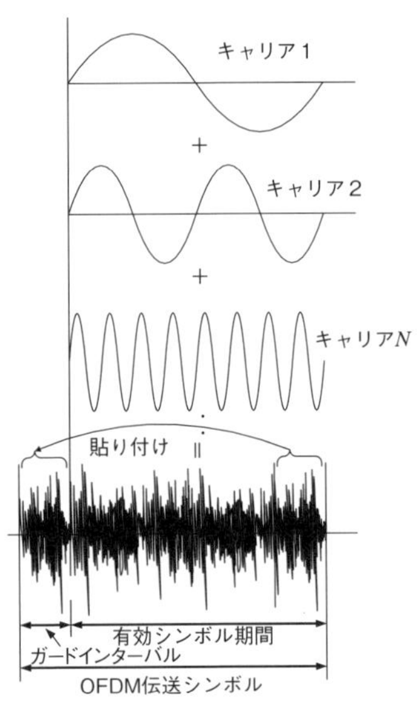

図 5B.5.2 ガードインターバル信号の付加方法

5C-1 MIMO

5C-1-1 MIMOとは

MIMO（Multiple-Input and Multiple-Output、マイモ）とは、送信機と受信機の双方で複数のアンテナを使い、通信品質を向上させることをいう。スマートアンテナ技術の一つ。帯域幅や送信出力を強化しなくともデータのスループットやリンクできる距離を劇的に改善するということで、無線通信業界で注目されているテクノロジーである。周波数帯域の利用効率が高く（帯域幅1ヘルツ当たりのビットレートが高くなる）、リンクの信頼性または多様性を高めている（フェージングを低減）。マイクロ波の固定回線などでフェージングの影響を軽減する目的でスペースダイバシティなどを利用するが、回線路を1電波で増加させる手法に転じたものとも解釈できる。発展形として偏波面を変える方法なども検討されている。

5C-1-2 移動体と通信

2011年7月に地上波テレビ放送がアナログ放送からデジタル化に本格移行された。視聴者はデジタル放送による良質な画像や音声を享受することができ、それらの周辺には多くのメディアが台頭してきている。またソーシャルメディアも著しく発展して情報発信の仕方、受け手の視聴形態なども変化してきている。見るだけのテレビではない時代に入った。視聴者なら誰でも自ら発信できる。時間や場所に縛られない。100％双方向のソーシャルTVという謳い文句。地上波アナログの跡地であるV-Highの周波数帯によるスマートフォン向けのマルチマルチメディア放送である。2012年4月スマートフォン向け放送「モバキャス」を開始した。周波数は207.5MHz～222MHzの地上アナログ終了後のVHF-Highを用いる。この周波数帯は電波の伝搬条件が良いからプラチナバンドと呼ばれる所以でもある。ISDB-Tmm（Integrated Service Digital Broadcasting Terrestrial for mobile multimedia）方式を採用した。

5C-1-3 スマートフォン

スマートフォンは高機能携帯電話と理解されている。2007年1月に発表されたi-phoneがスマホのきっかけになったと云われている。電波を使うデバイスとして興味があるのは、どのくらいの周波数があの小さな装置（箱）の中に押し込まれているかである。

ケイタイ電話として700MHz～2 GHz、3.5GHz～3.9GHzが使われている。GPS機能は1.5GHz、無線LAN（Wi-Fi）では、2.4GHz、5 GHzが使われているし、ワンセグ放送を受信しているのであれば470MHz～710MHz。おサイフケータイでは13.56MHz、近距離のデバイスとの接続にはBluetoothが2.4GHzということになる。まさに電波の玉手箱といったところであろう。

図5C.1.1はスマートフォンの中で使われている電波の種類を示す。

5C-2 マイクロ波応用

5C-2-1 マイクロ波通信の展開

マイクロ波であるSHFやEHFについての電波伝搬を考えていく。周波数が高くなると直進性が増していく。周りに目もくれずに真直ぐ伝搬していくということである。SHF、EHFになると衛星通信などに使われることが多い。パラボラアンテナで放射し受信するシステムである。マイクロ波と云っても波長の長さがマイクロメータと微小な長さではなく一般的に周波数が1 GHzから30GHz程度をいう。波長で言うと数センチメータになる。特に電波を出すための送信機の設計、パラボラアンテナなども精度が求められる。占有周波数帯幅は中波放送では15kHz、衛星放送では30MHz以上ある。変調方式も異なるが高い周波数では周波数帯域を広く取った通信に適している。情報量が多くなると帯域も広がり、アンテナを含む装置系の比帯域を中波帯、マイクロ波帯で同様としても絶対的な帯域幅はマイクロ波の方が広いことになり有利である。

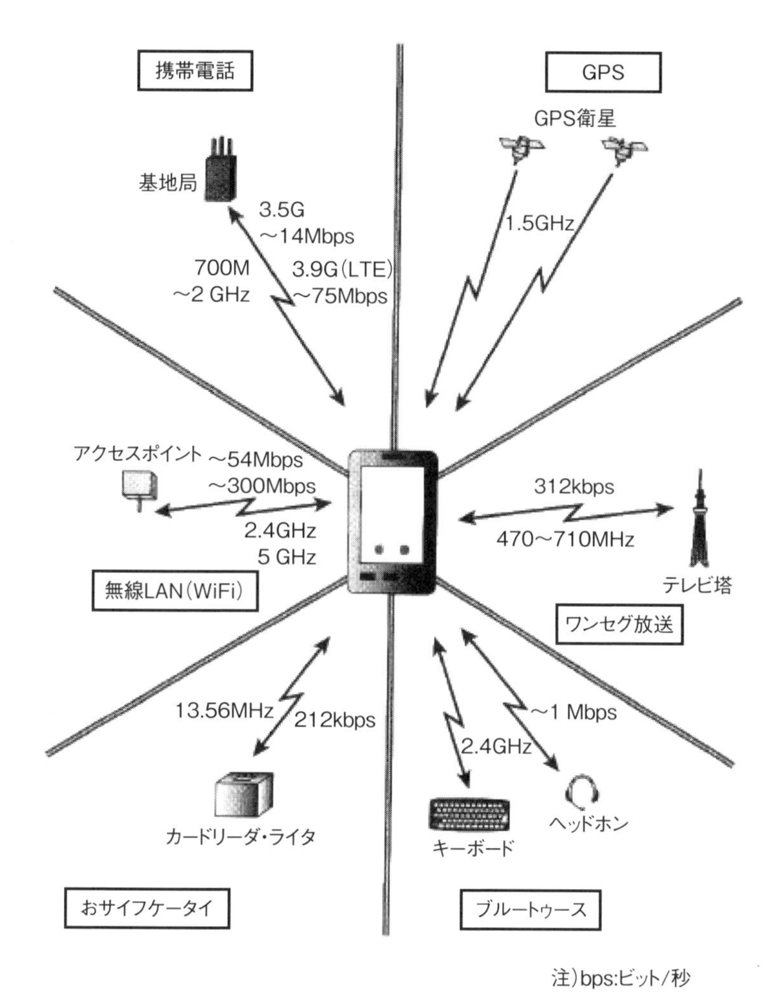

図 5C.1.1 スマートフォンで使われている電波の種類

5C-2-2 衛星利用の高画質伝送

高い周波数では帯域が広く取れるから多くの情報を伝送することが可能になる。BSを使ったハイビジョン放送や、最近では4k、8kとかの高画質伝送が云われている。4kとは現在のハイビジョン（1080本）の4倍の走査線数になるから大画面での迫力のある画像を楽しむことが出来る。伝送路の広帯域化の方法やデータの圧縮方法の研究も進んでいる。より高い周波数の伝送路を求めることになる。光も電磁波だから広帯域伝送が求められることになる。近年では多波長伝送によって広帯域化に加えて更に伝送チャンネルを増やす方法が開発されている（**図5C.2.1**）。

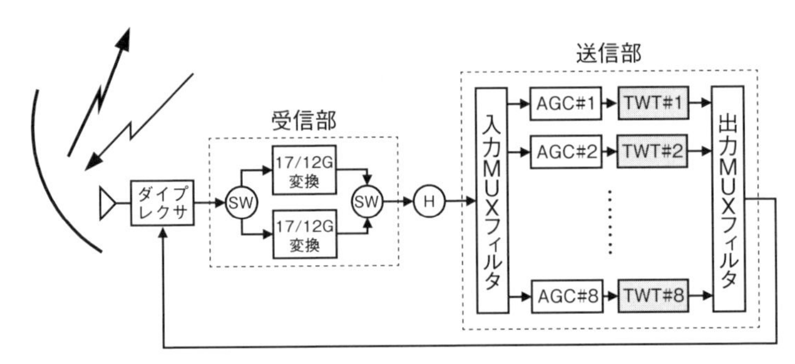

図5C.2.1 衛星放送トランスポンダの構成の例

5C-2-3 RFID

RFID（Radio Frequency IDentification）と云って現在のバーコード、2次元バーコードに代わって利用されようとしている。最近のJRではsuicaなど各種のカードも無線通信を用いた認識装置と考えられる。よく云われるのが商品にRFIDのタグをつけて、カートに入れた購入品を一括して認識させれば、スーパーマーケットでレジの混雑を解消することが可能である。支払いは銀行引き落としにすればキャシュレス化が可能となる。タグには無線通信用の小型アンテナと認識するためのマイクロチップが入っている。ここで問題となるのがRFIDタグのコストである。ほとんどが使い捨てだから如何にコストを下げるかが課題となる。タグコストが商品に加算されては負担する消費者はたまったものではない。RFIDは洋服や本などの製品、動物などの体内に挿入することも可能である。ペットの識別や迷子防止に使うことも出来る。議論はあるかと思うが犯罪者の識別など米国では州によって利用されているとも云われている。

表 5C.2.1 RF タグの諸言

方　式	RFタグ			
	電磁誘導		電　波	
	中波	短波	UHF	マイクロ波
交信周波数	～135kHz	13.56MHz	433MHz～900MHz	2.45GHz
交信距離	～10cm	～30cm	～5m	～2m
データの書換え	◎			
データの量	～4k			
対ノイズ性	◎			
対汚れ、耐水性、対油性	◎	○	○	△
遮断物の影響	◎	◎	△	○
価格	△	○	○	○

人への応用もアイディアが出てきそうだが人道的な視点で利用を考える必要がある。

従来のバーコードによる認識を代替する手段として応用展開が出来る。今後アイディアは無尽蔵に出てくるかと思う。商品等が店頭にあるときからレジの出口までの寿命と考えれば何か上手いアイディアが出てきそうにも思える。あっという、驚くビジネス提案が出てくると面白い（**表 5C.2.1**）。

5C-3 LTE

3.9G（G: generation）の携帯電話から用いられているのが LTE（Long Term Evolution）である。仕組みの一例としては以下の点が挙げられる。

- 伝送帯域を HSDPA（High Speed Downlink Packet Access）の5 MHz から 20MHz に拡大し伝送速度は 4 倍
- デジタル変調方式を16QAM から64QAM にして伝送速度を1.5倍
- 送受信アンテナを 4 本ずつにして伝送速度を 4 倍
- セルサイズを半径数百 m に縮小して信号品質を改善
- CDMA から OFDMA に変更

LTE（Long Term Evolution）では従来の伝送速度の20倍を得ることができる。更にLTEの特長として低遅延がある。遅延時間を5 ms以下として携帯電話でのテレビ会議やゲーム対応に配慮している（**表5C.3.1**、**図5C.3.1**、**図5C.3.2**）。

表 5C.3.1　LTEの伝送諸元

		3.5G（HSPA）	3.9G（LTE）	
			規　格	実用方式
伝送帯域幅		5 MHz	1.4 ～ 20MHz	5MHz、10MHz
最大伝送速度	下り	14Mbps	300Mbps	屋内75Mbps 屋外37.5Mbps
	上り	5.7Mbps	75Mbps	屋内25Mbps 屋外12.5Mbps
変調方式		16QAM	64QAM	
多元接続	下り 上り	CDMA CDMA	OFDMA SC-FDMA	
遅延時間		規定なし	5 ms以下	
送受信アンテナ		1本ずつ	最大4本ずつ（MIMO）	2本ずつ（MIMO）
セル半径		2 ～ 5 km	－	1 km以下

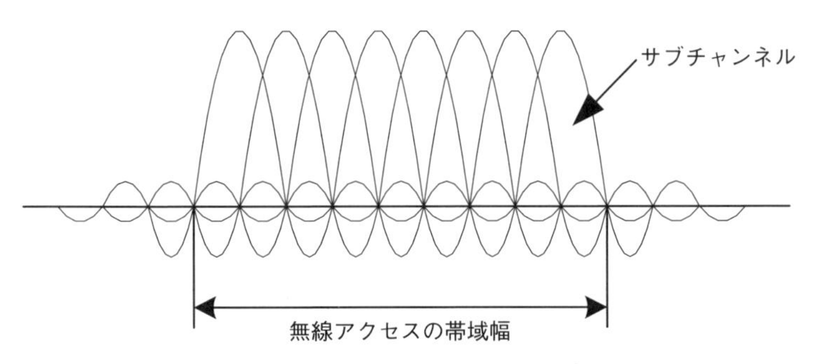

図 5C.3.1　OFDMAの周波数の配列

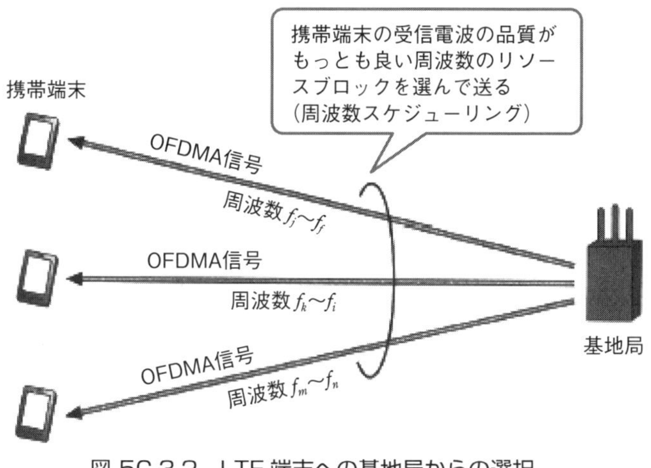

図 5C.3.2 LTE 端末への基地局からの選択

5C-4 PLC と閉塞地域での通信

5C-4-1 スマホ時代の何処でも通信

最近は電車の中や街を歩きながら携帯電話を使っている人を多く見かける。スマートホーンも学生からサラリーマンまで、肌身離さず持っている感じである。またタブレット端末を心地よさそうに操作している人も見かける。Wi-Fi などを使ったパソコンの屋外での利用、最近ではホテルや公共施設では Wi-Fi がフリーに使えるところが増えてきている。放送電波の受信や SNS の携帯利用などは車内、地下鉄のホーム、トンネル内などでの利用の要望が強く、東日本震災以降これらのニーズが増えてきている。地下街に閉じ込められたことを考えると外との何らかの通信手段が必要となる。エレベータの中も同様である。交通情報はトンネル内で聴取することは可能である。1620kHz の中波電波を受信するように指導されている。

青空が見える場所以外で通信や放送を利用することは誰しもが望んでいる。電車、地下鉄、地下街、トンネル、そしてエレベータなどまだまだニーズは出てくるだろう。大規模な通信容量を固定した場所で用いるのであれば、ケーブルテレビや、回線ネットワークをFTTH（Fiber to the Home）化しておけば大容量の通信が自宅やオフィスでできる。室外になると無線通信が有効である。トンネル内などは漏えいケーブルなどを用いる。ケーブルの周辺とその延長上に電波が漏れ広がる仕組みのものがある。そのような装置を用いて通信システムを構築する方法である。閉塞地域の通信が定常的に利用できることが重要である。

エマージェンシーのときに使うとして準備した設備がエマージェンシーでは使えないとなったら大問題である。日常運用と非常災害時などでの境の無いシステムが最善である。

5C-4-2 閉塞地域での再送信への応用

高速道路などにあるトンネルに入ると放送電波は途切れることがない。これはトンネル内で放送電波を再送信しているからである。中波メディア、FMメディアなども送信している。これはトンネル外でサービスされている周波数と全く同じである。トンネル内は再送信の波だけであるから混信することが無い。

近年では地下街の発展で多くの人々が集う場となっている。このような場所でも再送信設備が必要になって来た。小型アンテナや漏えいケーブルなどで携帯スマホなどへ高い周波数の電波の再送信が行われている。更には電車などの移動体内での電波確保も要求される。電車も地上を運行するものから地下鉄などの移動体へのニーズもある。

5C-4-3 漏洩ケーブルの展張通信インフラ

漏洩ケーブルを架空で展張する場合にケーブルは地下街やトンネル内での応用が考えられる。漏洩ケーブルは特性インピーダンスの無間長の線路と考えることができる。終端はオープンでも50Ω終端でも末端に電波が伝送されるまでには消滅してしまえば伝送路内のVSWRは劣化しないことになる。進行波給電アンテナとも考えられる。**図5C.4.1**は、同軸線路の外導体のスリットがジグザグに構成されているものを示した。

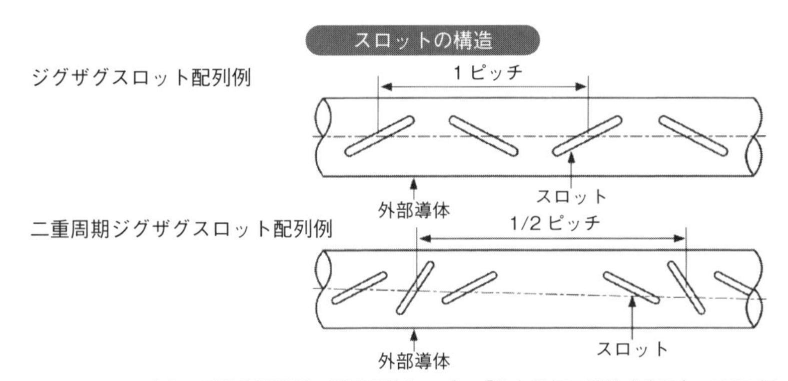

出典：電線技術資料、漏洩同軸ケーブル「住友電気工業株式会社」、1985年

図 5C.4.1 漏洩ケーブルのスロットの構造

5C-4-4 送電線放送とPLC

漏えいケーブルではないが、高圧送電線に沿ったかたちで中波の電波サービルを行っている局所もあった。送電線が雑音を発生するために送電線近傍の受信対策である。延々と送電線に沿って電波をサービスする。これは送電線に直に電波を乗せる。数十kVの送電線に高圧碍子を通して電波を給電する。現在では全国で2か所くらい。新潟の津南とか静岡の佐久間が思い出される。送電線放送の伝送路は電力線、メンテナンスで幹線を切替えると高周波の負荷インピーダンスが変わってしまう現象があった。

送電線路や屋内配線に無線通信を乗せる方法は、昔から研究が行われてきているようである。近年はWi-Fiやブルートゥースなどには数GHzの周波数が用いられている。以前研究されていたPLC（Power Line Communication）に用いられていたのは短波帯であった。短波帯（30MHz以下）の応用なので既設の放送や通信との混信障害に配慮が必要となるのは云うまでもない。

5C-5 フィルタ

5C-5-1 定K形低域フィルタ

一番馴染みのある定K形フィルタから議論を始める。逆L形であるから**図5C.5.1**のZ_1はインダクタンス、Z_2はキャパシタンスで構成される。入力端の影像インピーダンスZ_{0T}と出力端の影像インピーダンスを$Z_{0\pi}$とする。

影像インピーダンスは、鏡を置いた時に左右のインピーダンスが共役の関係になっていると云うこともできる。

$$Z_{0T} = \sqrt{\frac{Z_{11}}{Y_{11}}} = \sqrt{Z_1 Z_2\left(1+\frac{Z_1}{Z_2}\right)}$$
$$Z_{0\pi} = \sqrt{\frac{Z_{22}}{Y_{22}}} = \sqrt{\frac{Z_1 Z_2}{1+\dfrac{Z_2}{Z_1}}} \tag{5C.5.1}$$

$$\coth\theta = \sqrt{Z_{11} Y_{11}} = \sqrt{1+\frac{Z_2}{Z_1}} \tag{5C.5.2}$$

$$\sinh\theta = \frac{1}{\sqrt{\coth^2\theta-1}} = \sqrt{\frac{Z_1}{Z_2}} \tag{5C.5.3}$$

$$\cosh\theta = \frac{1}{\sqrt{1-\tanh^2\theta}} = \sqrt{1+\frac{Z_1}{Z_2}} \tag{5C.5.4}$$

Z_1とZ_2の間には、

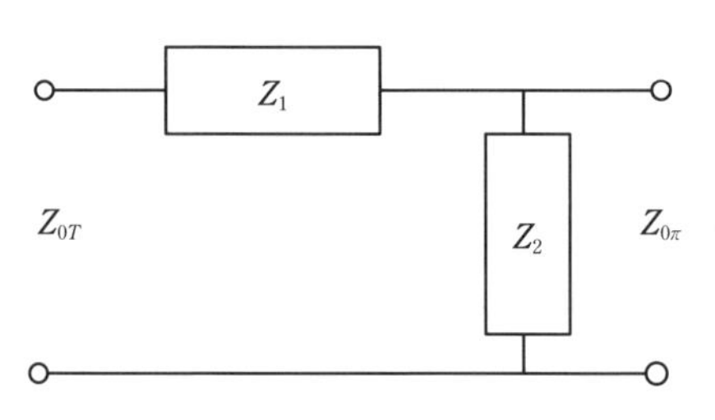

図 5C.5.1 逆L形回路

$$Z_1Z_2 = R^2$$
$$R = 定数 \tag{5C.5.5}$$

Rの代わりにKとおいたので定K形フィルタ（Constant K type Filter）という。

$$Z_1 = sL_1$$
$$Z_2 = \frac{R^2}{sL_1} = \frac{1}{sC_2} \tag{5C.5.6}$$

$s = j\omega$とすれば、

$$Z_{0T} = R\sqrt{1-\omega^2 L_1 C_2}$$
$$Z_{0\pi} = \frac{R}{\sqrt{1-\omega^2 L_1 C_2}}$$
$$\cosh\theta = \sqrt{1-\frac{1}{\omega^2 L_1 C_2}} = \sqrt{1-\omega^2 L_1 C_2} \tag{5C.5.7}$$

L形フィルタの各素子を求めると以下の様になる。

$$L_1 = R/\omega_0$$
$$C_2 = 1/\omega_0 R \tag{5C.5.8}$$

但し、ω_0：遮断周波数。

低域フィルタの特性は、高域の周波数において負荷に出力される電圧は減衰する。周波数が高くなると、入力端の影像インピーダンスZ_{0T}は高インピーダンスに、出力端の影像インピーダンス$Z_{0\pi}$は低インピーダンスになる。このような領域ではフィルタの整合条件は満足されない。

5D-1 電源周波数と高調波

近年は装置の効率化を図るために信号のデジタル処理が行われている。静止型の電力変換装置などが電力制御に利用されている。電源回路にはこれらの信号処理のよって多くの高調波（高周波）電流が流れている。そのために機器の異常加熱対策、電源フィルタ設置などにも配慮が必要とされる。

5D-1-1 フーリエ級数展開

連続したひずみ波は直流値 a_0 と cos 項、そして sin 項で表現できる。

$$f(t)=\frac{a_0}{2}+\sum_{n=1}^{\infty}a_n\cos n\omega t+\sum b_n\sin n\omega t$$

$$a_n=\frac{2}{T}\int_{\frac{-T}{2}}^{\frac{T}{2}}f(t)\cos n\omega t dt \quad (n=0,1,2,\cdots) \qquad (5D.1.1)$$

$$b_n=\frac{2}{T}\int_{\frac{-T}{2}}^{\frac{T}{2}}f(t)\sin n\omega t dt \quad (n=0,1,2,\cdots)$$

n 次の cos と sin は以下の様に表現され、時間軸信号 $f(t)$ は、

$$\cos n\omega t=\frac{1}{2}(e^{jn\omega t}+e^{-jn\omega t})$$

$$\sin n\omega t=\frac{1}{2j}(e^{jn\omega t}-e^{-jn\omega t})$$

$$f(t)=\frac{a_0}{2}+\frac{1}{2}\sum_{n-1}^{\infty}(a_n-jb_n)e^{jn\omega t}+\frac{1}{2}\sum_{n-1}^{\infty}(a_n+jb_n)e^{-jn\omega t} \qquad (5D.1.2)$$

$$=\frac{1}{2}\sum_{n=-\infty}^{\infty}(a_n-jb_n)e^{jn\omega t}$$

$$F(n)=\frac{(a_n-jb_n)}{2} \quad (n=0,\pm1,\pm2,\cdots)$$

上式は、時間領域 $f(t)$ を、周波数領域 $F(n)$ へ変換する式である。これを周期性のある信号に対するフーリエ変換という。

5D-1-2 矩形波電圧のフーリエ級数展開の例

図 5D.1.1 の矩形波は直流成分を持たない遇関数の波形であるから b_n の項のみを扱えばよい。

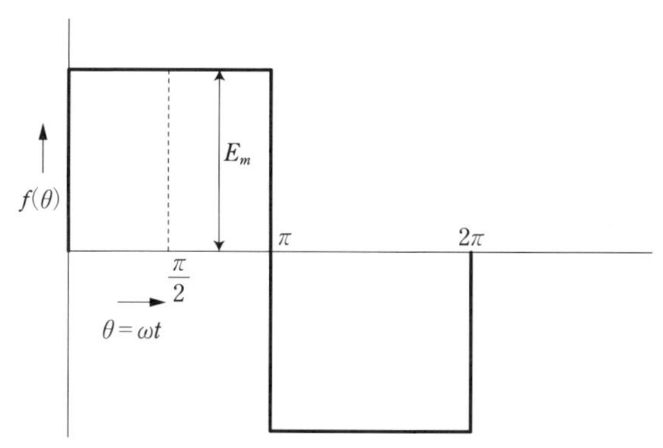

図 5D.1.1 連続した矩形波

$$b_n = \frac{4}{\pi}\int_0^{\frac{\pi}{2}} E_m \sin n\theta d\theta = \frac{4E_m}{\pi}\left[\frac{-\cos\theta}{n}\right]_0^{\frac{\pi}{2}} = \frac{-4E_m}{n\pi}[\cos\theta]_0^{\frac{\pi}{2}}$$

$$= \frac{-4E_m}{n\pi}[0-1] = \frac{4E_m}{n\pi} \tag{5D.1.3}$$

$$f(\theta) = \frac{4E_m}{\pi}\sum_{n=1}^{\infty}\frac{\sin n\theta}{n} = \frac{4E_m}{\pi}\left(\sin\theta + \frac{1}{3}\sin 3\theta + \frac{1}{5}\sin 5\theta + \cdots\right)$$

式（5D.1.3）は矩形波電圧のフーリエ級数展開である。基本波の他に３倍、５倍と奇数次の高調波成分を含むことが分かる。式の中の θ は ωt と読みかえれば周波数として理解できる。これらの高調波と電源回路のインダクタンスやキャパシタンスとで共振周波数を形成すると危険である。異常電圧の発生や機器の過熱などが発生する可能性もある。ここでは一例としての矩形波を解析したが、これらの高調波を軽減する方法としては信号処理の量子化率を上げて、高調波信号発生できる発振源の高調波発生率を低減する方法、フィルタ設置等が考えられる。

5D-2 電源の力率測定は整合

5D-2-1 同相I、直交成分Qから力率を考える

電力の世界では、有効電力と無効電力、そして皮相電力を考える。ちなみに力率を良くするには、電圧と電流の位相を同相にして有効電力のみにする必要がある。力率が100%であれば無効電力はゼロである。参考だが通信の世界でいう直交性とはこの正弦波の電圧と電流の位相が90度の関係を持ったときの掛け算は出力がゼロであるということを云う。同相（In- Phase）成分と直交：90度位相（Quadrature-Phase）成分でおなじみのI、Q軸で表現される。

図5D.2.1（a）は抵抗RとインダクタンスLの直列回路である。この回路に交流電源eを与えたときに流れる電流iと各素子の端子電圧の関係を同図(b)に表示した。

同相成分は抵抗に消費される有効電力であり、直交成分は、インダクタンスに消費される無効電力と考えることができる。無効電力は1周期間（2π）で積分すればゼロであるから熱損失は無い。筆者が管理していた大電力送信所では、放送終了後に電源を落としたインダクタンスに触ると、かなり熱くなっていた。銅パイプで作られたコイル（インダクタンス）は表皮効果のために表面

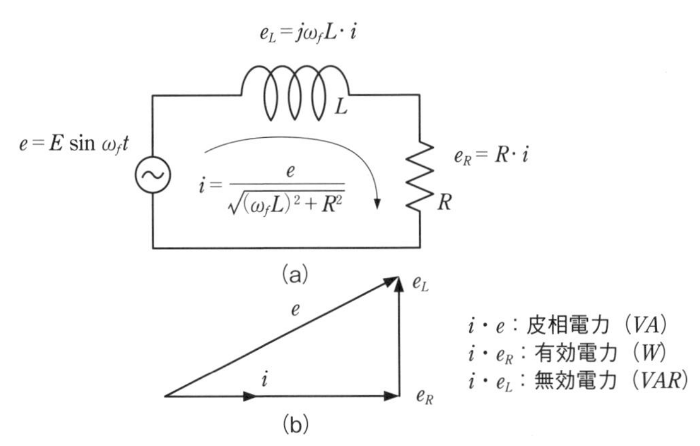

図5D.2.1 電気回路の有効電力と無効電力

部分の抵抗値によって熱損失が発生していたことになる。これと無効電力とは別のお話しであるが。eとiの積は皮相電力である。参考にインピーダンスを皮相抵抗と呼ぶこともある。

5D-2-2 力率の算出

今度は力率のお話し。我々需要家は電力を使う側だからいくらでも電力を取り放題としたらどうなるか。送電線路の電流は負荷に応じて増える一方である。力率が悪いとは無効電力が大きいこと。ベクトル合成値でもある皮相電力も増加する。理想的には有効電力と皮相電力が等しい方がいい。一般的に負荷は遅れ力率が多い。誘導性負荷ということ。極端に誘導性負荷となっていれば需要家では進相コンデンサを入れて力率改善を行うことになる。電力会社に支払う電力料金の割引は力率が0.85のラインで決まるから、力率を極力1に近づけて支払い額の節約をする。

しかし、負荷が24時間で変動する場合には、無負荷時には先ほどの力率改善用の進相コンデンサが外されていないと、今度は進み力率となり力率はまたも悪化する。伝送線路によってはフェランチ効果で受電側の電圧を上昇させる結果ともなる。この様な場合には負荷の切断と同時に進相コンデンサも切り離す必要がある。力率の測定には、いろいろあるが教科書的な3電圧計法を解説する（**図 5D.2.2**）。他に3電流計法もある。

3つの電圧計の値から**図 5D.2.3**により、力率$\cos\varphi$を求めることが出来る。

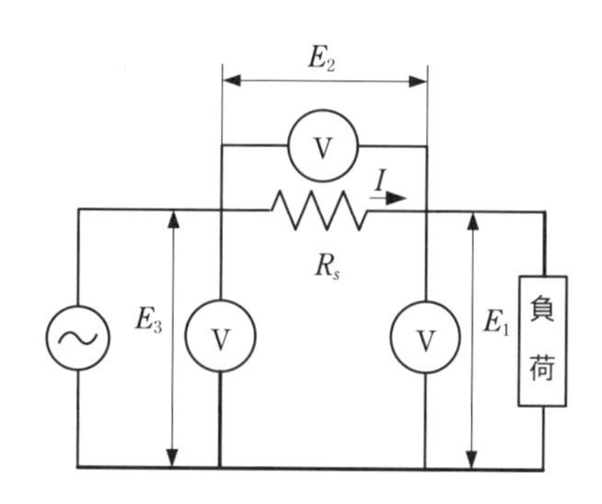

図 5D.2.2 3電圧計法による力率測定

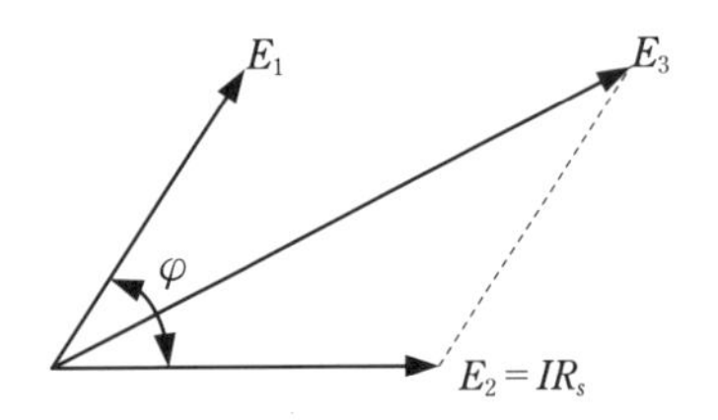

図 5D.2.3　3 電圧計と各相のベクトル関係

$$E_1^2 + E_2^2 + 2E_1E_2\cos\varphi = E_3^2$$
$$\cos\varphi = (E_3^2 - E_1^2 - E_2^2)/2E_1E_2 \qquad (5D.2.1)$$

ここで興味深いのは、各電圧値はスカラ量（位相を持たない）であり、それらの値から位相情報である力率 $\cos\varphi$ を求めている点である。

5D-3 電力変換装置に要求される量子化数

5D-3-1　中波デジタル送信機は電力変換装置

電力変換装置として中波帯のデジタル送信機を例に議論したい。音声信号の量子化数は、一般的に12ビットとか16ビットと云われており、映像信号のそれに比較して高い分解能が求められる。

音声の量子化数と量子化ひずみと関係を考えてみたい。一般的に次式のような関係が云われている。

量子化ひずみ（雑音）の N_q は、

$$N_q = \frac{\varDelta L^2}{12} = \left(\frac{\varDelta L}{2\sqrt{3}}\right)^2 \qquad (5D.3.1)$$

$\varDelta L$ は量子化の幅、信号の存在範囲を L、量子化の総レベル数を 2^B（2進Bビット符号化）とすれば、

$$\varDelta L = \frac{L}{2^B} \qquad (5D.3.2)$$

一方、信号の実効振幅を σ、波高値（ピーク値／実効値）を p とすれば、

$$L = 2p \cdot \sigma \tag{5D.3.3}$$

量子化後の信号対雑音比は、

$$S/N_q]_{dB} = 10\log_{10}\left[\frac{信号電力}{量子化ひずみ電力}\right][\mathrm{dB}] \tag{5D.3.4}$$

$$= 10\log_{10}\left[\frac{\sigma^2}{\Delta L^2/12}\right] = 10\log_{10}\left[\frac{\sigma^2}{(2p\sigma/2^B)^2/12}\right] \tag{5D.3.5}$$

$$= 10\log\left[\frac{12}{4p^2}\cdot 2^{2B}\right] = 2B\cdot 10\log_{10}2 + 10\log_{10}\left(\frac{3}{p^2}\right) \tag{5D.3.6}$$

$$= 6.02\cdot B + 4.77 - p]_{dB}[\mathrm{dB}] \tag{5D.3.7}$$

音声信号の場合、波高値 p は約12dB であるから、

$$S/N_q \fallingdotseq 6\cdot B - 7.2[\mathrm{dB}] \tag{5D.3.8}$$

例えば、12ビットで量子化すると等価的な信号対量子化雑音 S/N_q 比は、約65dB となる。量子化雑音を高調波発生として対比させて評価できる。

5D-3-2 ビッグステップ PA とバイナリーステップ PA

中波デジタル送信機の出力の合成については、実際、このビッグステップだけでは、被変調波のエンベロープは滑らにならず高調波成分を大量に含むことになる。そのため、バイナリーステップ PA を用いて小出力の電圧を生成し補間する必要がある。同一設計の固体化 PA を使用して、その出力電圧を低減させる方法は、出力トランスの巻数比を変える方法をとることが多い。

トランスの変圧比を N として、1次電圧を E_1 とし、2次電圧を E_2 とすると、$E_2 = \dfrac{E_1}{N}$ で与えられる。バイナリーで、任意の電圧を生成するには、変圧器の巻数比を変えることで、電圧を低下させることができる。バイナリー電圧 E_B は、

$$E_B = \frac{E_1}{2^B\cdot N} \quad (B : 1, 2, 3, \cdots)$$

2次電圧を低減させるために巻数を増やすのは大変な場合があるので、PA

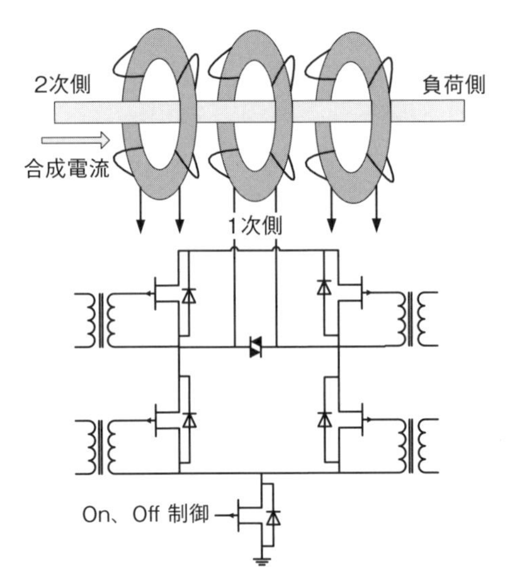

図 5D.3.1 固体化 PA の加算方式

の動作電圧を低下させて所要の出力電圧を得る方法も併用している（**図 5D.3.1**）。

5D-4 バッテリとインピーダンス

5D-4-1 バッテリの管理

電源設備の中のバッテリ管理と云うと鉛蓄電池が思い起される。数カ月に一度くらい、液の比重、温度、それと各バッテリの端子電圧の測定を行った。液面をチェックして補水なども重要な作業であった。近年のバッテリは密閉型が多くメンテナンスは楽になった。夜間の放電試験とその直後の均等充電、フローティング充電などにも気を配った。

5D-4-2 電池のインピーダンス測定

インピーダンスと云うとLCRを組合せた回路や整合回路、アンテナが思い起こされるが、電池の世界でのインピーダンスが議論されている。電池のイン

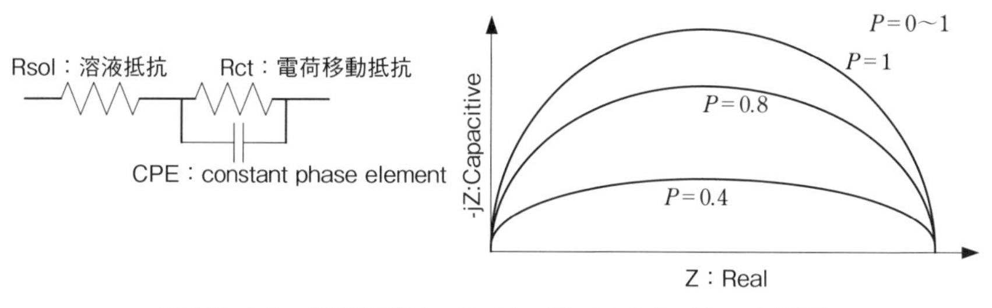

図 5D.4.1　等価回路とインピーダンスのナイキスト線図

ピーダンスとは何だろうと興味をもった次第である。電池の溶液抵抗、電荷移動抵抗、そして電気二重層などのキャパシタンスから等価回路を決める。測定周波数を低域の数 μHz から高域の数100kHz まで時間をかけてスイープして演算し私の好きな円線図を描く。等価回路の数式展開は円の方程式になることで説明出来る。場合によっては横軸を周波数としてインピーダンスの絶対値と位相特性をボード線図にして表現する。半円の描画が完全な半円にならない部分を CPE（Constant Phase Element）などの係数 P を入れてカーブフィッテングしている。これらの測定結果から電池内部の微視的分析が可能なのか大変興味深い。

これによって電池の寿命予測や劣化の進行、フローティング充放電などの静的、充放電時の動的な特性評価から運用者に有用なデータが提供されれば設備信頼性が向上することになるだろう（**図 5D.4.1**）。

5D-4-3　DOD（Deeps of Discharge）とメモリー効果

二次電池が満充電の容量に対してどれだけ充電されているかを SOC（State of Charge）と云う指標で表現する。満充電状態を SOC が100％と云う。また DOD（Depth of Discharge）を放電深度と云い、完全放電状態を DOD が100％として表す。容量に蓄えたエネルギを100％使うことが一番よいわけである。電池の寿命は電池が使えなくなるまでの時間を云い設計容量の何％に達するかで評価する。サイクル寿命は二次電池が何度充放電を繰返すことが出来るかを表す指標である。一般的に初期サイクル容量の70％から60％になるサイクルで表す。

メモリー効果とは二次電池を少し使って継足し充電を繰返していると放電容量が低下する現象を云う。ニカド電池、ニッケル水素蓄電池ではこのような現象が見られるが、リチウム電池では起こらないと云われている。PCなどをいつもACで充電しながら使用していると電池だけの運用利用時間が激減することがある。これもメモリー効果である。バッテリは送信装置などの実負荷を賄う場合もあり、自家発装置の起動回路のシーケンス動作やセルモータなどの起動にも利用される。電池は日頃のメンテナンスが欠かせないデバイスでもある。大量に用いる場合には数個のパイロット電池のロギングデータ取得も有効である。

5D-4-4 電力の貯蔵方法

電力の貯蔵と云う観点から考えたとき、ディーゼル発電機やタービン発電機は、重油、軽油などのかたちで蓄えられた化石燃料を電気に変換することでもある。液体燃料であるから移動など搬送には大変便利である。**表5D.4.1**は電力の貯蔵形態を簡単に表現したものである。

近年注目され、大規模なソーラ発電システムも建設されているが、夜間の発電は出来ないから昼間帯に発生した余剰電力は蓄電池に蓄える必要がある。この蓄電装置の設置経費を見込む必要がある。それに比べて風力発電装置は夜間でも発電が可能であり洋上を含めた建設も始まっている。

表5D.4.1 エネルギの貯蔵形態

方　式	エネルギの形態
自家発電装置	燃料
揚水発電	ポテンシャル・エネルギ
フライホール	運動エネルギ
超伝導コイル	電場・磁場
圧縮空気	圧力
高温媒体	熱（火力、地熱）
コンデンサ・キャパシタ	電場
2次電池	化学エネルギ

5D-5 電源の％(パーセント)インピーダンス

オーディオのような可聴周波数の世界、高周波の世界とは一味違うのが電源回路（商用周波数）かもしれない。なかなか馴染みにくいのが、％インピーダンス、３相短絡電流について少し考えてみたい。

5D-5-1 電源のパーセントインピーダンス

ここで話を高周波から商用周波数に戻ことにする。電源の世界ではパーセントインピーダンスが用いられる。定格電流と定格電圧で運用したときの回路の電圧降下をいう。定格電圧に対する電圧降下をパーセントで表した数値である。なんだ、そう云うことか！　定格使用時の線路の電圧降下のことだとやっと分かった時には目からウロコ。内部インピーダンスが大きければ電圧降下も大となるわけである。**図 5D.5.1** は、定格電圧、電流で使用時しているときの電源の電圧降下を表現した。

これを式で表すと、

$$\%Z = \frac{ZI}{E} \times 100\,[\%] \tag{5D.5.1}$$

E を（kV）で計算すると、

$$\%Z = \frac{ZI}{1000E} \times 100 = \frac{ZI}{10E}\,[\%] \tag{5D.5.2}$$

式（5D.5.2）の分母分子に E(kV) を掛けてやると、

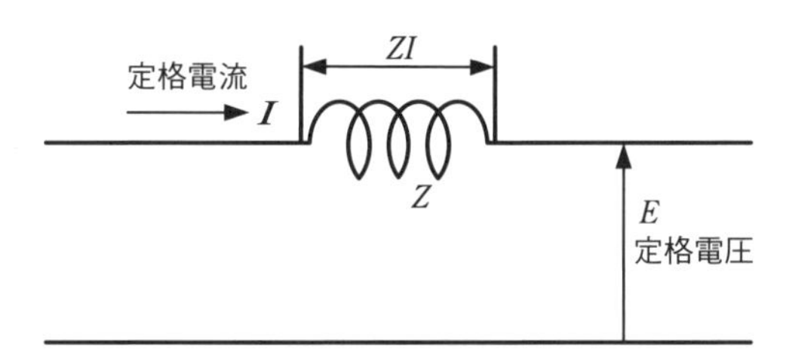

図 5D.5.1　定格使用時の電源の電圧降下

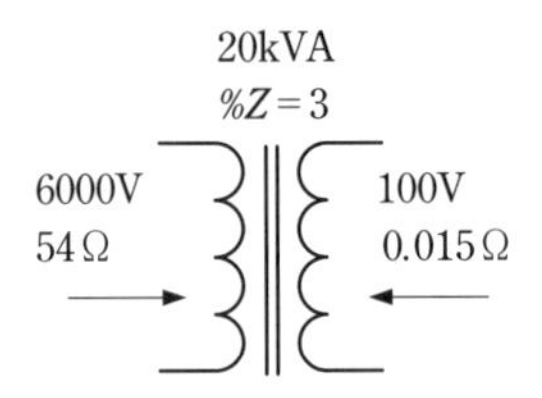

図 5D.5.2　20kVA、%インピーダンスが 3 のトランスの電源のインピーダンス

$$\%Z = \frac{ZI \times E}{10E^2} = \frac{Z \times kVA}{10E^2} [\%] \qquad (5D.5.3)$$

電源のインピーダンスは、

$$Z = \frac{\%Z \times 10E^2}{kVA} [\Omega] \qquad (5D.5.4)$$

例えば、20kVA のトランスで%インピーダンスが“3”のときのトランスの各電圧端子からみたインピーダンスは**図 5D.5.2** のようになる。式（5D.5.4）で計算してみて欲しい。

5D-5-2　3相回路の短絡電流の計算

電源で一番、馴染みのあるのが3相である。1相地絡とか、相間短絡とかいろいろな現象が想定されるが、ここでは3相短絡電流の計算をしてみたい（**図 5D.5.3**）。I_s は短絡電流である。電源の定格電圧が E、定格電流は I、電源のインピーダンスを Z とした。

$$I_s = \frac{E}{\sqrt{3}Z} \qquad (5D.5.5)$$

ここで3相回路の%インピーダンスを求め、電源側をみたインピーダンス Z との関係式を導出する。

$$\%Z = \frac{\sqrt{3}ZI}{E} \times 100 [\%]$$

$$Z = \frac{\%Z \times E}{\sqrt{3} \times 100I} \qquad (5D.5.6)$$

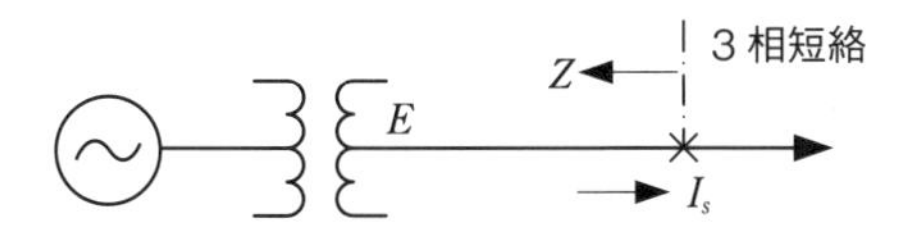

図 5D.5.3　３相短絡時の電流の計算

式（5D.5.5）と式（5D.5.6）から、短絡電流 I_s を計算すると、

$$I_s = \frac{E}{\sqrt{3} \times \dfrac{\%Z \times E}{\sqrt{3} \times 100I}} = \frac{100}{\%Z} \times I \qquad (5D.5.7)$$

となる。例えば、%インピーダンスを“4”とすれば、３相短絡時には定格電流 I の（100/4）：25倍の電流が流れることになる。

5E-1 雷サージと高周波

5E-1-1　耐雷の考え方

無線局に関連した接地には、鉄塔の基礎接地、局舎基礎の接地、敷地内の接地、そして配電系の接地が考えられる。鉄塔への直撃雷の大地流入電流は通信施設に影響を与えることが懸念される。

① 接地に向かう電流による通信系の誘導電流の影響

② 接地電流による周辺電位の上昇

対策としては、サージ経路のルート設計、接地抵抗値の減少、敷地内の電位の均一化などを行う。

5E-1-2　地上鉄塔

鉄塔に落雷したサージは構築物の基礎のインピーダンスに応じて分流する。接地抵抗が低い部分にサージ電流が集中する。この電流が配線などに誘導障害を発生させる。サージ電流の影響を極力局舎側の実装機器に与えないように、配電柱を鉄塔側に配置するなどの工夫をする。

5E-1-3　屋上鉄塔

オーソドックスな送信所の建設例に多い構造である。鉄塔に落雷したサージ電流は建物の鉄筋を通って局舎の基礎に流れ込む。サージは壁面や柱などに分流する。局舎の接地抵抗を下げる必要がある。配電柱はサージ電流が局舎内を対称に流れるように配置する方法が有効である。

5E-1-4　局舎引き込み部

導波管や同軸ケーブル、電力線の局舎への引き込み等の貫通部分に使用する遮蔽層や金属管などを建物配筋などに接続する。局舎も高階ほど床面サージ電流は小さいため1階に電源室、2階に通信設備を収納することが多い。

局舎と鉄塔の設置方法は、幾つもあるが鉄塔に落雷した電流が大地に流入した時に大地の電位を高くしてしまい局舎内設備に影響を与えることがある。**図 5E.1.1** は雷サージを鉄塔基部から遠ざけて大地に流すようにすることで局舎内設備との干渉を低減する一例である。昔、山頂の中継所の耐雷対策で鉄塔の避雷針からのアースの帰路を局舎から離隔して施工する方法を議論したことがあった。

5E-1-5　サージ流入アースと止まり木アースの施工

デジタルでもアナログの設備でも共通の対策としての機器のアース処理がある。送信装置を更新したとき、機器のアースを装置の床下の銅板のベタアースに施したことがある。ベタアースであるからインピーダンスはかなり低いはずである。暫くして運用中に、雷で数台の固体化PAが壊れたことがあった。幸いデジタル送信機の強みでPAが数台壊れてもサービスには支障は無かった。その後、調査と幾つかの対策を実施したが、その中で最もシンプルな改善点がベタアースを送信機の外側に設置し直したことである。

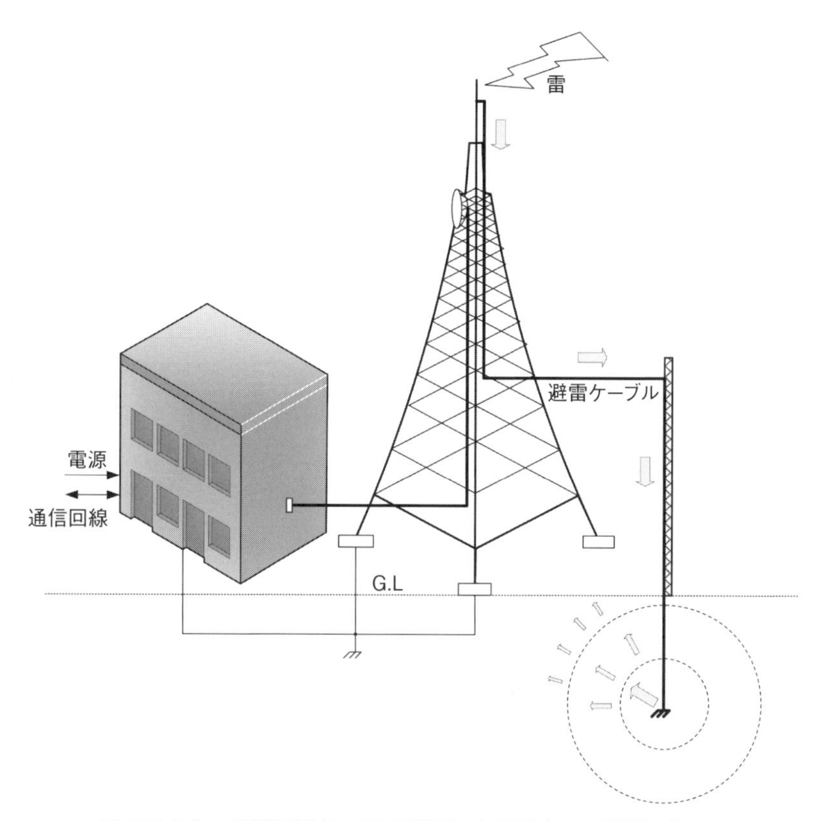

図 5E.1.1 鉄塔落雷サージの離隔による局舎への影響の抑圧

5E-2 照明装置からの高周波雑音

筆者が以前鹿児島県内にある店舗の照明雑音の調査を行った事例の概要である。店舗で使用している数十灯の照明用器具を交換したころ店内、店外への電波雑音が急増したとのことで、地元の電気設備管理者と現地調査を行った。室内の雑音に加えて隣接したビルからも雑音障害のクレームがあったとのことで調査した。

照明装置は家電の中では省エネ化が推進されている機器の一つである。本調査・研究は大型店舗での照明装置からの電波雑音の発生対策を実施し、効果を一部検証したので紹介する。近年では蛍光灯照明装置などはLED化への移行が顕著である。蛍光灯照明装置では内部に使用している安定器が固体化（インバータ化）されてきており、その機器からの雑音電波が蛍光放電管、更には電源回路に流出していることが分かった。

5E-2-1 店舗の概要

調査、測定対象としたドラッグストアーは、天井に大型の蛍光放電管を100灯以上有している。電源配線は天井裏に敷設されている。電波雑音と鹿児島市地域の県内の中波放送波である576kHz、1107kHz、1386kHzへの影響を調査した。

5E-2-2 蛍光放電管の電波雑音測定

店内に使用している蛍光放電管を1基取り外して放電管部分、電源回路への電波雑音をオシロとスペクトラムアナライザを用いて測定した。使用している対象蛍光灯照明器具を**写真5E.2.1**に示した。放電管の長さは2m以上である。

5E-2-3 蛍光放電管の構成

最近使用されている蛍光放電灯の安定器はインバータを用いたタイプが多く、

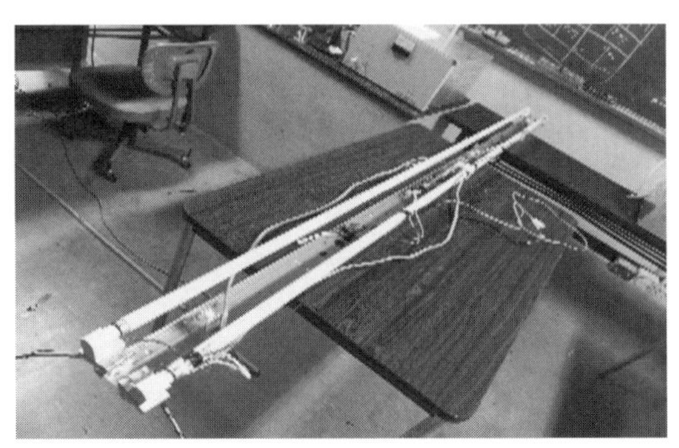

写真 5E.2.1 測定に使用した蛍光放電管（単体）

昔のような鉄心を用いたものは少なくなっている。電源回路効率の向上と照明をコントロール出来る付加価値が求められているようだ。しかし十分な雑音対策をしないと放送電波に妨害を与える場合がある。

5E-2-4 照明機器の測定

図5E.2.1は蛍光放電管照明装置にフィルタを設置しない場合の測定構成図である。

ここに使用しているDC（Directional Coupler）は方向性結合器である。電圧と電流をピックするために使用した。**図5E.2.2**はフィルタの前後で電圧と電流成分をピックアップするためにDCを設置した。

5E-2-5 方向性結合器の利用

今回使用した方向性結合器（DC）の原理図を**図5E.2.3**に、構成を**図5E.2.4**に示した。伝送路のある部分に電圧と電流の検出点を設ける。電圧はコンデン

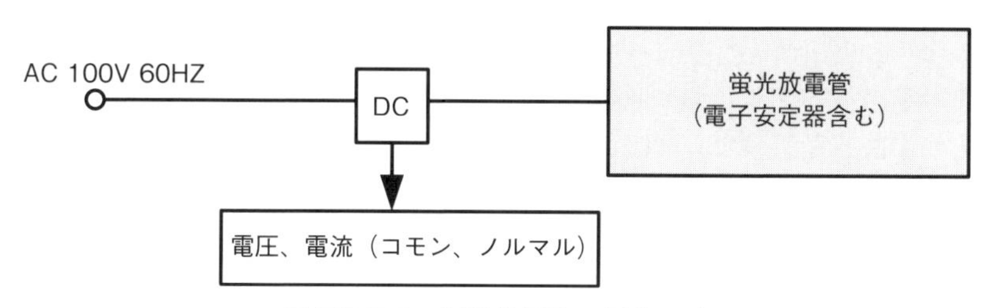

図5E.2.1 蛍光放電管の測定回路

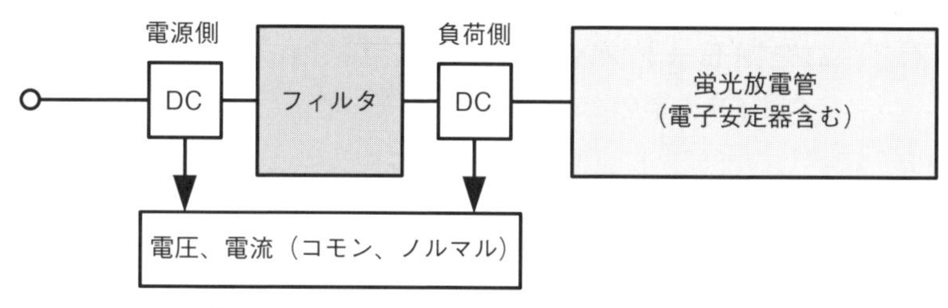

図5E.2.2 フィルタを挿入した測定構成

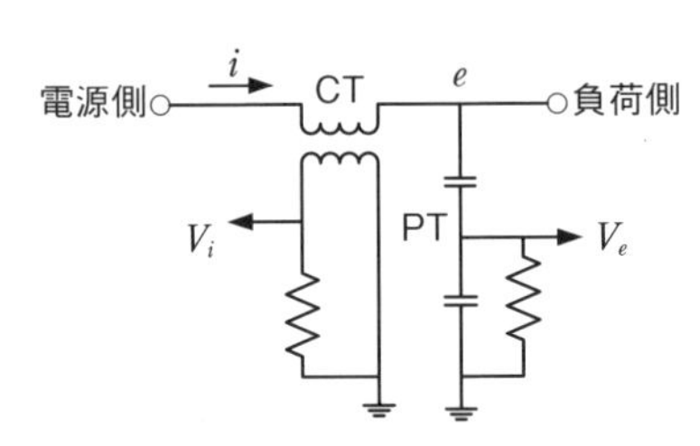

図 5E.2.3 方向性結合の原理図

図 5E.2.4 DC の構造図

サの分圧回路（PT）でそのコンデンサの分圧比による所要の値を得る。電流は高周波 CT を用いた。この場合、1次巻き線は、1ターン回路であり2次回路は所要の電圧を得るための変成比を選択する。

5E-3 コモンとノルマルモードノイズの変換

5E-3-1 コモンとノルマルのイメージ

ノルマルモードノイズとは、通常の信号が増幅器や測定器に入力される信号の流れである。コモンモードとは線路の両方に加わる信号である。増幅器系の入力が平衡した状態であれば往復線路にバランスよく印加された信号であるから増幅器の出力にコモンモードが現れることは無い。**図 5E.3.1** にその様子を描いた。コモンモードがノルマルモードに変換されてしまうのは、入力系の線路のインピーダンスの差による影響が大である。コモンモードが線路の両方に加わることを電源に電池を示したが、コンデンサで考えても同様である。

5E-3-2 コモンモードノイズの乗り移り

コモンモードの電圧が線路の平衡条件が成立していない状態でのノルマルモード電圧を計算した例が**図 5E.3.2** である。

$$v_n = \left(\frac{r_3}{r_1 + r_3} - \frac{r_4}{r_2 + r_4}\right)v_c \tag{5E.3.1}$$

v_n 電圧は、各電圧の抵抗分圧比が等しければゼロである。

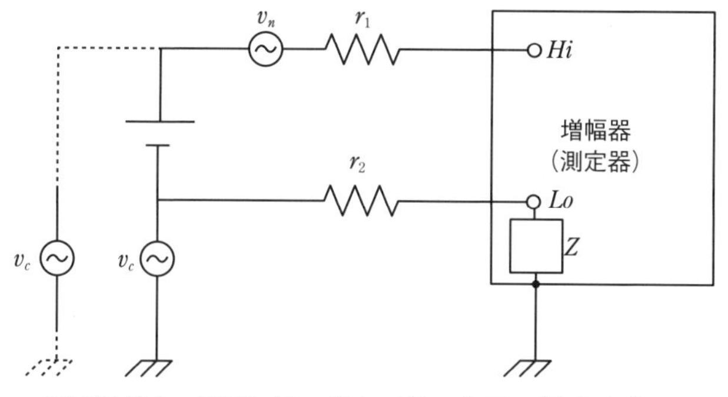

図 5E.3.1　コモンモードとノルマルモードノイズ

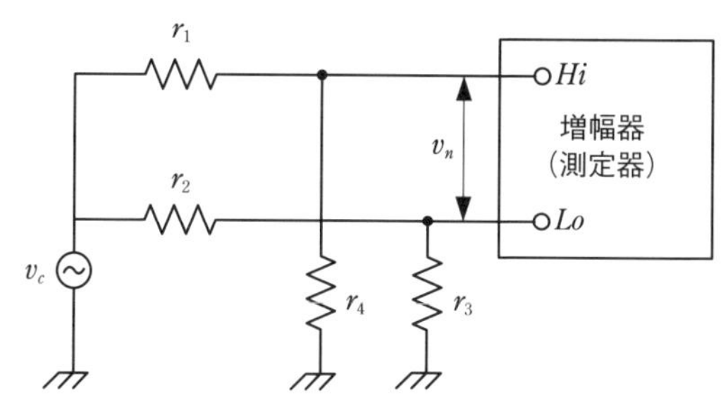

図 5E.3.2　コモンからノルマルへの変換

5E-3-3　コモン、ノルマルノイズの抑圧

図 5E.3.3 は雑音の除去フィルタ例である。コモンモード、ノルマルモードの雑音に有効に働くフィルタを形成する必要がある。

5E-3-4　零相電流測定はコモンモードの測定

電源回路の漏えい成分を測定するには負荷に接続されている往復線路を同時に掴むクランプメータを接続して差分の電流（零相電流）を測定する。最近はお目にかからないが電力会社の人が積算電力計の付近でこの電流を測定していたのを思い出す。これは通常の負荷の使用状態で測定できるから便利である。**図 5E.3.4** に測定系統を示す。過電流継電器に加えて、コモンモード電流の抽

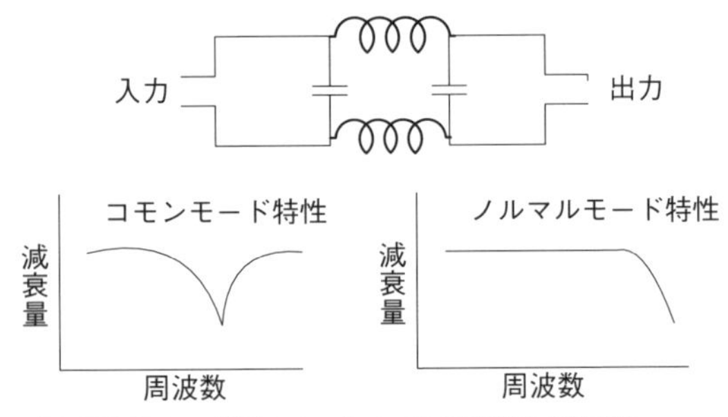

図 5E.3.3　雑音フィルタの周波数伝送特性

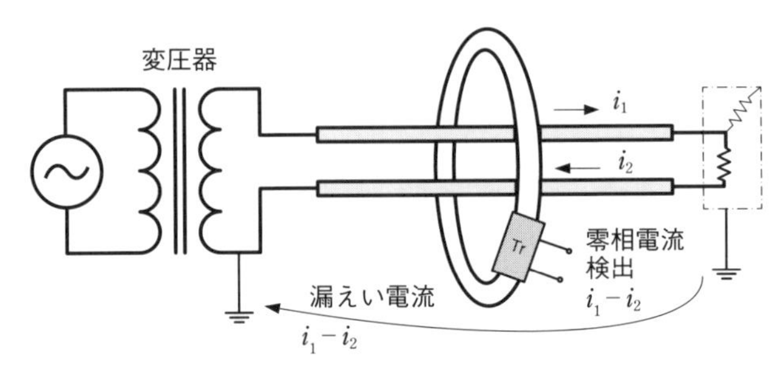

図 5E.3.4　単相線路の漏えい電流測定

出のための漏電遮断器などが設置されて感電事故を防止している。

5E-4 光アイソレータと雑音の抑圧

5E-4-1　光ファイバによる雑音との離隔

耐雷を考えると、信号線をメタルから光ファイバにする方法がある。中波でも一部の装置で使用されているが、これは高周波のドライブ伝送に使用している。但し、電気信号で最終的にはドライブする必要があるから信号処理の前後には、E/O、O/E 変換が必要になってくる。

テレビの中継送信所では、親局受けの受信所と中継送信機の分離された局所では、**図 5E.4.1** の光伝送装置を活用している例がある。従来のアナログ中継

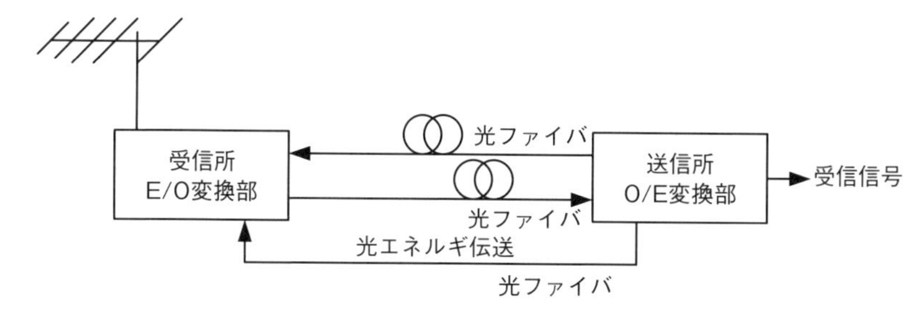

図 5E.4.1 無給電光伝送装置の基本構成

送信所でも、地上デジタル送信所でも活用できる装置が開発されている。但し、受信所で電力を使用する場合、送信所と縁切りをしなければならない。縁切りのための無給電光伝方式、光でエネルギを伝送する方法がある。光で電気エネルギを伝送するということで電力変換効率は数10%と低いのが特徴である。しかし、雷で一気に破壊されることを考えれば、この対策は大変有効である。アナログ時代からデジタル時代になっても雷とは縁は切れないから対策は永遠に続くのだろう。

筆者も昔、衛星放送の設備を設計していたときに、全てのIF伝送系に光ファイバを用いたことがある。これは耐雷効果とEMC対策が中心であった。大電流の流れている電力線と並行する信号の伝送となってしまう場合、トラフ内でも離隔距離の確保やセパレータの設置を行うが、予測不能の雑音誘導よって信号への乗り移りがありメタル線では万事休すということがある。筆者の経験では、静電シールドは比較的易しいが、電磁シールドは簡単にはいかない。銅ラスの施工でも半田付けも簡単ではない。同軸線路(メタル線路)では前後にビデオトランスで浮かせる方法もあるが低電圧線路(200V系)で大電流が流れている線路の近くでは誘導障害の除去は困難である。物理的な離隔距離を確保するために経路変更を迫られ、挙句の果てはアモルファス磁性体シートなどのお出ましとなることもある。

5E-4-2 無給電光伝送装置

図5E.4.2 はシステムの基本構成である。本システムは受信部、伝送光ファイバ、送信部より構成される。

受信アンテナより同軸ケーブルで伝送された受信放送波は、バンドパスフィルタを通過後、ヘッドアンプで増幅され、LN光変調器に入力される。LN光変調器は分岐干渉型光導波路が用いられ、パッシブ駆動である。一方、送信部の1.55μm帯DFB-LDから伝送光ファイバを通り、受信部に送られた無変調光はLN光変調器により受信放送波で強度変調を受け、別のファイバ線で送信部に送り返された後、O/E変換部に導かれ、元の受信放送波に複元される。送信部で使用する1.55μm帯無変調光レーザは、シングルモード光ファイバで伝送する際の偏光面の変動を補償するため、2台の波長の若干異なるレーザを用い、互いの偏光が直交するよう合成している。また、ヘッドアンプの電源には送信部より送られた光エネルギ（波長1.48μm）を光発電素子により光電変換し用いることにより、高感度化および受信点の無電源化を図っている。

地上デジタルTV放送においては、経費節減の面から多波伝送が必要とされる。本システムでは、高感度化のため共振方式を適用しており、高感度化と広帯域化は相反すが、ヘッドアンプのRF出力部とLN光変調器の変調電極で複数の共振点を構成させる複同調回路を採用し、広帯域化（50MHz）を図って

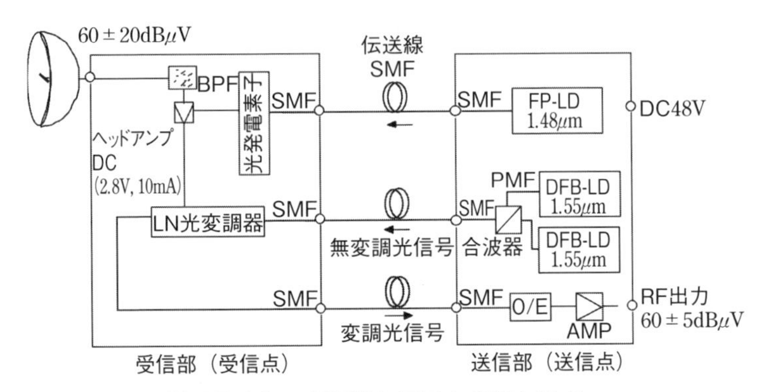

図 5E.4.2 光伝送システムの基本構成

いる。また、受信部で入力無変調光を偏光分離し、LN光変調器を別々の帯域で動作せせることにより、更なる広帯域化が可能である。

無給電光伝送装置は、電気信号を光信号に直接変換して伝送する装置であり、以下の特徴を備えている。

① 受信点へのメタル線による電源供給が不要

② 送受信間が電気的に分離されているため、雷害に対する信頼性が向上

③ RF信号のまま直接変調して低損失で多チャネルの一括伝送が可能

5E-5 電波防護と電波の人体暴露

5E-5-1 電波防護指針の取り決め

電波防護指針は、平成11年10月1日より施行されている。この制度は、人が出入りする場所で無線局から発射される電波の強度が基準値を超える場所がある場合には、無線局の関係者が柵などを施設し、一般の人々が容易に出入りできないように無線局の開設者に義務づけるものである。

近年、電波環境についての関心が高まっている。我々が昔電波の仕事を始めたころに比べれば隔世の感がある。ビジネスの世界ではコンプライアンスが叫ばれているし、企業の責任を問うCSR（Corporate Social Responsibility）についてもよく耳にする言葉である。中波の送信所で仕事をしていたころ、電波の強さを計算したり電界強度を測定したりしてサービス環境を年に一度は確認していた。同じ電波環境でも「ブランケットエリア」いうのがある。これは、中波のアンテナからの電界強度が5V/m（134dBμV/m）の地域を云うものであり、サービスエリアとしては除外している。電波が強いのでラジオ受信機の動作が飽和してしまい十分な受信が出来ないとして決めていたものである。最近の受信機でも同様なのか興味のあるところである。電波が効率的に遠方に伝達されるようにすることが求められている反面、送信所近傍の強い電界強度を考慮している部分である。後述する電波防護指針による中波の電界強度値は275V/m（169dBμV/m）であるから、送信アンテナから十数mの近傍であり既に柵などで保護されている範囲である。

5E-5-2 電波防護指針の基準値

総務省では50年以上の多くの研究の蓄積をベースに電波防護指針を作成した。これは国際非電離放射線防護員会（後述）が策定した国際ガイドラインと同等である。指針値については、50倍の安全率が考慮されている（**図 5E.5.1**）。

管理指針は、管理環境と一般環境に分けて規定されている。一般環境の指針値は管理環境の指針値に対して５分の１の値に規定されている（**図 5E.5.2**、**表 5E.5.1**）。

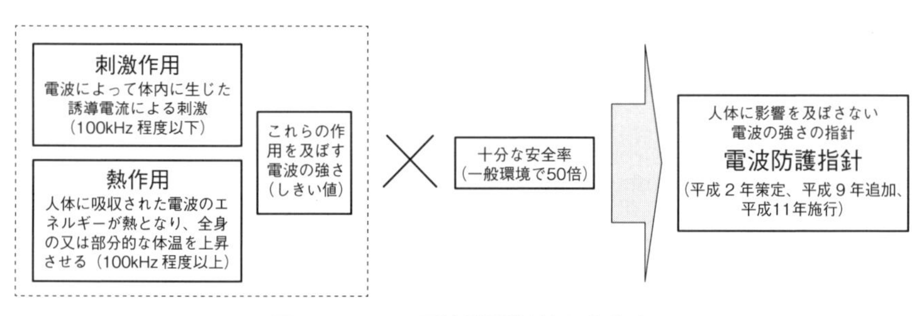

図 5E.5.1 電波防護指針と安全率

比吸収率（SAR：Specific Absorption Rate）：生体が電磁界中で単位質量の組織に単位時間に吸収されるエネルギー量をいう。

図 5E.5.2 管理環境と一般環境

表 5E.5.1 電波の強度の値

周波数	電界強度の実効値 [V/m]	磁界強度の実効値 [A/m]	電力束密度 [mW / cm^2]
10kHz－30kHz	275	72.8	
30kHz－3MHz	275	2.18/f	
3MHz－30MHz	824/f	2.18/f	
30MHz－300MHz	27.5	0.0728	0.2
300MHz－1.5GHz	1.585$\sqrt{f}$	$\sqrt{f}$/237.8	f/1500
1.5GHz－300GHz	61.4	0.163	1

電磁界強度（平均時間６分間）の基準値（電波法施行規則：第２号２の２）

注１　fは、MHzを単位とする周波数とする。

注２　電界強度及び磁界強度は実効値とする。

注３　人体が電波に不均一にばく露される場合その他、総務大臣がこの表によることが不合理であると認める場合は、総務大臣が別に告示するところによるものとする。

注４　同一場所若しくはその周辺の複数の無線局が電波を発射する場合又は一の無線局が複数の電波を発射する場合は、電界強度及び磁界強度については各周波数の表中の値に対する割合の自乗和の値、また電力束密度については各周波数の表中の値に対する割合の和の値がそれぞれ１を越えてはならない。

第6章　現場の耐雷対策の例

現場運用を経験してきて一番怖いのが自然災害。地震や豪雨などもあるが、夏場の雷である。日本海側では冬場の雷が大きくて被害も多い。中波では鉄塔そのものに電波を給電しているから基部は絶縁してある。近年では鉄塔を接地した接地型のアンテナも使われている。

自立型鉄塔では支線による支持方式では支線の絶縁と耐雷対策を行う必要がある。支線には電波を誘導したくないので電波の波長の10分の１から５分の１程度に分割する。分割したその間は碍子で接続する。しかし支線を直流的にアースに接続するためにチョークコイルを用いて碍子間を跨(また)ぐ様にする。大体2 mH くらいのコイルが用いられる。高周波的にはほぼオープンである。このチョークも経年劣化で亀裂が入ったり焼損したりする場合もあるので管理を怠れない。

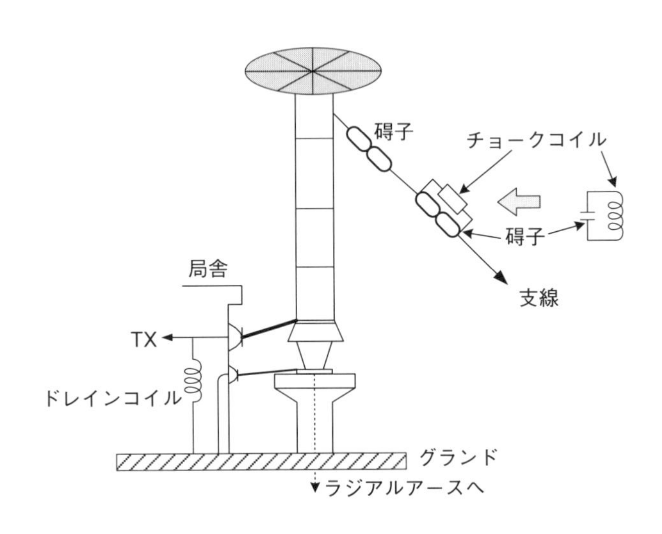

6A-1 設備の設計監理

時代の変遷を見ると戦後の動乱期を潜り抜けて、高い経済成長と共に歩んできた70数年間がある。その中で構築してきたものの老朽劣化が進んだ。それと設備がいつまでも使えると考えてきた勘違いや神話めいた錯覚もあったかもしれない。設備は定期的に手をいれる必要がある、更新しないとダメだという気付きも生まれて来た。設備の陳腐化が早ければ設備が老朽劣化する前に更新が出来るから問題は少ないが、耐用年数が長くて陳腐化を錦の御旗に出来ない設備では定期的なメンテナンスやマイナーな交換、大規模な設備更新を視野に入れて、将来投資する費用を準備する必要が出て来る。

6A-1-1 安全に対する用語の定義の例

表 6A.1.1 1 に安全に関する主要な用語と定義の一例をまとめた。

6A-1-2 設計とリスクの考え方

大電力送信設備の運用管理を実施してきた経験からリスク管理の視点を述べ

表 6A.1.1 安全に関する主要な用語と定義の一例

用語	定義
フェールセーフ	動力や安全関連構成部に故障が生じたとき、安全な方向に故障するような設計
フールプルーフ	人的ミス、あるいはシステムの誤動作があっても、危険側に機能しないこと
ダイバーシティ	異種の物理的手段、または技法を用いた冗長構成技術
フォールト・トレランス	例えば制御システムに故障が生じたとき、その制御機能を達成しかつ維持するような技術的手法
フォールト・レジスタンス	例えば制御システムに故障が生じたとき、制御機能を失っても、安全機能は失わない機能、安全性確保に対する抵抗性を意味する
ヒューマンエラー	達成しようとした目標から意図せずに逸脱することになった期待に反した人間の行動
ヒューマンファクタ	人間と機械などからなるシステムが、安全かつ効率良く目的を達成するために、考慮すべき人間側の要因、人的要因

てみたい。事故や危機が起きないように対処することをリスク管理という。事故や危機的な状況が発生した後の活動を危機管理という。**図 6A.1.1** は、リスクにおける4態を描いてみたものである。一般的に、リスク＝発生確率×被害規模というかたちで表現される。発生確率と被害規模の積であるから片方だけを云々する訳ではない。但し事故の拡大、規模によっては確率が低くても長期に亘って影響を与えるものがある。一過性の現象だけではなく被害の継続期間も議論しておく必要がある。**表 6A.1.2** に、各象限を解説した。

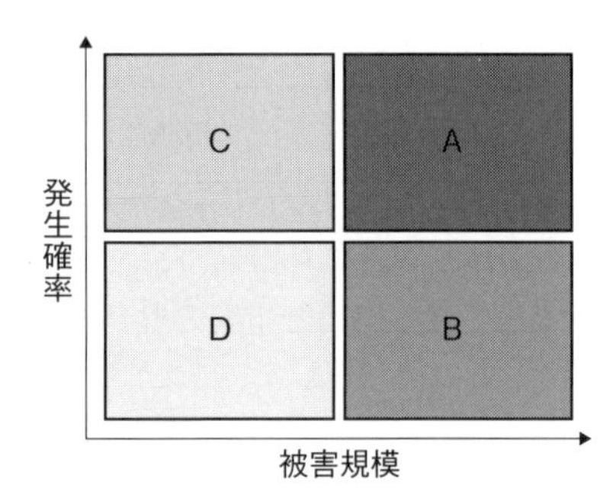

図 6A.1.1　障害規模と発生確率のリスクマトリクス

表 6A.1.2　設備障害の発生確率とリスク評価

領域	領域内容
A	顕在化した場合の被害規模も大きく、発生確率も大きなリスク 事　例：雷、地震、津波、台風、など自然災害 対策例：耐雷、耐震、加重耐力の強化、送信所設備のサイトダイバー化
B	発生確率は小さいが、顕在化した場合の被害規模が大きい領域 事　例：大規模地震、台風、自然災害、火災、人為的災害（テロ） 対策例：耐雷、耐震、風力耐力の強化、定期点検、警備強化
C	発生確率は大きいが、被害規模が小さい領域 日常運用で経験することが多い領域 事　例：雷保護動作、誘導雷、過電流保護動作 対策例：監視システム強化
D	システムとしてそのリスクを許容しても良い領域 事　例：原因不明アラーム、誤報 対策例：自家発の待機運転、アラーム収集・分析、形骸化防止活動、技術者の育成継続

6A-2 信頼性と設計

システムの信頼性指標の一つにRASIS（ラシス）がある。これらを放送設備に照らし合わせながら議論してみたい。

6A-2-1 Reliability（信頼性）

Reliability（信頼性）とは、システムが一定期間安定して動作する能力、故障の少なさということである。システムによっては3C2という方式を採用する。これは2台並列運転で1台が待機冗長系となる。システムを定期的に切替え運用することで部品劣化の均一化、動作確認を行っていく。切替えローテーションも計画的に実施することで、送信機に付随した切替え機（PGM、PCM、及び刃型切替え機等）の動作試験を行うことになる。切替え機の動作試験は重要である。送信機の障害を検出して制御回路が働き、切替え命令が出ても肝心の切替え機が不動作では意味がない。切替え機の動作確認を運用中に実施するのは難しいので一般的には夜間の放送休止時間帯で行うことが多い。切替え機は共通系の意味合いの強いサブシステムである。

6A-2-2 Availability（稼働性）

Availability（稼働性）は、システムが正常に動作している時間の割合をいう。稼働率を高めるために並列合成方式が考えられる。2台化より3台化、N台化という具合に並列台数を増加すれば稼働率は向上する。**図6A.2.1**に基本的な直列、並列の稼働率の計算例を記述した。

並列合成方式は特に切替え機がなく、機器の障害時のサービス低下が少ない。最近の中波デジタル送信機では、数100台の固体化PAを合成しているから、PAの故障によるスプリアスの劣化、音声ひずみ率の劣化にさえ留意すれば管理基準値の限界まで使用は可能である。一般的に管理基準値は電波法の規制値より厳しく設定されているため放送サービスへの影響は少ない。**図6A.2.2**にブリッジ構造型システムの稼働率の計算方法を示した。

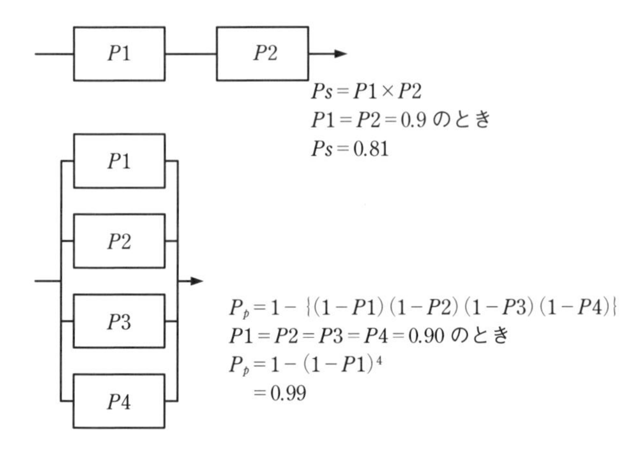

図 6A.2.1 直列と並列方式の稼働率の計算方法

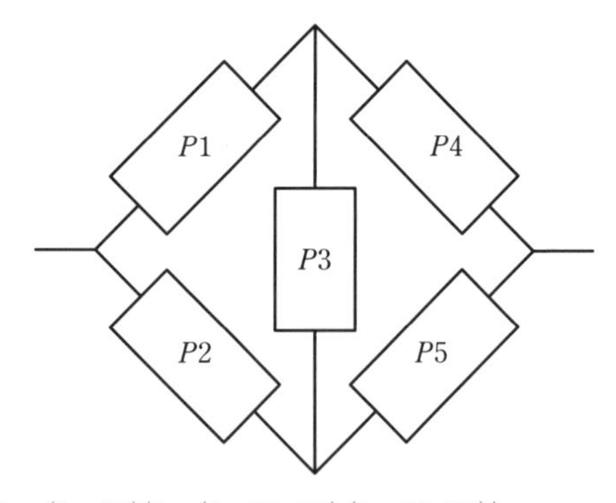

$$P_b = (1 - P3)\{1 - (1 - P1 \cdot P4)(1 - P2 \cdot P5)\}$$
$$+ P3\{1 - (1 - P1)(1 - P2)\}\{1 - (1 - P4)(1 - P5)\}$$

図 6A.2.2 ブリッジ構造型システムの稼働率の計算方法

6A-2-3 Serviceability（保全性）

Serviceability（保全性）は、システム故障時の故障箇所の発見、修理の容易さともいう。メンテナンス性ということもあるが、システムの障害は避けては通れない前提で議論を進める。多くの保全は、予防保全をベースにして実施されている。そのための定期点検の実施を愚直に励行するのが現場である。愚直とは言葉が悪いが予防保全のためのチェックシートの活用、巡回点検の実施、監視装置による運用データのロギングとデータ分析評価等がある。最近のマスコミ報道でJRの杜撰な路線管理が脱線事故に結びついたことは記憶に新しい。

機器が障害を起こした時には、その故障個所の特定が重要である。短時間で発見するためにセンサや監視装置を活用している。監視を支援するためのエキスパートシステムの研究が一時期、流行ったが暗黙知のハードへの移植など難しい部分もある。それはそれとして、故障個所を迅速に発見すること、それを簡便に修理する方法が明確であれば短時間で復帰が可能である。最近の機器はコンパクトにまとめられ過ぎていて故障した箇所に辿り着くまでに周辺部分の取り外しに手間の掛かるものがある。設計者にメンテナンスや修理の経験がないと、実機が寄木細工的な構造となり現場泣かせとなる。また予備品の手配も重要である。予備品も定期的に実機に使用して動作確認をしておくことが肝要である。更に人間が修理を行うことを前提とした機器内スペースの確保と機器配置、工具や冶具の整備なども必要である。

6A-2-4 Integrity（完全性）

Integrity（完全性）とは、破壊からの保護、破壊されたときの修復の可否ということで説明されている。コンピュータの関係でよく使われている言葉である。設備の障害は筆者も数多く経験をしているが、カタストロフィックな障害、自然災害、その中でも雷の障害は記憶に新しい。先にも述べたが設備信頼性の確保のためには、２台化、若しくは３台化方式などが有効である。但しアンテナ系は整合器を含めて１台方式の局所が多いので、せいぜい頑張っても整合回路の２台化設置くらいかと考える。一つのアンテナに２波を給電する方法を採用している送信所では、２重給電装置を２台化するというケースもある。大規模な障害に対しては、２重化という選択肢がある。アンテナの予備を持つことは、同一敷地内ではアンテナ相互間の干渉もあり大変難しい。何かの工事で残置したアンテナを予備として確保している民放局もあるようだ。

最善の方法は、サイトダイバー方式を採用して送信所を２か所に設置する方法がある。関東エリアでは、サービスエリア世帯数も非常に大きいため、予備送信所を設置する例もある。但し、この方式では、アンテナ、局舎、送信設備、電源（自家発を含む）、及び付帯設備まで整備することになるから多額の投資が必要になる。予備送信所の設置は大規模な設備障害に対して頗る有効な信頼性向上策と考える。

6A-2-5　Security（機密性）

Security（機密性）とは、データやシステムの不正防止機能と云われる。コンピュータの世界でもこれらについて多くの対策が図られている。送信設備としては、プログラム回線の確保などが重要な部分である。中波送信所ではAM波を生成するための音声プログラムが切れないように回線の２重化、有線と無線の併用システムなどを採用している。プログラムについては、基本的に信号断、異種プログラムの混入等を避けねばならない。異種プログラムの送出回避は信号の送り手側がしっかりと管理しなければならない重要な部分である。非常災害時の信号ルートの構築方法も重要となる。

6A-3　劣化変動の検出

6A-3-1　出力検出の必要性

出力検出は正常時の値が管理値を割った時に代替機に切替え運用するためのトリガとなる。基本的には電圧、電流、電力、位相差などの検出が比較的簡便な抽出である。送信機の出力は電波法で規定されているから、出力値を上下限値以内に維持する必要がある。出力の上下限値はメディアによって異なるから電波法の設備基準を参照されたい。出力検出は送信機に計装されたパワーメータや出力電流計から読み取ることが可能である。装置の障害による急激な出力変動、経年劣化、調整不良による出力の漸減傾向などはロガーを用いて読み取ることができる。

6A-3-2　装置の切替えに用いる情報

装置の障害を個別に捉えると山ほどの要素がある。装置には過電流、過電圧、温度上昇、装置内部の火災、発煙、ユニット障害と個数、冷却水温度、冷却水圧力、送風量、映像・音声の自動モニタによる入出力の比較結果、負荷のVSWR、先に述べた電波の質に関連した要素など多々ある。

6A-3-3 PA故障

固体化PA装置の障害としては、過電流、負荷の整合状態（反射）、装置のON、OFFの動作、ユニット内部の温度上昇などもある。中波送信機のデジタル加算型PA装置では、個別ユニットがonまたはoffでフリーズするような場合も障害として考えられるから現象に合わせた管理手法が必要である。障害を受けたPAは迅速に切り離して正常な機器との交換を急ぎたいが設備構成によっては困難な場合もある。この場合は夜間保守に委ねられる。「スワッパブル」と称した運用中でのユニット交換方式もある。ユニットを引抜いたときに出力合成器系の不整合を誘発してはまずいから抜取り時に結合変成器の負荷を短絡するモードにして置くなどの工夫もされている。

6A-3-4 過電圧、過電流

商用周波数、直流、及び高周波で検知する方法があり検出方法が異なる。最近の大電力の中波送信機では多数の固体化PAを動作させるために装置全体の直流の電流容量は数千アンペアになることもある。過電流検知と装置の遮断動作の保護協調も重要である。過電圧、過電流は負荷の状況の変化に付随した現象となる。実際の負荷電流と障害時の電流との差異が大きい方が検出しやすいが、分流負荷毎に障害部分を特定する方法の精度が高いと考える。

6A-3-5 煙、熱

大型の送信機では装置の内部に煙検知器、熱検知器も実装されている。これらの障害検知で送信機を遮断することもある。煙については装置を強制空冷などしていることで煙の希釈によって検出感度が低下することも考えられる。装置内の火災のときに流れる煙のルートなども設計に反映させた部品の据え付が有効である。熱検出も局部的な加熱を発見するセンサの設置も考えられる。

6A-3-6　送風機と風量

写真 6A.3.1 は昔送風機のプーリーのキーピンが抜けかかって保護カバーに損傷を与えた例である。送風検知とは関係はない無いがこのような予期せぬ現象を経験した。この障害は直接の放送サービスには影響を与えなかったが、回転部分は目視では確認出来ないからカバーに人が触れたら大怪我をしていたところである。この現象は室内騒音を巡回時に発見した。万一キーピンが抜けたら即対応できるように業者を手配した。幸い放送終了までピンは抜けなかった。電気屋の世界では回転機を使うことが多い。異常音がしたら障害箇所を特定したいが絶対触らないことである。回転機器は障害部分が見えないからである。後日ストロボスコープで回転体を観測したことがある。

6A-3-7　水圧

水の冷却方式も様々である。発熱体を水中に入れて水の気化熱を利用する冷却方法もある。また発熱体の周辺に水を循環させて熱を移送させる方式もある。ヒートパイプは効率のよい熱伝導素子である。冷却水を数キロ Pascal の圧力で循環させる場合があるが、水漏れや循環ポンプの能力低下によって熱移送に支障があるから水圧センサで異常を検知する。検知後はポンプの切替えや装置の号機切替えを自動で行うように設計できる。

昔の話で恐縮であるが、送信所に赴任した当時、現場の送信機の冷却水用の

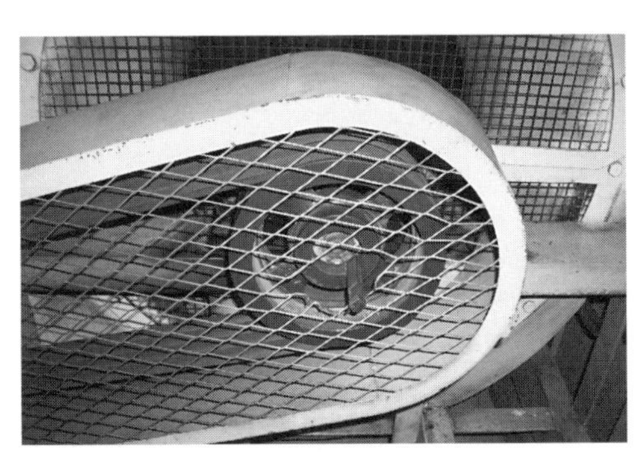

写真 6A.3.1　送風機のキーピンのせり出し

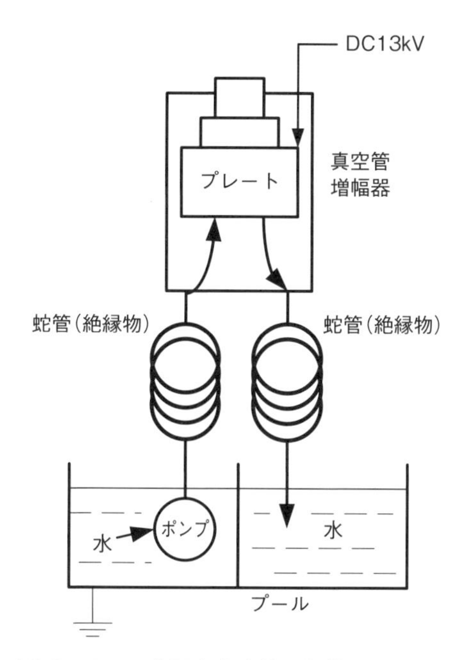

図 6A.3.1 大電力真空管送信機の冷却の例

ポンプが故障したことがあった。日頃先輩にトラブルシューティングで鍛えられていたから、障害の現象を設備動作から即座に把握して地階までポンプを手動で切替えに飛んで行ったことがあった。あのころはフットワークが良かったのを思い出す。その後、このポンプの障害時切替えを自動系に改修した（**図 6A.3.1**）。

6A-4 システム設計と設備更新

6A-4-1 システムの切替え方式

一般的なシステム構成として**図 6A.4.1** に、2台方式と3台方式の切り替え例を示す。私の経験でも一番採用した方式である。これは一般的に云われるデュプレックス方式と、2 out of 3 方式である。装置の組合せによる信頼度計算

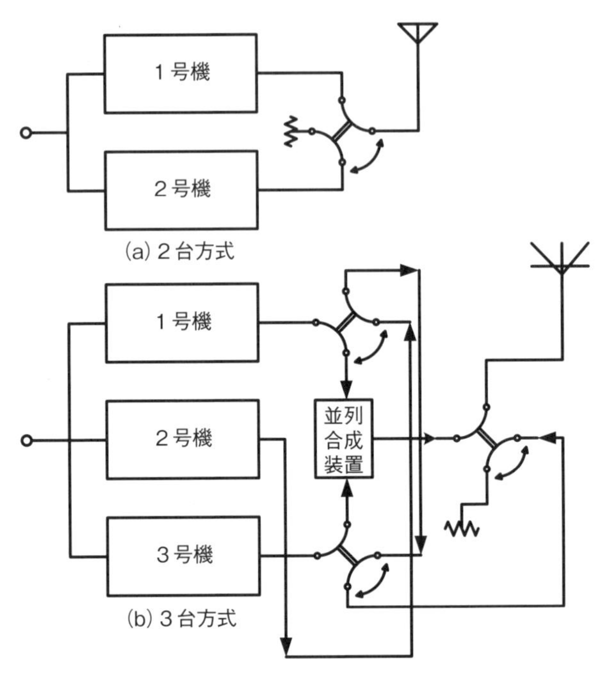

図 6A.4.1　2台方式と3台方式のシステム構成の例

表 6A.4.1　各種システム構成による信頼度

	システム構成		信頼度	MTBF	故障率
①	単一ユニット	$R=e^{-\lambda t}$	$R=e^{-\lambda t}$	$\dfrac{1}{\lambda}$	λ
②	並列冗長	R R R	$1-F^2$ $=1-(1-R)^2$ $=R(2-R)$	$\dfrac{3}{2\lambda}$	$\lambda\left(1-\dfrac{R}{2-R}\right)$
③	2 Out of 3	R R R 2/3選択	$3R^2-2R^3$ $=R^2(3-2R)$	$\dfrac{5}{6\lambda}$	$2\lambda\left(1-\dfrac{R}{3-2R}\right)$

R：ユニットの信頼度、λ：故障率、MTBF：(mean time between failures)：平均故障間隔

は**表 6A.4.1** のようになる。興味のある方は計算してみて欲しい。

いったん障害になれば、片側を切り離し迅速な修理が求められる。しかしシステムの共通系のメンテナンスは困難であるし、その周辺さえも手を出すことは出来ないことが多い。夜間や放送休止時間を待たなければならないのは口惜しいことである。送信機はユニット化されていることが多いので入替えが可能である。装置に繋がる整合回路や切替え機周辺も生きているから運用中のメンテナンスは難しい。

6A-4-2 究極の代替えシステム（サイトダイバーシティ）

送信装置の代替えシステムは各サブシステムの２重化、３重化を行う方法も考えられる。個別の信頼性が低い場合には有効な方法である。回線装置、変調器、励振器、送信機、そして整合器などが考えられる。アンテナについての代替え装置は同一敷地内での設置は困難な場合が多いが、私が昔勤務していた中波の送信所では支線の一部を予備アンテナにしていたことがあった。アンテナ塔体が壊れたら支線を利用することは困難であるかもしれないが、条件によっては予備アンテナとして機能することも考えられる。

理想的な、代替えシステムとしてはサイトダイバーがある。予備送信所をメインの送信所とは離隔した場所に設置する方法である。同一の送信電力での送信を行うのは難しいのが、所要エリアへの最低限のサービス確保を狙った設備規模とすることが多い。回線から送信機、電源、自家発電装置、アンテナまでもが２重化されることになる。メインから予備送信所への切替え方法には、障害時のタイムラグを極力少なくすること、設備動作の確実な運用切替えが重要になる。ダブリ電波を出しては大問題である。筆者は同期放送方式によるシームレス切替えとか、近年の地上デジタルテレビ系であればガードインターバルを使った切替え方式も出来そうに考えるのだが。無責任な提案であるがエリアへの影響を最小限に抑えた方法も提案できそうである。

図 6A.4.2 に中波送信所のサイトダイバー方式の例を示した。

東日本大震災の時、公共設備が大きなダメージを受けたことは記憶に新しい。多くの情報が津波に飲み込まれてしまったのでないだろうか。このようなこと

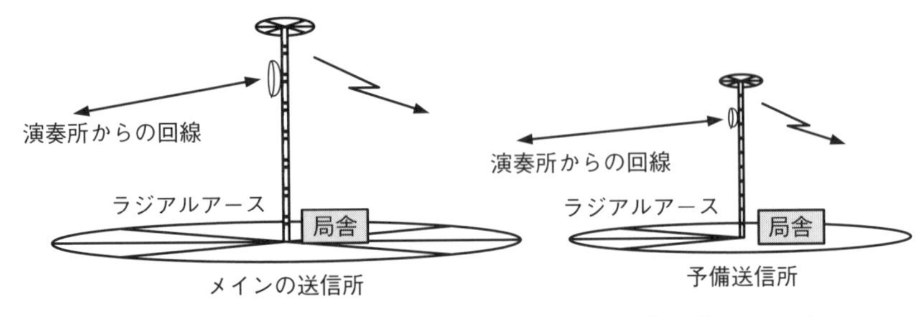

図 6A.4.2　送信所の代替えシステム（サイトダイバーシティ）

を想定して公共機関同士での情報の共有化を、遠隔・市町村で行えば多くの情報の喪失は免れることが出来る。同様に放送設備のサイトダイバーは有効である。しかし放送による電波サービスの場合、目的とするサービスエリア内に予備送信所を設置する必要があるために送信所間の離隔場所には配慮が必要である。共倒れになっては元も子もないからである。

東京圏のような大規模エリアではサイトダイバーは有効であり考慮する必要がある。同様の設備を管理してきた経験から、設備の運用とメンテナンスには神経を遣うものである。万が一予備送信所のメンテナンス中に運用の必要性が発生した場合に備えて迅速な復旧手順も決めておく必要がある。また予備送信所の設置は困難であるが放送会館やこれに準じた施設へ予備送信施設を設けることは可能である。放送の24時間化の中でこれらの運用をスマートにこなす技術の工夫も必要である。

6A-5 経年変化を推定

6A-5-1　基部の放電ギャップの管理

アンテナ基部の放電ギャップの調整についての検討である。送信機の基部電圧から、放電ギャップの離隔距離を求める。ギャップは経年変化、汚れによって放電開始電圧が変化する。ここでは、アンテナインピーダンスが $Z1=100+j200(\Omega)$、送信機出力を100kWとして、基部の放電ギャップの距離を計算する。

空気中の絶縁耐力は、約2.8kV/mmで計算する。放電ギャップの曲率半径は2通り仮定してみた。放電ギャップが球や円筒の場合、理想的な平板電極に比べて曲率半径を考慮する必要がある。曲率半径が小さくなると放電開始電圧が低下する。放電ギャップの放電開始電圧は、高周波高電圧試験装置で測定することが多い。高電圧印加実験をしていると、予想もしていない箇所からのコロナ放電や加熱現象があり、大変興味深い経験をすることが多い。

① 整合回路とDC阻止コンデンサ

雷サージやDC成分は、ドレインコイルで側路するように配慮するが、残留したDC成分（サージの低域周波数）が、送信機へ流入するのを防ぐ目的でDC阻止コンデンサを整合回路の出力側に設置する。これらを含めて整合回路を設計することになる。しかし、このコンデンサは、回路に直列に設置するから取り付け方法や対地耐圧等にも注意が必要である。大電力送信設備では施工が大変難しい部分である。コンデンサの耐圧を高める方法や、コンデンサ端子への放電ギャップと取り付けなど工夫が必要になる。

② HPFの設置位置

図6A.5.1の回路構成でも、雷サージの低域周波数成分の阻止は可能である。一般的に、HPFは$S=1$で設計して、入出力インピーダンスを揃える様にして

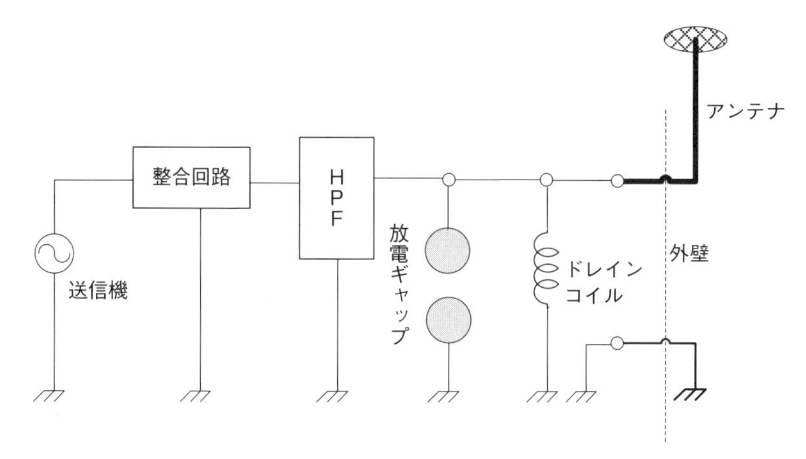

図 6A.5.1 アンテナ基部回路と放電ギャップの接続

いるから、送信機に近い方に設置している。一般的には、整合はアンテナから送信機に向かって順番に調整していく。先ずは、HPFをスルーとして整合回路の入力を50Ωに調整してから、次にHPFを接続して、HPFの入力インピーダンスを50Ωとする。最初からHPFの入力インピーダンスを測定しながら、整合作業を始めると手間取ることになるので要注意である。

6A-5-2　放電ギャップの離隔距離の計算

① アンテナ基部電圧の計算

アンテナインピーダンスのリアルパートが100Ωであるから、アンテナ基部電流は、

$$I_a = \sqrt{\frac{100 \times 10^3}{100}}$$
$$= 31.6\,[\mathrm{A}]$$

アンテナの基部インピーダンスは、

$$Z = \sqrt{100^2 + 200^2}$$
$$= 224\,[\Omega]$$

アンテナの基部電圧は、

$$E_a = 31.6 \times 224$$
$$= 7078\,[\mathrm{V}]$$

100%変調のときの基部のピーク電圧は、

$$E_{a-100} = E_a \times 2\sqrt{2}$$
$$\approx 20\,[\mathrm{kV}]$$

放電ギャップを設定するための設定電圧は、100%のピーク電圧の1.5倍～2倍程度にマージンを取ることが多い。ここでは、1.5倍として計算した。

$$E_{Gap} = (E_{a-100}) \cdot 1.5$$
$$= 30\,[\mathrm{kV}]$$

放電電極が理想的な平板電極であれば、ギャップの離隔距離は、

$$D_{Gap} = \frac{30}{2.8}$$

$$= 10.7\,[\mathrm{mm}]$$

放電ギャップの種類によっては、ギャップの離隔距離は**図 6A.5.2** によって選定することができる。**図 6A.5.2** は、メタルギャップの測定例である。

メタルギャップの場合、直径47ϕmm でも100ϕmm でも30kV 近辺のギャップ間隔はあまり変わらない。放電開始電圧を30kV とすると、ギャップの離隔距離は、約12mm となる。中波帯の１MHz 付近の周波数では、空気の絶縁破壊電圧が、2.8kV ～３kV と云われており、直流や商用周波数のそれに比べて８割くらい低くなる。面白い特性である。詳しく知りたい方は放電現象の物性を調べられると良いかと思う。高周波高電圧試験装置などを使って、ニードルギャップを空間に向けると、ある電圧から空気の絶縁が破壊されて無限遠点とのコロナ放電が始まる。これは放電の相手が見つからないためで線香花火のような現象として観測される。

放電ギャップの設置場所が、室外の場合は、雨　滴、防虫などの配慮が必要である。また、金属ギャップ、カーボンギャップでも設定への配慮が必要となる。放電後にギャップ表面に放電痕が生成されると局部的に曲率半径の小さな電極が出来たと同様であるから、放電開始電圧が低下する。虫やゴミが付着し

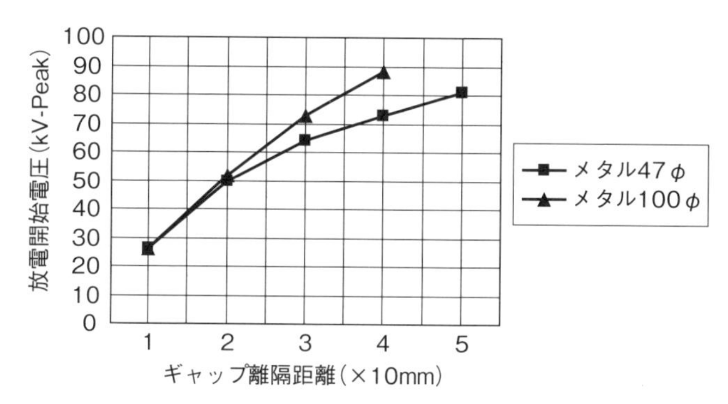

図 6A.5.2　放電ギャップの離隔距離と放電開始電圧の例

た場合も同様である。従って頻繁な放電現象の発生や、送信機のプロテクタ連続動作があった時には、放送休止時に放電ギャップの点検と清掃が必要となる。

6B-1 デジタル装置の劣化と管理

先日、中波デジタル処理型500kWの送信機を見学する機会を得た。以前居た職場であり懐かしく感じながら、更新された機器を見せてもらった。大電力設備であるから耐圧と大電流には十分な配慮がされている。多くの経験の中から最適な解に近づけた設計である。電力効率が以前の真空管装置に比べて格段に向上している。中波の送信設備は、真空管のグリッド変調から終段プレート変調に代わり、バイポーラトランジスタやFETを使った固体化のシリーズ変調方式、そしてPWM方式による音声変調信号増幅部の効率を改善する努力が払われてきた。このような変遷の中で高電圧の使用箇所は無くなり、近年のデジタル送信機では大電流を扱うことになった。

6B-1-1 電圧機器から電流機器へ

私は真空管派であると思うことがある。放送局に入って最初に見たのが9T38と云う3極管であった。プレートには10数kVの高電圧を印加して使用する。高周波増幅段と音声信号増幅段に用いていた。音声信号の増幅段はB2級のプッシュプルである。B2級とは、ドライブ信号のピークでグリッド電流を流すから、ドライブ段増幅器の出力インピーダンスを低くする必要があった。カソードフォロワーの直結回路であり、グリッドへの負バイアス電圧の与え方を工夫していた。

旧来の真空管送信機が電圧機器であるなら、近年のデジタル処理型送信機は電流機器であると考える。**図6B.1.1**に大電力送信機（数百kW級）の特徴を表現した。

図6B.1.2はデジタル送信装置の全体構成である。デジタル処理型送信機を除いて周辺回路については真空管装置と大きく異なる部分は少ない。多数の固体化PAを合成する回路の出力インピーダンスが低いのが特徴と考える。

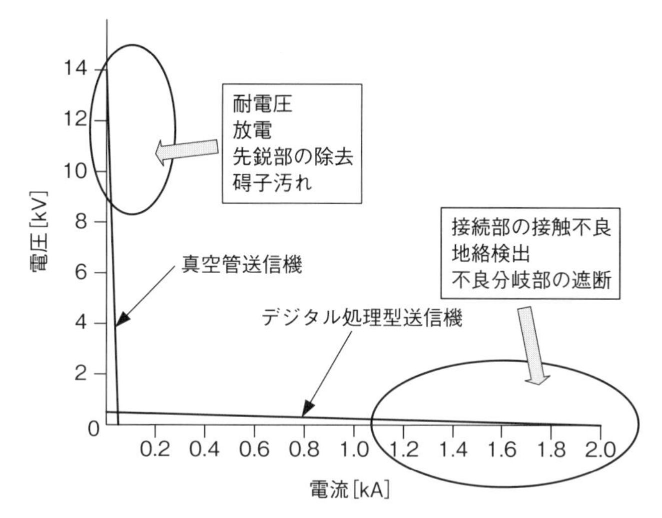

図 6B.1.1 大電力真空管送信機とデジタル処理型送信機との比較

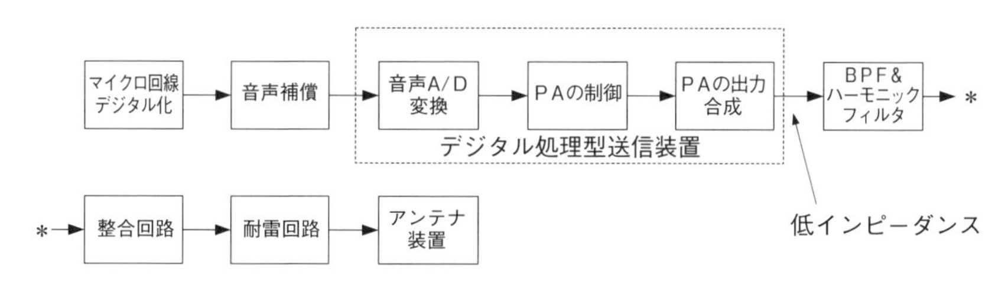

図 6B.1.2 中波デジタル処理型送信機の構成

6B-1-2 信号処理と特性管理

デジタル処理型送信機のデジタルである所以は、音声アナログ信号をデジタル信号化して、多数の固体化PAのON/OFF制御を行うことに帰着する。高周波が合成出力になるから切り替え時の搬送波の連続性などが重要である。音声のプログラム信号は一般的にマイクロ波回線で送信所に伝送される。近年ではデジタル化された回線を用いているから、回線に復調系を持たずに直接デジタル送信機をドライブすることも可能であるかもしれない。どのようなシステムを構成するかのアイディアは幾つかあると思うが、デジタルでシステム全体が串刺しにされた時に、音声信号と送信機とのバッファ部分が無くなり、リスクがあるようにも考える。現在の中波送信機はデジタル放送（デジタル信号伝送）ではないし、デジタル処理による電力変換装置であるだけに、選択が難しい課題と云える。

6B-1-3　障害部分の特定

中波のデジタル処理型送信機は、固体化PAを数百台も使用して、300kW、500kWの送信出力を生成するから一つひとつのPAの特性劣化、障害を特定する方法が難しい。逆に数台のPAの故障程度では、サービス品質に大きな影響を与えない利点もある。1台のPA劣化が雪だるま式に障害を拡大しなければ、偶発故障として管理することで運用管理が可能である。

定期点検による障害部分の発見を行うか、リアルタイムでの障害監視を採用するかは、技術的に有効な手法の開発、監視設備への投資と効果にもよる。カタストロフィックな障害の発生は、日頃のひずみ率の悪化、効率の低下などのロギングデータから検出できる可能性は多く存在する。

6B-2　アナログメディアをベクトル解析

6B-2-1　FM波の式の展開

FM解析ではベッセル関数という数式が出てくる。解説では、AM同様、側波帯と帯域をベクトルで考えていきたい。私はFM波の側波帯をベクトルで表現する方法を考えた。

最初にFM波を数式で表現すると、

$$V_{FM}(t)=A\cos\{\omega_c t+\beta\sin\omega_m t\}$$

$$\frac{\Delta\omega\,(\text{最大角周波数偏移量})}{\omega_m\,(\text{変調角周波数})}=\beta\,(\text{変調指数}) \qquad (6B.2.1)$$

一般的なFM解説では、この「最大周波数偏移量」を唐突に表現することが多いように思う。私はこの「最大周波数偏移」をFM励振器やVCO（Voltage Controlled Oscillator）などの変調感度に例えた方が分かりやすいと考えている。あるレベルの信号を与えたときにどれだけ周波数偏移が発生するかということである。従ってFM励振器によってこの感度は異なる。感度（周波数偏移）と変調角周波数との比を変調指数βと定義する。レベルの世界と、周波数の世界を一緒に考えることが大抵FMの理解を妨げている部分で、ここがFM理解の肝かもと考える。以下に5つほどFMの特徴を記す。

① FM波では、単一周波数で変調した場合でも、理論上は無限個に側波成分が生ずる。

② 上側波と下側波は、AMの場合と異なり、対称にならない。

③ 周波数スペクトラムの形は変調指数βによって決まる。

④ 搬送波の振幅は、βによって変化する。搬送波が0となるβが存在する。

⑤ 単一周波数f_mで変調すれば、周波数スペクトラムは、f_mごとに出てくる。

図6B.2.1はベッセル関数表である。変調指数に応じた搬送波や側波帯の振幅値を知ることが出来る。関数がゼロからマイナスに振れることは、搬送波の位相が逆転することを示す。Excelソフトでベッセル関数計算すると面白い。計算結果をFMのスペクトラムアナライザの様に表現することが出来る。

ここではFM波の計算式を示す。

$$\begin{aligned} V_{FM}(t) &= A\cos(\omega_c t + \beta \sin\omega_m t) \\ &= A\cos\omega_c t \cdot \cos(\beta\sin\omega_m t) - A\sin\omega_c t \cdot \sin(\beta\sin\omega_m t) \end{aligned} \quad (6B.2.2)$$

$$\begin{aligned} V_{FM}(t) = \Bigg[& A\cos\omega_c t \left\{ J_0(\beta) + 2\sum_{k=1}^{\infty} J_{2k}(\beta)\cos(2k\omega_m t) \right\} \\ & - \sin\omega_c t \cdot 2\sum_{k=1}^{\infty} J_{2k-1}(\beta) \cdot \sin\{(2k-1)\omega_m t\} \Bigg] \end{aligned} \quad (6B.2.3)$$

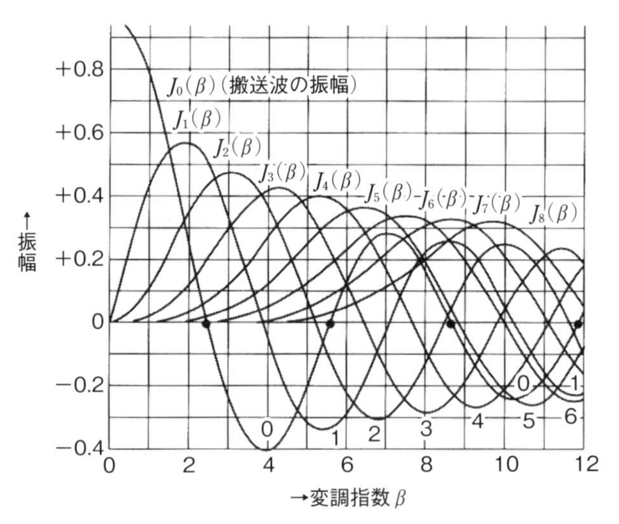

図 6B.2.1 ベッセル関数表

$$=A\left[J_0(\beta)\cos\omega_c t+\sum_{k=1}^{\infty}J_{2k}(\beta)\{\cos(\omega_c+2k\omega_m)t+\cos(\omega_c-2k\omega_m)t\}\right.$$
$$\left.-\sum_{k=1}^{\infty}J_{2k-1}(\beta)\{\cos(\omega_c-(2k-1)\omega_m)t-\cos(\omega_c+(2k-1)\omega_m)t\}\right] \tag{6B.2.4}$$

6B-2-2 FM 波の変調指数とベクトル

次に紹介するのが、FM 波のベクトル表現である。FM 変調の変調指数を大きくすると沢山の側波帯が発生する。FM 波が当初通信には不向きだと思われたのは、この部分があるのではと考える。しかし実際に FM 変調を行うと、駒井・カーソン則で云うように適当な帯域になることが知られている。変調する最大周波数の 2 倍に最大周波数偏移を加算した値が伝送帯域として定義されている。

私は FM 波を交通整理するために変調積を考えた。こうすることで搬送波、第 1 側波帯、第 2 側波帯、…のベクトル方向性が定まることになる。あとは

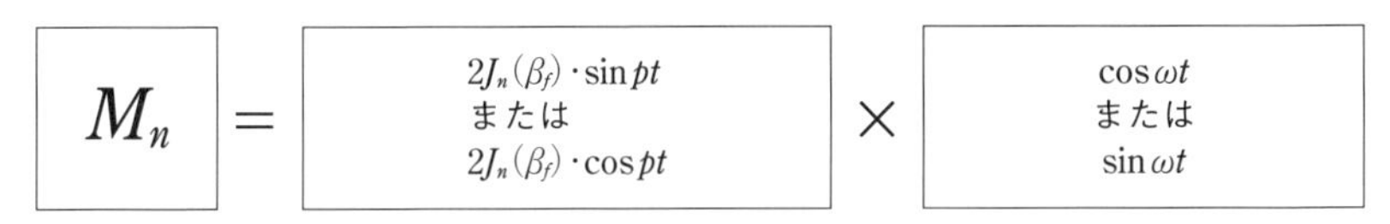

第n変調積

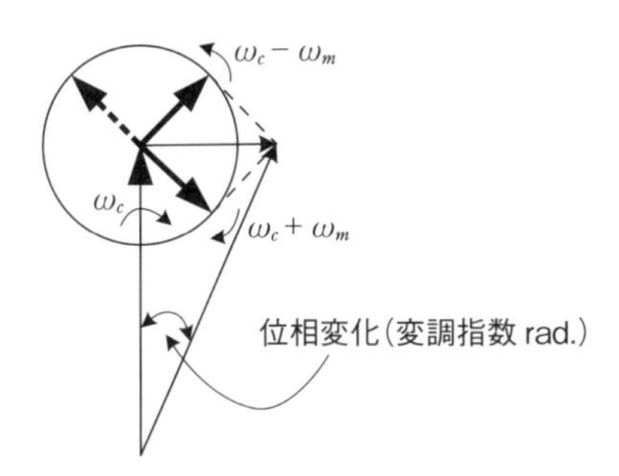

図 6B.2.2　FM 波の側波帯のベクトル合成

図 6B.2.2 の様にベクトル加算するだけである。

$$
\begin{aligned}
&= I_m\{J_0(\beta_f)\sin\omega t && \text{搬送波}\\
&\quad +2J_1(\beta_f)\sin pt\cdot\cos\omega t && \text{第1変調積}\\
&\quad +2J_2(\beta_f)\cos 2pt\cdot\sin\omega t && \text{第2変調積}\\
&\quad +2J_3(\beta_f)\sin 3pt\cdot\cos\omega t && \text{第3変調積}\\
&\quad +2J_4(\beta_f)\cos 4pt\cdot\sin\omega t && \text{第4変調積}\\
&\quad +2J_n(\beta_f)\} && \text{第}n\text{変調積}
\end{aligned}
$$

図 6B.2.3 と**図 6B.2.4** に変調指数βが0.47のときの FM 波のベクトル合成を示す。$\beta=0.47$ は特に意味があるわけではない。昔、テレビの音声多重で計算した結果が残っていたので例に引用した。ここで$\beta=0.47$ は0.47(rad.) とも読めるから、位相角度で26.9(deg.) くらいになる。

6B-2-3　変調指数が$\beta=15$ のときの FM 波のベクトル

この$\beta=15$ は適当に選んだ変調指数である。**図 6B.2.5** の外周円が搬送波の平均振幅である。変調指数に応じた最終の位相角度を得るために途中のベクト

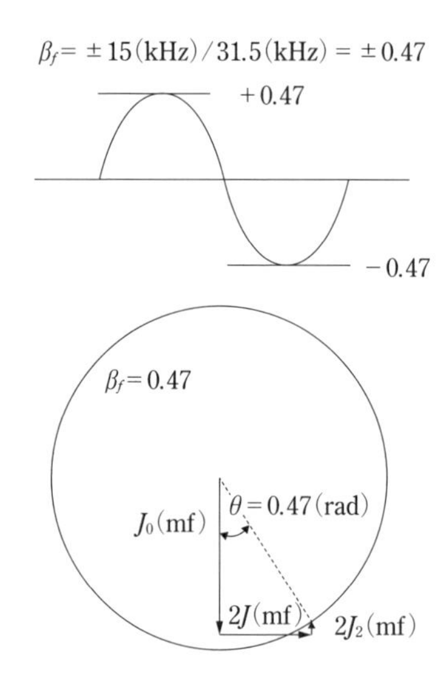

図 6B.2.3 変調指数 0.47 の FM のベクトル

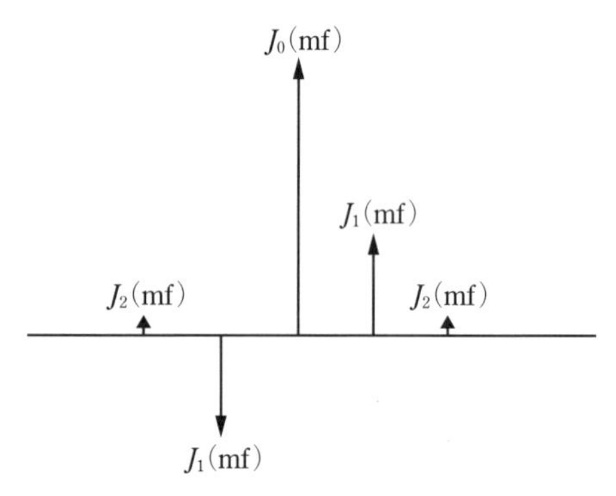

図 6B.2.4 変調指数 0.47 の FM の側波帯

ル合成軌跡が円周の外側にはみ出していることが大変興味深い。これから分かるのは、フィルタなどで **FM** 波を帯域制限すれば振幅ひずみや位相ひずみが発生することが頷ける。$\beta = 15$ は位相角で約860度だから2.38回転くらいになる。

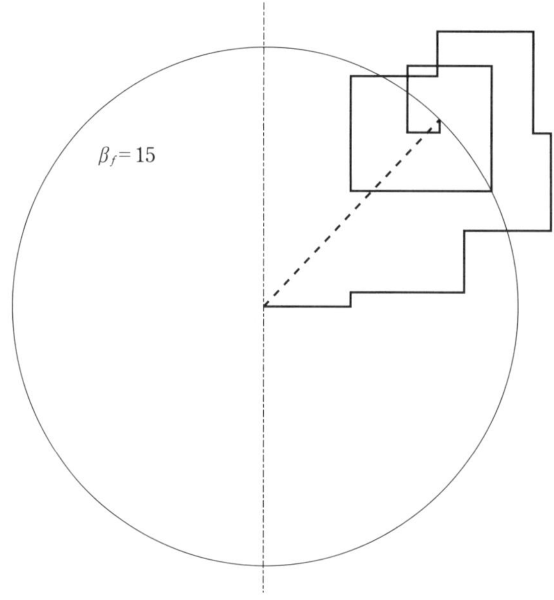

図 6B.2.5　$\beta = 15$ のときの FM 波のベクトル

6B-3 効率的なエリアサービス

6B-3-1　災害放送の対策とエリアサービスの必要性

災害時の情報伝達に中波の送信所の建設が急がれる場合が多い。災害は忘れた頃にやってくるというから、油断はできないのだが。町を歩いていると、風呂屋の煙突、NTT の基地局の鉄塔、大きなビル、電力会社の鉄塔などを横目で見ながら、あれに傾斜型でワイヤーを張ったら基部インピーダンスがどれくらいかなとか、接地された鉄塔にシャントフィードしてみたい衝動に駆られる。基部が絶縁できなければ別の方法で給電する方法もある。災害時には大型のクレーンは出払っているかもしれないが、大型クレーンでアンテナを張るのも有効である。高い煙突なども魅力的に映る。風船もいいかもしれないが、風に流されることを考慮しないとインピーダンスが変動して苦労しそうである。商売柄というか何というか、町をこんな目で見て歩く癖がついてしまった。

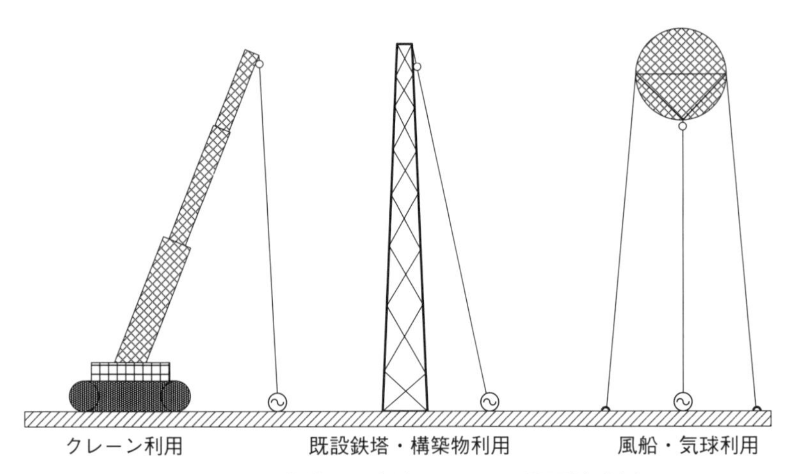

図 6B.3.1　非常用の中波アンテナの設置例（案）

緊急時、前もって予想したマニュアル通りにことが運べばよいのだが、臨機応変な対応も迫られることにもなる。何はともあれ準備は必要である。

図 6B.3.1 は、中波の非常用アンテナの設置のイメージを描いたものである。日頃からアンテナになりそうな構築物を探して置くのも有効であるし、事前に設置の許可などが得られると安心である。但し、事前に電波を出して調査となると電波発射の許可等もあり大変であるが、アンテナインピーダンスくらいは測定しておきたい。

6B-3-2　放送所近傍での建設工事

電波防護指針の視点からの送信所近傍の電波環境の重要性もある。ここで述べたいもう一つは、既設送信所の近傍に建物が建設されることによる放送への影響である。放送事業者は地域開発の動向に常に気を配らねばならい。高い構築物が建設されるとサービスエリアに影響を与えることもあるだろう。建設途中の大型重機との影響も考えられる。地元の建築業者と建築主からは、具体的な計画を事前に聞きながら最適な方向を求めるべきである。殆どの建築業者は電波については素人である。建築申請が通ってからでは手戻りがあって大きな損失を生むだろうし話が拗れる。私が送信所の監理を担当していたときに地元の土地開発業者と1年以上の協議をしたことがあった。送信所周辺の大規模開発である。町などの協力も得ながら双方が最良の策、事前検討を執拗に行ったのを覚えている。大変神経を使った仕事であった。

これからの時代、市街地から離れた場所に建設した送信所も土地開発の影響を受けないとは限らない。地方や郊外に進出する大型モールの建設、物流施設の基地などの大規模建設も始まるかもしれない。町の発展と放送電波の安定確保を十分考慮しておくことが必要である。そのための地域に対する技術指導や調整作業が増えてくるであろうと思われる。避けては通れない課題である。放送事業者としては、①放送電波の安定確保、②サービスエリアの確保、③周辺の建設工事における構築物との干渉（アンテナインピーダンスの変動、建設重機への電波被り）等について対応し、アドバイスするテーマは多い。地域が少しずつ変わっていく中で、どのような条件下で許容できるのか、相互干渉の対策を検討しておく意味は大きい。**図6B.3.2**は、送信所のマイクロ回線の安定確保、周辺施設との相互干渉対策などをイメージしたものである。最近はハンググライダーなども飛んでくることがあるから要注意である。以前あまりにも近

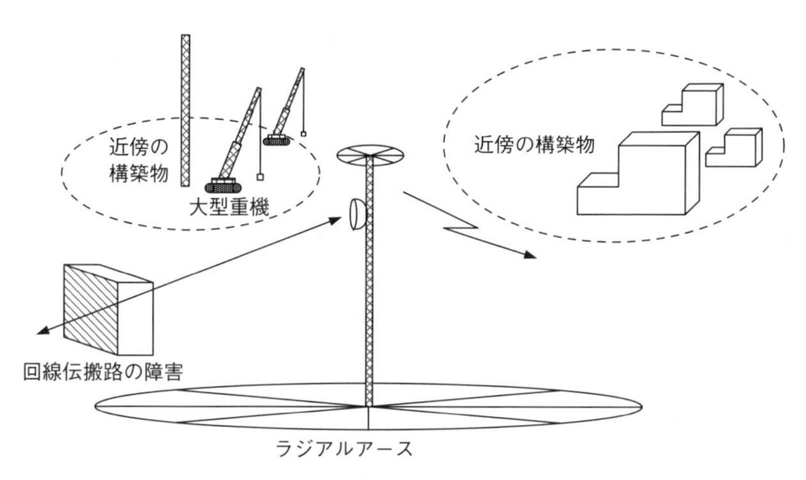

図 6B.3.2　送信所近傍からの影響と対策

接して飛んでいたので、警察に連絡したこともあった。最近は予測できないことが多い。

6B-4 電波伝搬と電界強度

6B-4-1 電波の伝わり方

電波の伝わり方は周波数によっても異なる。中波帯では地表波伝搬、直接波伝搬、そして電離層での反射波伝搬などもある。VHF や UHF では直接波の他に大地反射等を考慮して電波の伝わり方や受信点での電界強度を決定する。送信アンテナの高さ、受信アンテナの高さの他に伝搬する距離にも影響する。また電波の伝搬の仕方には水平偏波、垂直偏波がある。これは我々が地球の地表面で生活しているからそのように決めているだけで、電波の中の電界のベクトルが大地に対して水平なら水平偏波であり、大地に対して電界が垂直に立つのが垂直偏波である。宇宙空間では地球から離れてこのような表現ができないから、直線偏波という。衛星放送では円偏波を用いている。これは送信点から見たときに電波が右回りか左回りかで右旋偏波、左旋偏波とう表現を使う。大地伝搬と地球の等価半径を考えてみる。大地表面には水蒸気が存在しており上に行くほど密度が希薄になって行く。スネルの法則から電波は少しずつ地球側に曲がって伝搬する。しかし電波が曲がっていると伝搬計算などで少々面倒になる。従って電波は直線で伝搬するとして地球の曲率を少し大きくする。これを地球の等価半径という。通常の等価半径係数は 4/3 で表すことができる。

6B-4-2 電波の強度

電波の強さである。一般的には電界強度とか磁界強度になる。高品質な通信を行うには電波強度は高い方がいい。電界の単位は（V/m）、磁界の単位は（A/m）で現される。電波発生を捉えるときにこれらの電界と磁界が相互に干渉しながら伝搬していくと考える。そのようなときに電力束密度というエネルギで表現することもできる。電波を扱っていると電界強度という方が馴染んでいるように思える。電波には誘導電磁界、静電界、放射電磁界というかたちに分解したときに、我々が通信に使うのは放射電磁界という波である。この電磁波は距離に反比例して減衰していく。電波強度を上げるには、発射する電波の出力を増加させること、電波を発射するアンテナの利得や効率を向上することが一番分かりやすい。アンテナの利得や効率を上げるための方法は別項目で議論する。送信アンテナから放射された電波は自由空間を伝搬していく。地表波伝搬するもの、直接波伝搬するもの、さらには大地で反射するものがある。受信点ではそれらの合成として捉えることができる。伝搬距離によって電波の位相が異なるから、受信点ではベクトル合成波を捉える。空間を飛んで来るのは電界とするとこれをこのまま受信機に入れることはできないから、受信点の電界を受信アンテナで受ける。受信アンテナも利得を設けることが出来る。ここで重要なのが電界（V/m）を受信機入力電圧Vに変換してやる必要がある。これがアンテナの実効長（m）とか実効高（m）いうもの。電界に実効長をかけるからディメンジョンは電圧（V）となり、受信機の入力端子電圧を形成する。入力端子電圧を高くするには実効長を長くすればよいことになる。

電波法の無線設備規則ではアンテナについて以下のように規定されている。

無線設備規則

第20条　空中線

・送信空中線の形式及び構成は、左の各号に適合するものでなければならない。
・空中線の利得及び能率がなるべく大であること
・整合が十分であること
・満足な指向特性が得られること

第14条　空中線電力の許容偏差

・中波放送の許容偏差は、上限５％、下限10％

次に、中波の電界強度とアンテナ近傍の電磁界を計算してみる。

6B-4-3 中波大電力の電界強度の計算例

中波帯のアンテナから放射される電波の強さを計算する。Pは送信出力であるが利得を含めた値と考えてもいい。

$$E=\frac{300\sqrt{P\times10^3}}{d\times10^3}\,[\mathrm{mV/m}]$$

但し、P：アンテナ電力[kW]、d：アンテナからの距離[km]。

例えば、100kWのとき、500mの距離の電界Eは、

$$E=\frac{300\sqrt{100\times10^3}}{0.5\times10^3}=190\,[\mathrm{mV/m}]$$

$$=106\,[\mathrm{dB}\mu/\mathrm{m}]$$

但し、1μV/mを0dBとおく。

更に、100mの距離での電界は、

$$E=949\,[\mathrm{mV/m}]$$
$$=120\,[\mathrm{dB}\mu/\mathrm{m}]$$

6B-4-4 アンテナ近傍の電磁界の計算例

表6B.4.1にアンテナ諸元と送信条件での近傍電磁界を求めてみた。電波防護の視点から管理値の決定、必要に応じて防護柵の設置を検討する（**図**

表6B.4.1 大電力送信所の諸元

条件入力	
送信所名	EMI検討
周波数（kHz）	1000
送信出力（kW）	100
アンテナ長（m）	150
空中線の直径（m）	0.8
頂冠の直径（m）	5
測定地上高（m）	1.5
波長短縮率（標準0.88）	0.88
頂冠補正係数（標準0.7）	0.7

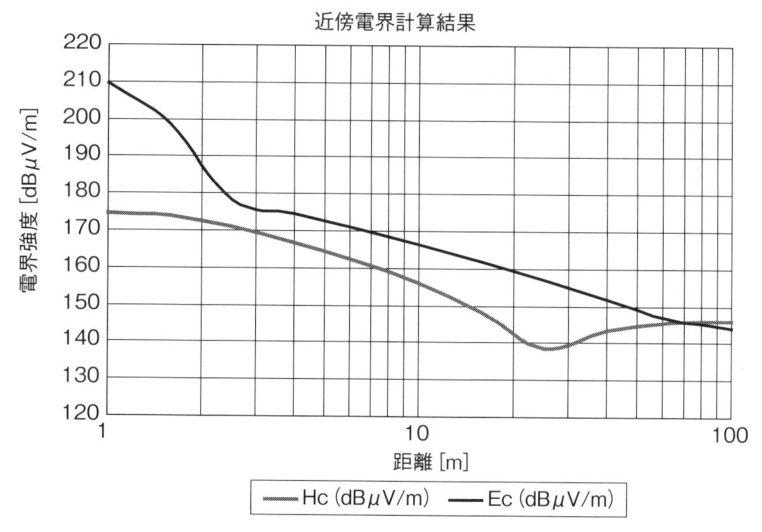

図 6B.4.1 中波アンテナ近傍電磁界強度の計算例

6B4.1)。

6B-5 デジタル時代の管理の考え方

6B-5-1 従来の管理から新設備管理に向けて

近年では、コンピュータを使った監視装置などで、重要個所の電圧、電流のロギングデータから経年劣化を推定することも可能である。これらのデータを効果的に処理してメンテナンスに生かす工夫は今も昔も変わらない。定時の時報音での監視をしたこともあった。*S/N*、ひずみ率、キャリアシフト程度は簡単に取得できる。電力効率の算出も可能である。リアルタイムで取得するデータの必要性を求めなければ監視の効率化が狙える。障害発生時の忌まわしい経験は思い出したくないが、現場では突発的な状況変化に対して迅速な対応が求められる。日頃の経年劣化を読み取れずに急激な障害に至った場合は管理運用者の分析の甘さがあるのかもしれない。外的要因については年間に数件程度であるが、落雷については事前の対策を超える想定外の大規模な場合もある。こ

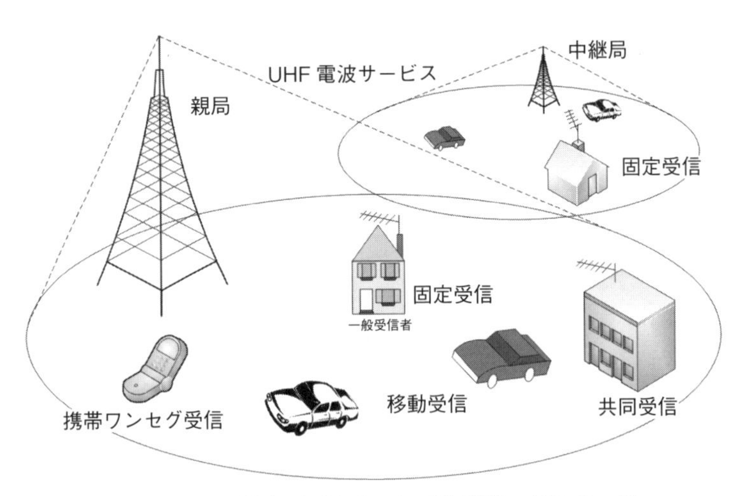

図 6B.5.1 地上デジタルテレビ放送サービスの一例

のような場合には設備の2重化は有効であり、障害箇所の迅速な特定を求めることになる。監視装置、ロギング装置があっても、突然出力される障害データに現場は混乱し迅速な判断が出来ないことがある。日頃の訓練が生かされる部分である。障害時の設備切換え、復旧、待機、確認動作等をPLC（Programable Logic Controller）などに制御ロジック化してあるが、大規模サージの影響を受ければ正常動作する保証はない。

障害時にシーケンスが破綻した場合のバックアップは人的な対応に委ねられる。マン・マシーンのインターフェースの簡易化、学習の継続が有効である。現場での達人を求める時代ではないし、分かり易い最終システム構成によって人が容易に判断できるシステムとすべきである（**図 6B.5.1**）。

6B-5-2 従来からのデバイスの管理

① 電解コンデンサ

コンデンサの種類も沢山あるが、それぞれの劣化モードは異なる。近年送信ユニットの電源電圧は、数百ボルト程度のものが多くなり、オイルコンデンサの利用は少なくなった。代わりに大容量の電解コンデンサが使用されている。これも数が半端でなく大量である。劣化による交換周期は、7、8年であるが、一度に交換するのは設備信頼性の点から不利である。新品が全て完全品である保証もないし、施工が完全であるとも云えないからだ。交換期間、使用号機を十分検討して劣化部品の交換による設備の信頼性低下を防ぐべきである。1、2号機を一度に交換する愚を犯すべきではない。電解コンデンサは使用環境で劣化度が大きく異なるから運用の中で、各部の特徴をサンプルデータとして持つことも必要である。

② 磁器コンデンサ

以前にも記述したが、磁器コンデンサは整合回路などに多段に積み重ねられ、将来にわたって交換をしないと思われるほどの集積度で実装されている場合もあった。これは設計ミスだろうが、年に数度の点検時にコンデンサの裏面の放電痕の確認、端子部メタリコンと半田の剥離の点検が重要である。剥離していても回路のインピーダンスに直接影響しないことがある。但し電流容量は激減している。長期間での発熱の進行、焼損が考えられる。締め付けトルクにも注意を払わないと、端子部を痛め破損させるので要注意である。

③ 刃型切り替え機

刃型切り替え機は、切り替え時にシステム全体を委ねる重要な部分である。接触部と可動部（モータ）を持つから管理が難しい。また、動作頻度が少ないために有効な確認が出来ない部分でもある。切換え機の2重化は難しい。モータ機構系とリミットスイッチの調整はベテランの機械技術者に頼むことが多い。設定不良によってモータが動かない、止まらないではお粗末である。そのために手動回路があり最後の逃げを求めている。

切り替え部分の接触子であるブレード部と、刃受け部の接触状況の確認も重要である。接触不良による発熱、接触部の溶断・離隔、または焼き着きなどが発生する可能性がある。目視すれば変色などですぐ判断できるが、運用中では遠方からの微細な部分の観測は難しい。サーモグラフィなどの活用も考えられる。安価な装置が供給されれば大幅に信頼性を向上できる。

④ コイル

先日、更新された大電力送信所を見学する機会を得た。整合室は圧巻であった。沢山のコイルが立ち並んでいた。新品だから明るい銅色をしていて綺麗である。昔はコイルの表面にラッカーが塗ってあるものがあり、コイル調整時には表面をサンドペーパーで磨きながら作業をした。これは作業性が悪く面倒であったのを記憶している。コイルと云えばコイルクリップ部分である。発熱の要因ともなる重要な箇所。触りたくないが、触らないと緩みも分からないから厄介である。電流容量が適切に確保されていれば問題は無いが、目視点検でも接触部分の変色は劣化の目印となる。劣化部も赤銅色や銀白色に変わっている例を見たことがある。

⑤　半導体回路

固体化PAを数百台使用するデジタル処理型送信機では、個別PAの特性管理が重要になってくる。マクロ的には定期点検での総合特性の評価を行うことになるが、特に問題が発生しなければ無視できる部分である？　しかし、基板に使用している電解コンデンサ等の定期交換は継続することになる。半導体は一定条件で動作し、ASO（Area of Safely Operation）の範囲で使用されていれば安定運用が期待できる。但し常に電圧が印加され、電流が断続して流れているので損失による温度上昇なども影響する。雷などのサージが印加されたあとのPAの特性劣化の進行を定量的に掴むのは難しい。PAが飽和動作であるからリニアリティへの影響変化なども把握も難しい。個別PAの予防保全方法などが考案されることを期待している。半導体は半永久的に使用できるという信仰のみでメンテナンスフリーと考えるには無理がある。先にも述べたパイロットPAを定期的にサンプル調査する方法も愚直であるが重要である。これらが新しい管理手法に結びつくことができれば信頼性の向上に繋がる。

⑥　電力線、配線

大電力の送信機では、アース線路（回路）は銅板を用いてインピーダンスを低下させている。電源回路の大電流の給電には、銅のブスバーなどを用いることも多い。真空管送信機の時代は高電圧装置であったので、絶縁物の表面の汚れの管理は耐圧を得るために重要であった。固体化PAに給電する電圧は300V程度である。しかし、電源側の給電電流は数千アンペアになるので接続（接触）不良には十分注意する必要がある。また多く分岐負荷を持つ場合においては、一部の負荷線路に地絡などがあった場合に速やかに遮断できる方法も考慮しておく必要がある。大電流の母線では電源の内部インピーダンスが低く設計されているので、負荷電流と短絡電流を区別するのが難しい。

6C-1 高速大容量時代の伝送

6C-1-1 多相化のメリット（64QAM、256QAM）

近年のデジタル伝送はQAMが使用されるケースが多い。QAM：(Quadra Amplitude Modulation）というが、位相方向の伝送に加えて振幅方向の変化を与えるものであり、64QAMであれば6ビットの情報伝送が可能である。1本のキャリアが64通りの情報形態を持つことになるから高画質の伝送に利用される。ちなみに後段で解説するが地上デジタル放送で用いられている方法はOFDMであり、単純に地デジのOFDMキャリア間隔が約1 kHz、キャリア総数が約5600本、全てのキャリアを64QAMにすると、1キャリアの伝送ビットは6 bitであるから、伝送レートは、1(kHz)×5600(本)×6(bit)＝33.6Mbpsとなる。相当乱暴な計算であるが、これにガードインターバルや、誤り訂正の符号化率（内符号、外符号）で割り引いてやると、実際の地デジでは情報レートで20Mbps程度は13セグメントで伝送できそうである。比較するためにシングルキャリアをデジタル変調で33.6Mbpsを伝送する場合には、33.6(Mbps)÷6(一応64QAMとして)＝5.6MHzとなる。これは、OFDMであれば、1 kHzの符号長であったものがシングルキャリアでは5.6MHzとなるから、その逆数としての時間比較では、1 msecと17.9μsecとでは大きな違いとなる。これはゆっくり送ったデジタル信号の方が符号間干渉（直接波と遅延波の重なり）などには強いOFDM伝送の優位性を説明できる。**図6C.1.1**は伝送方式と伝送レートとCN比較を参考に示した。

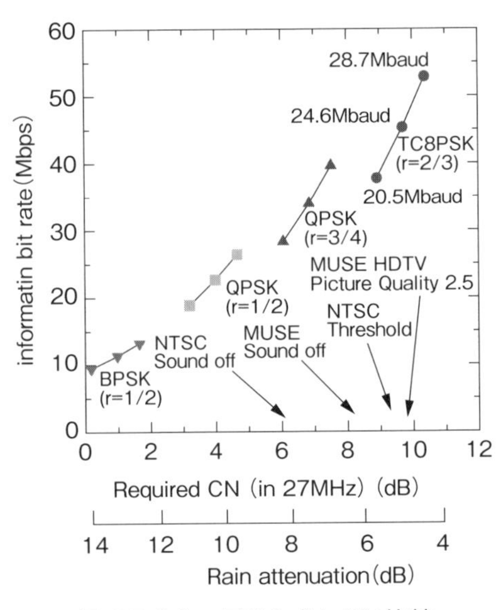

図 6C.1.1 伝送方式と CN 比較

6C-1-2 伝送速度とマルチパス耐性

シングルキャリア（1周波数）をデジタル信号で変調する場合、例えば10Mbps で BPSK（Binary Phase Shift Keying）すると、周波数帯域の幅は、10MHz に広がる。次に QPSK にして同様の10Mbps を伝送すると、各 I 軸、Q 軸へは2分の1の5Mbps の伝送レートとなるから伝送帯域は BPSK に比べて QPSK の方が半分ですむ。逆に BPSK の帯域幅が許容されれば、QPSK での伝送レートは20Mbps に増加させることが可能である。そのようなイメージを筆者が表現してみたのが**図 6C.1.2** である。多相化して、各相を同じ伝送レートで PSK 信号生成しても帯域は増加しない。メリットばかりのようにも見えるが、多相化したときには、それぞれの相間の識別が大変であるということもある。相間には雑音やひずみが加わるから多値ほど識別しづらくなる。従って雑音等とのトレードオフになる。周波数帯域はパルス幅で決定されると考えられるから、高速なパルスほどパルスの時間幅は狭くなるから周波数帯域幅は増加する。

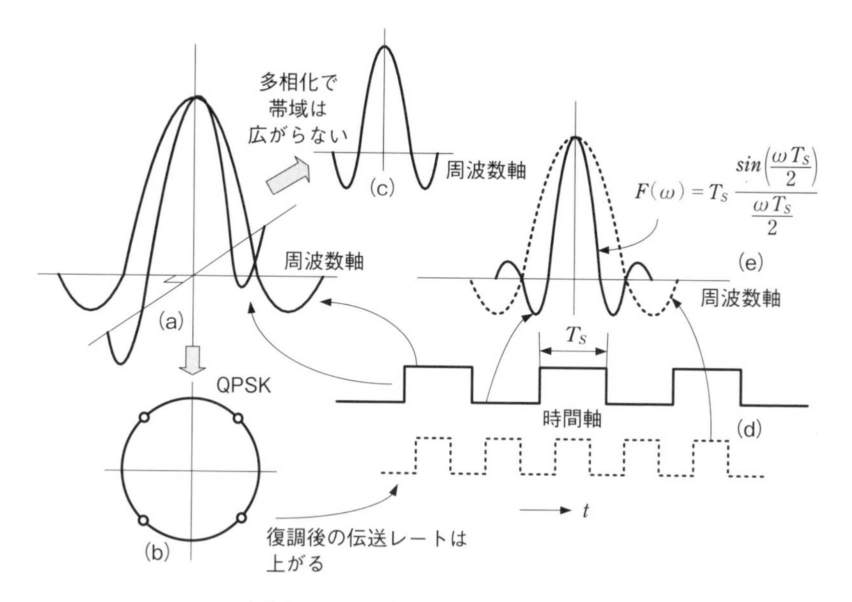

図 6C.1.2 多相変調と帯域の関係

6C-1-3 伝送線路内の不整合と信号劣化

多相化は各相を同じ伝送レートでPSK信号生成しても帯域が増加しないというのが有難いところである。メリットばかりのようにも見えるが、多相化したときには、それぞれの信号のベクトル信号と雑音との識別を誤るとデータが再現されない。多相化すると信号の各相間には雑音やひずみが加わるから多値ほど識別しづらくなる。BPSKのように識別するための信号の符号間距離が広ければいいのだが、距離の広くない多相化した信号ほど送信電力を大きくする必要が出てく理由である。多相化は雑音等とのトレードオフによって選択されることになる。重要なのはゆっくり送ったデジタル信号の方が符号間干渉（直接波と遅延波の重なり）などには強固になる。それをイメージしたのが**図6C.1.3**である。地上波デジタル放送の伝送方式であるOFDMの優位性がここから説明できる。伝送線路内の不整合もこのようなマルチパスの耐性の劣化に繋がる。デジタル伝送の品質劣化は符号誤り率の増加となり画面のフリーズやブラックアウトを経験することになる。

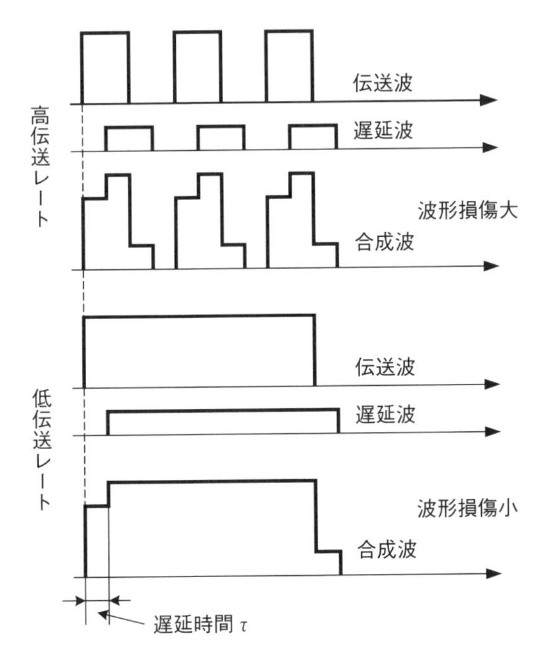

図 6C.1.3 同一遅延時間による信号波形の損傷の比較

6C-2 マイクロ波応用と情報量の増加

6C-2-1 周波数の低い通信路

電波は、周波数のVLF（Very Low Frequency）の低い長波から始まり、SHF（Super High Frequency）、EHF（Extremely High Frequency）と周波数が高くなっていく。周波数が低いときには、地表波が重要であり直接波に比べて電波伝搬に対して考慮することが多いと考える。ですから大地の導電率と誘電率とかが伝搬損失に影響してくる。電波は直接波、大地反射波、回析波、電離層反射波などいろいろな伝搬の形態をとる。超長波の世界では、伝搬路が比較的長距離に及ぶ対潜水艦通信や、電波時計などで使用されている40kHz、60kHzを用いて時刻を校正している。中波の電波は約500kHzから1600kHz位の帯域を用いて放送を行っている。中波も周波数の低い500kHzの方が大地を伝わる地表波伝搬の減衰特性からは有利とされている。低い周波数で多くの情報を載せるには比帯域が狭いという点で制約がある。従って大容量伝送には向かないということになる。

6C-2-2　地上デジタル放送と大量情報伝送

周波数はUHF（Ultra High Frequency）が用いられている。多くの特徴を有するがSFN（Single Frequency Network）が可能であり、周波数の有効利用、マルチパス補償などの技術の導入よりチャンネルの利用数は効率的になった。これによりVHF（Very High Frequency）は地上テレビ放送では使われなくなり、移動体通信メディアに解放された。この周波数は電波の特性上減衰が小さく、回折効果によってエリアの拡大が期待できるためプラチナチャンネルと云って人気の高い周波数になっている。SHFはBS（Broadcasting Satellite）やCS（Communication Satellite）に用いられており、直進性の高い周波数である。

実際にNHKが行った8Kの地上波伝送実験の概要について紹介する。実験内容は技研公開されていたものである。

特徴的な部分は、

・偏波MIMO（Multiple-Input Multiple-Output）技術の応用
・超多値化OFDM
・誤り訂正方式

表6C.2.1　8K地上波伝送実験と現行方式

	8K地上波実験	地デジISDB-T
帯域幅	5.57MHz	5.57MHz
キャリア変調方式	4096QAM	64QAM
FFTサイズ	32k	8k
ガードインターバル比	1/32	1/8
誤り訂正符号	LDPC 3/4 +BCH外符号	畳み込み符号3/4 S（204,188）
多重量	2×2 MIMO	1×1 SISO
伝送容量	91.9Mbps	18.2Mbps

キャリアの変調方式として最大4096QAMを採用している。

1符号あたり12ビットの伝送（$4096=2^{12}$）となり現行の6ビット伝送（$64=2^{6}$）に比べて格段の伝送容量となる。水平偏波と垂直偏波を使用する偏波MIMO技術によって2倍の伝送容量を実現している。**表6C.2.1**には、8K地上波伝送実験と現行方式を比較引用した。

6C-2-3 MIMO方式の概要

MIMOについては**図6C.2.1**で解説する。2本の送信アンテナと2本の受信アンテナを用いてデジタル信号を同一周波数で伝送するものである。伝送路の特性が分っていれば連立方程式から$S1$、$S2$の信号を復調することができる。伝送路に垂直・水平偏波を用いたMIMOを地上デジタル伝送実験では報告されている。余談であるが従来から利用されている送信アンテナが1本で受信アンテナを2基としたマイクロ波のスペースダイバーシティなどは、K形フェージングによる受信電界のヌル発生を抑圧する技術として類推できるものと考えられる。またMIMO技術は次世代通信の伝送容量の増加にLTEとしても利用されている。

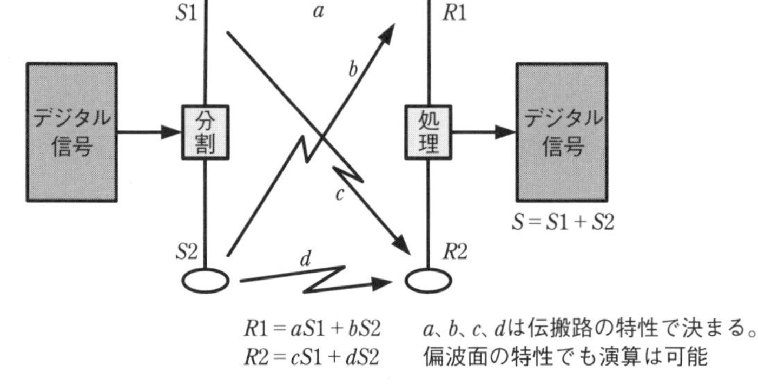

図 6C.2.1 送受にアンテナを2本ずつ使用したMIMO

6C-3 電波による大量データ通信

2020年には東京でのオリンピック、パラリンピックの実施が決って、放送においても4K、8Kの高画質サービスが活気を呈してきたように思える。4K、8Kとは何かを最初に解説したい。

6C-3-1 4K、8Kのテレビジョン伝送の概要

2011年7月にテレビジョン放送はアナログからデジタルに完全移行された。現在のハイビジョン放送を2Kとすると、これから期待される放送は4K、8Kの画像サービスである。音声も最大22.2チャンネルで高臨場感を楽しむことができる。2K、4K、そして8Kを分かりやすく表現し今後の各種メディア伝送展開を解説する。2Kは約200万画素を有する。4Kはその4倍の800万画素、そして8Kは約3300万画素である。更に直感的に表現すると、水平の画素数が

	解像度	活用展開
2K	約200万画素 1920×1080 =2073600	高精細度 テレビジョン放送 (HD)
4K	約800万画素 3840×2160 =8294400	映画、カメラ、 プロジェクタ (デジタル制作・ 配信)
8K	約3300万画素 7680×4320 =33177600	パブリック ビューイング 視聴

図 6C.3.1 2K、4K、と8Kの画像と画素数の違い

2Kで1920個、4Kで3840個、さらには8Kで7680個とすれば大まかなイメージを描き易いのではと考える。**図6C.3.1**にマチュピュチュの写真を使ってそれぞれの画像の違いを表現した。

6C-3-2 BS放送における伝送システム

図6C.3.2にBS放送による8K伝送のイメージを描いてみた。占有周波数帯域は34.5MHzでデジタル変調方式は16APSKを検討している。受信側でデコーダを持ち個別家庭の受信も期待したいが、各種スポーツなどのパブリックビューイングへの活用が検討されている。

6C-3-3 衛星放送

東経124/128度のCSはこれまでも他の衛星メディアに先駆けてサービスを実施してきている。2軌道2衛星を活用した伝送路は周波数の活用、帯域確保に自由度がある。2008年に放送を開始した高度狭帯域伝送方式によるサービスが主流である。本方式は、情報源符号化方式H.264/MPEG4AVC、伝送路符号化方式DVB-S2を採用することでHDTVの多チャンネルサービスを実現している。**表6C.3.1**は今後の衛星放送の展開を示す。

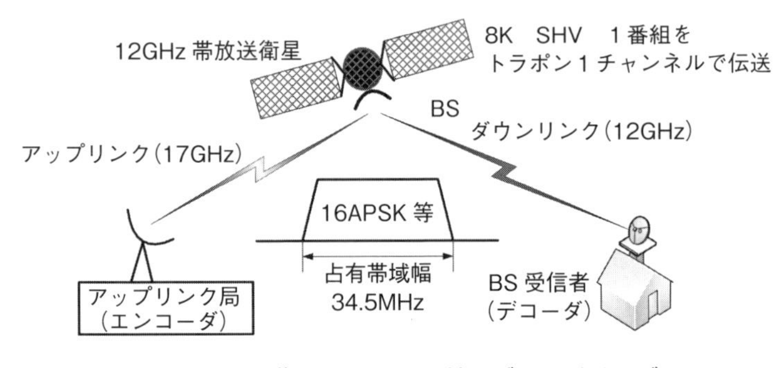

図6C.3.2 衛星による8Kサービスのイメージ

表 6C.3.1 衛星放送の展開

伝送路		役 割
124/128度CS（現行）		他の衛星メディアに先駆けて3D等の先進的なサービスを展開 4Kにおける先行的な役割
110度CS	右旋（現行）	高画質 2Kを中心に放送番組を提供
	左旋（予定）	4K/8Kを中心に多様な放送番組を提供
110度BS（現行）		幅広い視聴者に対して8Kを含め高画質な放送番組の提供を検討

6C-4 電力線に近距離情報を乗せる

6C-4-1 PLC 伝送

高圧送電線に電波サービス伝送を行っている局所がある。送電線がコロナ雑音等を発生するために送電線近傍の受信対策が目的である。延々と送電線に沿って電波を重畳してサービスをする。同様の発想でPLCは電力線に情報を乗せる方式。屋内配線に高周波信号を乗せる方法の研究が行われてきている。当時研究されていたPLC（Power Line Communication）は短波帯であった。短波帯（30MHz以下）の応用では既設の無線通信との混信障害への配慮が必要となるのは云うまでもない。近年における近距離の無線による情報伝送にはWi-Fiやブルートゥースなどの数GHzの周波数が用いられている。

6C-4-2 無線 LAN

LAN（Local Area Network）はパソコンを用いて高速でデータ伝送するネットワークである。

近年ではケーブルの煩わしさを離れて無線LANを使用するケースが増えてきている。人が大勢集まる場所でも公衆無線LANサービスも使われている。無線LANの使用周波数は2.4GHz帯（14チャンネル)、5 GHz帯がメインである。略100mの範囲での無線通信が可能である。無線LANを使用するにはパソコンなどに無線LANカードを入れてアクセスポイントと結んで通信を行う。通信のためにはCSMA-CAという手順を踏む。①他の端末が使っているかの電波を受信する。②使っていなければアクセスポイントに制御信号RTSを送る。③アクセスポイントは他の端末から信号のないことを確認して送信許可の制御信号CTSを返送する。④端末はCTS信号を受け取ってからデータを送信する。⑤アクセスポイントは端末からデータを受信すると受信確認信号ACKを返送する。

表6C.4.1に代表的な無線LANの規格を表に示した。ここでWi-Fi（Wireless Fidelity）：ワイファイは、無線LANが相互に接続できることの名称である。

表6C.4.1　代表的な無線LANの規格

規　格	IEEE802.11a	IEEE802.11b	IEEE802.11g	IEEE802.11n	
周波数帯	5 GHz帯	2.4GHz帯		2.4GHz帯、5GHz帯	
帯 域 幅	20MHz	20MHz	20MHz	20MHz	40MHz
最大伝送速度	54Mbps	11Mbps	54Mbps	288.9Mbps	600Mbps
変調方式	64QAM 16QAM QPSK BPSK	CCK* QPSK BPSK	64QAM 16QAM QPSK BPSK	64QAM 16QAM QPSK BPSK	
アンテナ	1本（1対1）			最大4本（MIMO）	

*CCK：Complementary code Keying 相補符号変調

表6C.4.2　Wi-Fiのシステム諸元

	現在のWIMAX	次世代WIMAX
最大伝送速度	下り　40Mbps 上り　15.4Mbps	下り　160Mbps 上り　55Mbps
周波数帯域幅	10MHz	20MHz
無線アクセス	OFDMA	OFDMA
変調方式	64QAM	64QAM
送受信アンテナ	2×2MIMO	4×4MIMO
セルの半径	1 km以下	1 km以下
端末の移動速度	時速120km以下	時速350km以下

表6C.4.2に代表的なWi-Fiのシステム諸元を示す。

6C-4-3 ブルートゥース

最近の携帯電話やスマホには無線LANとともにブルートゥース（bluetooth）が搭載されている。数百mの距離でデータ信号を送る超近距離の無線通信である。ブルートゥースでは2.4GHz～2.5GHzの広い周波数帯を1MHzごとに分けて79個のチャンネルをつくり使用するチャンネルを625マイクロ秒ごとに切り替えて信号を送る周波数ホッピングという方式を用いている。上り信号と下り信号は同じ周波数を用いて、時間的に交互に切り替えて送るTDD（Time Division Duplex）方式である。ブルートゥースの伝送速度は通常1～3Mbpsであるから情報量は少なく音声伝送とかハンズフリー機器の使用になる。Bluetooth 3.0＋EDRと云う方式では、最大24Mbpsになっている。

ところで、ブルートゥースという名称だが、10世紀ころデンマークにハラルドという王さまが居てノルウエーも治めていた。その方法は武力ではなく対話と協調によると云われている。こうした王の実績を今のコンピュータ業界とテレコム業界をつなぐ形態に模して命名されたと云われている。この王は「肌の浅黒い権力者」（blatand）と呼ばれていたのが現在の英語に置き換えるとBluetoothに当たるのだとか、その王様の歯が青かったのでBluetoothと呼ばれたとか、いろいろな説があるようである。

6C-5 信号選択と雷雑音抑圧

夏の時期であったと記憶している。大きな雷が私の勤務する送信所に落ちてかなりの被害を受けたことがあった。運よく放送は継続できたがダメージも大きかった。雷対策についてはいくつもの書籍が出ているし、その道の専門家も多く、対策をする業者もいる。参考とする資料は多い。設備やサービスはアナログからデジタルに変貌している部分が多いが雷の影響は今も昔も変わらない。昔ながらの対応も迫られる。雷対策は温故知新の技術の世界かとも思う。地球温暖化と云われて久しいがこれらによる気象変動と雷害の頻度の関係にも興味がある。

6C-5-1 冬と夏の雷

冬の日本海沿岸では、北西の季節風の中で発生した雷雲が強風に流され傾き、雲が低くなると云われている。このため雷雲の電荷の中心が低くなり、地上構造物から上向きの放電を開始する雷の発生が多いと云われる。また冬雷はエネルギが大きいと云われる。夏の入道雲による雷はほとんどが下向きの雷と云われている。

6C-5-2 雷の保護角計算

① 保護角法

鉄塔の近傍ではその頂部を見上げる角度が大きいほど雷から守られているという気がする。これらの避雷効果を数値化して避雷設計に適用したものが保護角法である（**図6C.5.1**）。JISA4201：1992では避雷塔最上部から保護範囲を見込む角度を保護角60度、危険物関連設備の場合は保護角を45度として定めた。保護角法で、避雷塔が高い場合には保護角範囲内であっても電撃頻度が増加する傾向がある。これを改善する目的でJISA4201：2003では回転球体法が用いられている。

② 回転球体法

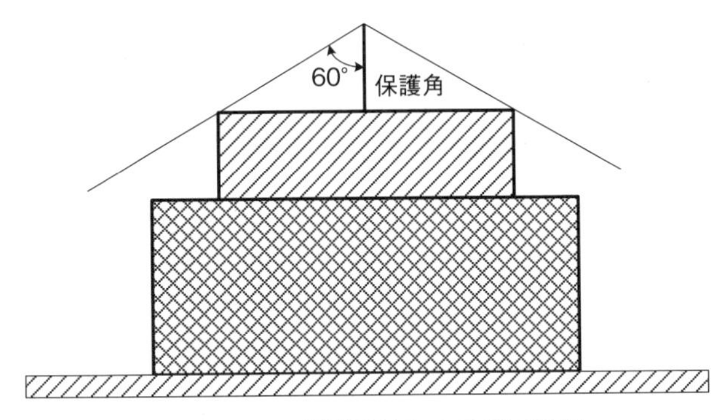

図 6C.5.1 保護角法による避雷効果

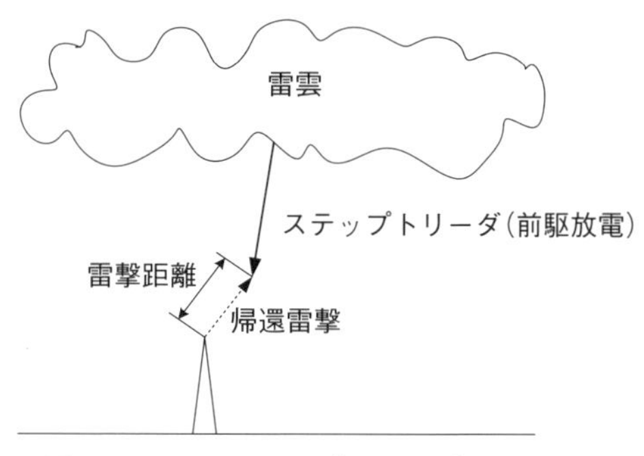

図 6C.5.2 ステップトリーダと帰還雷撃

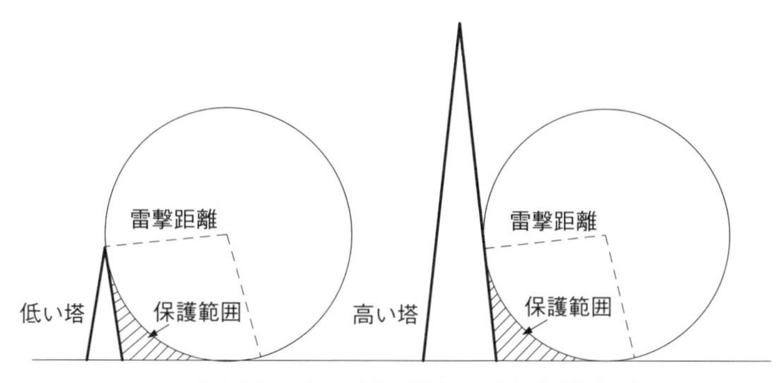

図 6C.5.3 回転球体法による保護範囲

雷雲から最初に伸びる複数の光が前駆放電（ステップトリーダ）と呼ばれる。地面側から伸びるのが帰還雷撃、先行放電（ストリーマ）である。大地や地上構造物から帰還雷撃がステップトリーダの先端に向かって進展して電撃放電路が形成される状況を**図 6C.5.2** に示した。**図 6B.5.3** は、回転球体法による作図円が避雷塔体側面に接するとそれ以上避雷塔を高くしても保護範囲が変化しないことを示した。回転球体法の詳細は専門書を参照されたい。

6C-5-3 耐雷設計

中波などのアンテナ基部への耐雷設計は後段で述べるが、鉄塔などに直撃雷が落ちて雷のサージ電流が大地に流れ込む場合の影響は大きい。塔体に落ちた雷サージ電流の行き先が、局舎内の放送機器に流入しない構造であることが望ましい。サージ電流は接地回路に向かって流出してくれることが理想的である。そのために接地抵抗を下げることは重要である。**図6C.5.4**は雷サージ流入による設備への影響を表現した。

① 直撃雷、誘導雷

建物や鉄塔などに直接的に雷を受けることがある。避雷針、アンテナ鉄塔などへのサージの流入である。直撃雷は大きな電流によって電気的なエネルギだけでは無く、熱的、機械的なエネルギが爆発的に放出されるから設備機器への被害は大きい。ペチャンコに潰れたコイルや吹き飛んだ電源ブレーカを見ることもある。

誘導雷は、落雷や雷雲の中の放電によって、周囲の通信線路や電力線に誘導されるサージである。近接した場所に落雷したことによる誘導雷からのサージ混入が考えられる。大きな電流が流れることにより誘導電流が種々の伝送線路に誘起する。

伝送線路の両端の入出力点で接地されているとその間隙に誘導電流が流れて伝送線路の内導体に電流を誘起する場合がある。サージがコモンモード成分からノルマルモード成分への変換を生じるケースである。

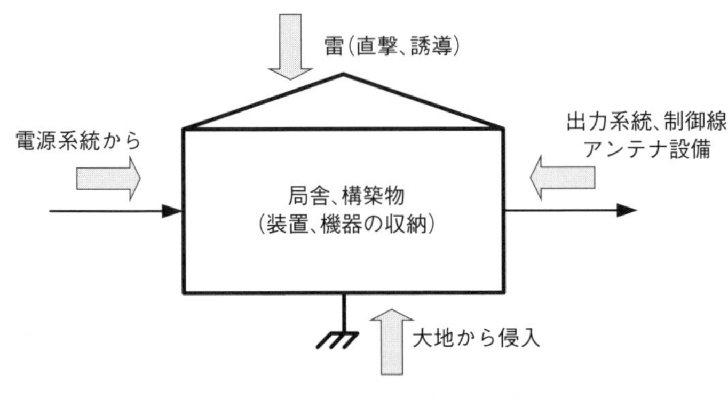

図 6C.5.4 雷サージの侵入経路

② 電源系統からのサージ

送電線、伝送路に誘起したサージが電源系に入り込むことがある。電源系から入ってくるから耐雷トランスのなどの設置が有効である。電源のブレーカがトリップすることを想定して、オートリセット・ブレーカなどもあり、サージの重畳による過電流で遮断したブレーカを自動的に再投入する仕組みをもった機器も使用される。山頂の中継局ではかなり助けられることが多い。

③ 出力系統からのサージ

出力信号線、制御線路、負荷などから侵入してくるサージである。アンテナ系から侵入するサージなどはこの手の成分である。アンテナ・フィーダ系でのサージの抑圧方法、導波管伝送路の局舎引き込み部での対策、平衡線路と不平衡線路との取り合いによるサージの離隔も重要である。

④ アース経路からのサージ

大規模なサージ電流が大地に流れたことによって、大地の電位が上昇してのサージ電圧が機器に侵入してくるケースである。局舎近傍に避雷器のアースがあることで大地電位を上昇させることもある。その電位が機器に逆流して被害を与えることもある。この場合にはアース抵抗を下げることが求められる。または接地点の離隔なども考える（**写真6C.5.1**）。

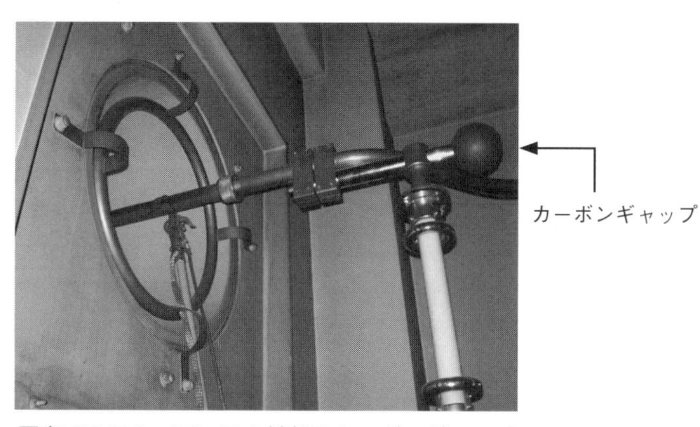

写真 6C.5.1 アンテナ基部のカーボンギャップ

6D-1 照明装置からの高調波発生

最近使用されている蛍光放電灯の安定器はインバータを用いたタイプが多く、昔のような鉄心を用いたものは少なくなっている。電源回路効率の向上と照明をコントロール出来る付加価値が求められているようだ。しかし十分な雑音対策をしないと放送電波に妨害を与える場合がある。

6D-1-1 器具、配線からの雑音放射特性

蛍光灯照明器具の内部電源回路にダイポールアンテナを近接して観測した。蛍光放電管、電源配線からの電波雑音の放射を観測した。**図 6D.1.1** はフィルタ無しの放射雑音測定の構成を示す。

簡易ダイポールアンテナは波長λを約3mとしたが対象とする測定周波数における実効長としては短いが相対的に効果を検証する目安とした。**図**

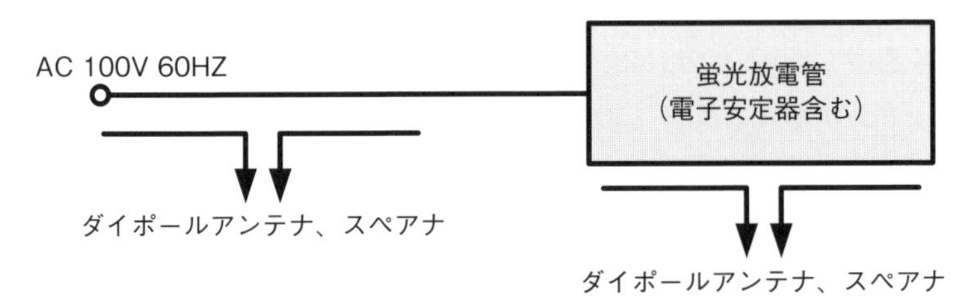

図 6D.1.1　器具、配線からの雑音放射（フィルタ無）

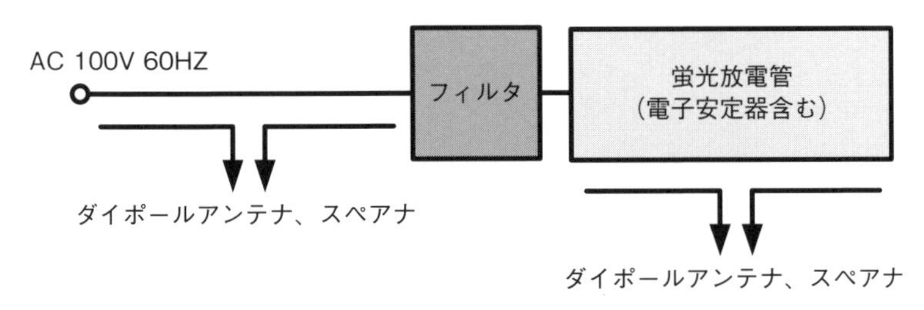

図 6D.1.2　器具、配線からの雑音放射（フィルタ有）

6D.1.2 はフィルタ有りの構成を示す。

6D-1-2 簡易スペアナによる店内の電界測定

フィルタ対策後に店内で簡易スペアナによるフィールド測定を行った。簡易スペアナには付属の小型ホイップアンテナを付けて測定した。これもアンテナの実効長は短いが帯域内雑音のスペクトラムを相対的に比較観測できる。

鹿児島市周辺で受信できる中波の放送周波数は次のとおりである。

(576kHz：NHKR1、1107kHz：MBC、1386kHz：NHKR2)

図 6D.1.3 に示すように伝送帯域内には雑音スペクトラムが広範囲に亘って残留しているが、今回のフィルタ対策によって室内で小型ラジオによる

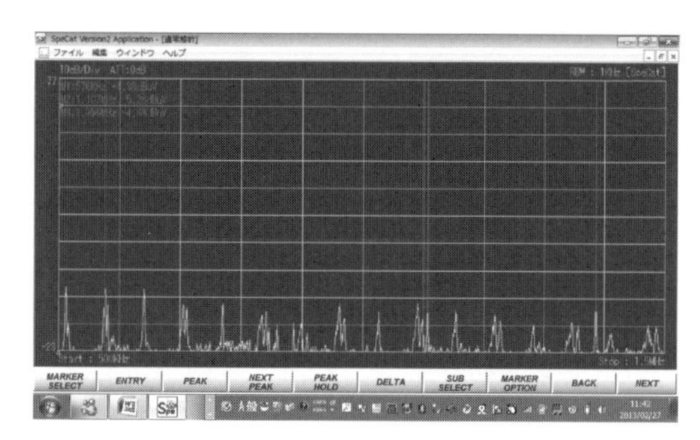

図 6D.1.3 中波放送波帯の雑音スペクトラム

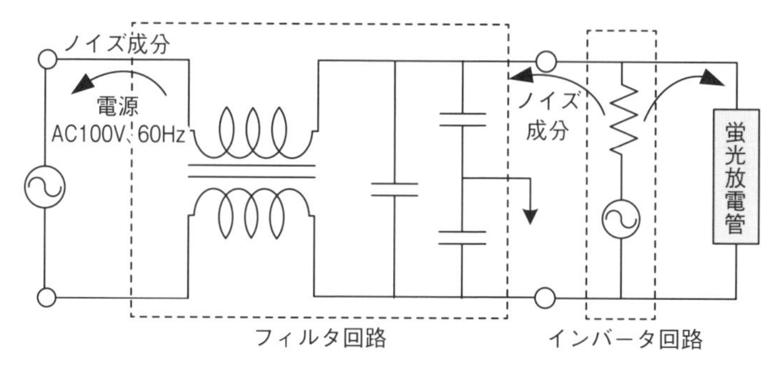

図 6D.1.4 蛍光放電灯と電波雑音の伝搬

576kHz 聴取の放送受信は可能となった。**図 6D.1.4** はノイズの発生源から電源側と蛍光放電管側への流れを示した。

6D-1-3　雑音対策と評価

調査の結果から、雑音の発生源の特定と顕著な対策の効果を定量的に把握するのが難しいことが判った。雑音の評価については研究室での照明器具の机上調査も行いデータ取得した。

(1) 安定器による雑音の影響は、電流波形に顕著であり電圧波形のひずみには現れにくい。

(2) 今回の測定では電流の雑音成分から 4 kHz、6 kHz が検出された。

(3) 機器からの雑音放射は蛍光放電管からの方が電源線路側に比べて大きく観測された。

(4) 電波雑音は、電源側へはノルマルモードが流出し近隣へ影響を与え、蛍光放電管路に流れる高周波電流は直接の電波輻射の影響である。

(5) 蛍光放電管の直下の雑音が大きいが電源線路からの放射は、天井部への隠ぺい構造であること。ノルマルモードの往復電流で相殺される効果が考えられる。

(6) 雑音は中波帯域以上まで伸びている。逆に低域の周波数領域では影響が見えにくい。

6D-2　電力伝送と損失

6D-2-1　伝送線路の特性インピーダンス

伝送線路の特性インピーダンス Z_0 は単位長あたりのインダクタンス、キャパシタンスが分かれば、以下の式で計算できる。

$$Z_0 = \sqrt{\frac{L}{C}}\ [\Omega] \qquad (6D.2.1)$$

線路の機械的寸法（**図 6D.2.1**）とそれぞれのインダクタンスとキャパシタンス。

同軸線路

$$\left.\begin{aligned} L &\fallingdotseq \frac{\mu}{2\pi}\ln\frac{D_1}{D_2}\,[\mathrm{H/m}] \\ C &= \frac{2\pi\varepsilon}{\ln\dfrac{D_1}{D_2}}\,[\mathrm{F/m}] \end{aligned}\right\} \tag{6D.2.2}$$

但し、μ：透磁率、ε：誘電率。

小規模な同軸線路はポリエチレンを充填する、大規模な線路では内外導体をテフロンなどで支持絶縁する方法がある。

特に減衰定数αと減衰量の最小値は**図 6D.2.2** のように考えることができる。

$$\alpha = \frac{R}{2}\sqrt{\frac{C}{L}} + \frac{G}{2}\sqrt{\frac{L}{C}} \tag{6D.2.3}$$

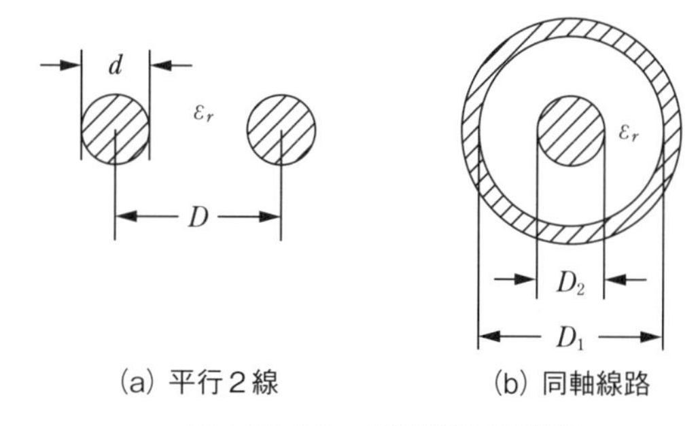

(a) 平行2線　(b) 同軸線路

図 6D.2.1　給電線路の構造

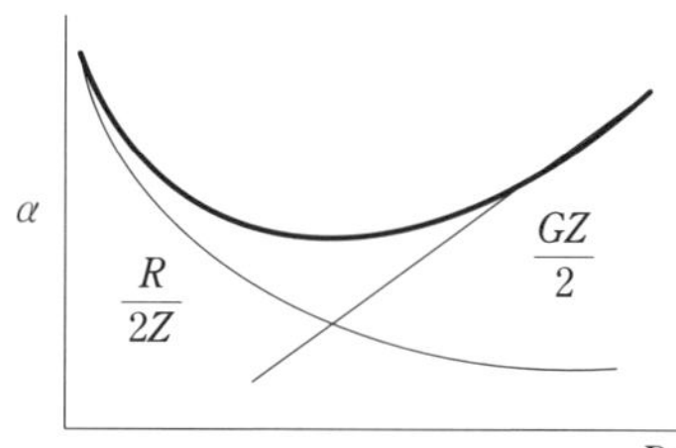

図 6D.2.2　Zと減衰定数α

$$\alpha = \frac{R}{2Z} + \frac{GZ}{2} \qquad (6D.2.4)$$

但し、$Z = \sqrt{\frac{L}{C}}$

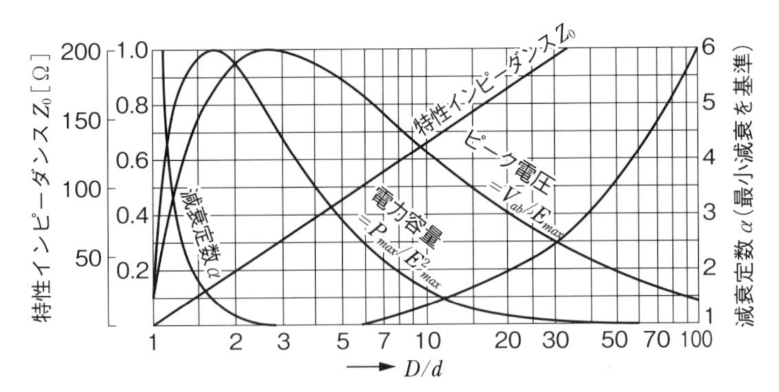

図 6D.2.3　同軸線路の寸法と各種特性

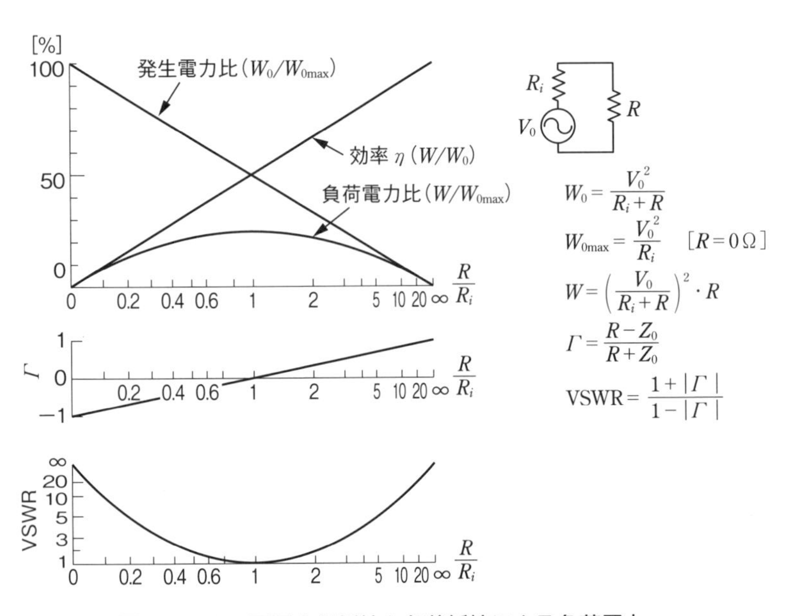

図 6D.2.4　電源内部抵抗と負荷抵抗による負荷電力

図 6D.2.3 は同軸線路の D/d をパラメータとしたときの特性インピーダンス、減衰定数、電力容量、及びピーク電圧を示した。

図 6D.2.4 は電源の内部抵抗と負荷抵抗との整合の条件で整合時の負荷電力比は25%、効率は50%であることを示した。

6D-3 電力の効率的な生成

6D-3-1 中波送信機の100%変調における平均電力の計算

デジタル中波送信機の変調と生成電力を計算してみる。搬送波の無変調時の電力を1とすると、100%変調のピークでは、搬送波は4倍のパワーを出力している。多くの変調方式があるがAM波は100%変調時に変調信号の1周期間の平均電力は、1.5倍となる。地上波デジタルTV放送のOFDM波の場合では確率的に瞬時電力は平均電力の10倍程度になるから面白い。FM波などは変調によってパワーは一定である。

さて中波のデジタル送信機で用いた計算を例にとって話を戻すと、変調度 m に応じ送信機の平均出力 P_m は、以下のように表現できる。式で用いる $n\cdot e$ はPA（固体化増幅器）の数 n とその出力電圧値 e である。R は負荷抵抗値とした。R を1として計算してもイメージは掴める。

$$P_m = \frac{1}{2\pi}\int_0^{2\pi} \frac{1}{R}[(n\cdot e) + (n\cdot e\cdot m\cdot \sin\omega_p t)]^2 d\omega_p t \qquad (6D.3.1)$$

$$= \frac{1}{2\pi}\int_0^{2\pi} \frac{(n\cdot e)^2}{R} + \left[\begin{array}{c}\dfrac{2(n\cdot e)\cdot m\cdot \sin\omega_p t}{R} + \\ \dfrac{(n\cdot e)^2\cdot m^2\cdot \sin^2\omega_p t}{R}\end{array}\right] d\omega_p t \qquad (6D.3.2)$$

100%変調における平均電力 P_{100} は、

$$P_{100} = \frac{1}{2\pi}\int_0^{2\pi} \frac{(n_0\cdot e)^2}{R}(1 + m\cdot \sin\omega_p t)^2 d\omega_p t \qquad (6D.3.3)$$

但し、P_{100}：100%変調時の平均電力、n_0：無変調時の PA 合成代数、ω_p：変調信号の角周波数、m：変調度（0～1）。

$$P_{100}=\frac{1}{2\pi}\int_0^{2\pi}\frac{(n_0\cdot e)^2}{R}(1+m\cdot\sin\omega_p t)^2 d\omega_p t$$

$$=\frac{(n_0\cdot e)^2}{R}(1+m^2/2) \qquad (6D.3.4)$$

$$=1.5\frac{(n_0\cdot e)^2}{R}$$

即ち、デジタル処理型送信機において100%変調時の変調角周波数 ω_p の1周期間の平均電力は，無変調時の1.5倍となる。

6D-3-2　100%変調時の電力

搬送波の尖頭電力は，先にも述べた4倍である。**図6D.3.1** はその様子を表

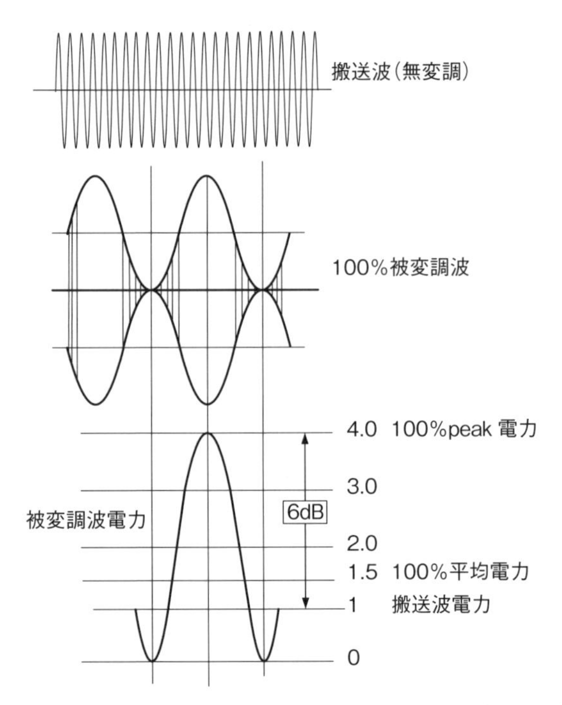

図 6D.3.1　AM 被変調波の 100%変調時の平均電力とピーク電力

現したものである。このような電圧や電力の計算プロセスの理解は増幅器の動作解析において重要となる。

6D-4 電池のインピーダンスを管理する

6D-4-1 バッテリの管理

バッテリの管理と云うと鉛蓄電池が思い起される。数カ月に一度くらい、液の比重、温度、それと各バッテリの端子電圧の測定を行った。液面をチェックして補水なども重要な作業であった。近年のバッテリは密閉型が多くメンテナンスは楽になった。夜間の放電試験とその直後の均等充電、フローティング充電などにも気を配った。

6D-4-2 UPS装置

無停電電源装置、UPS（Uninterruptable Power Supply）も有効な設備である。受電電圧の66kVや6,600Vを降圧して、400V系、200V系に設けることが多い。AC系に設置するから電源電圧を一旦直流化して、インバータなどでAC電圧を生成する。CVCF（Constant Voltage & Constant Frequency）も同様であり、停電時ある時間内での電源の継続確保が可能である。直送のACルートとバッテリ系のACルートの切替えは同期を取ることで間断なく行うことが出来る。UPSに装備したバッテリの容量にもよるが数時間程度の運用時間が確保されている。大型設備やコンピュータ負荷設備では電源断を避けなければならないのでUPSが電源ショックのバッファーとして活用される。自家発が起動するまでの短時間の電源確保のために設置することも多い（**図6D.4.1**）。

6D-4-3 予備電源装置としてのバッテリ

小規模の設備であればバッテリで停電時の装置バックアップが可能である。数時間から十数時間程度。それ以上の停電には小型の発電機などを準備することが多い。長時間の停電には発電機が活用される。送信所と受信所が分離されている局所では、送信所から受信所へ電源供給を行うことがある。この場合高

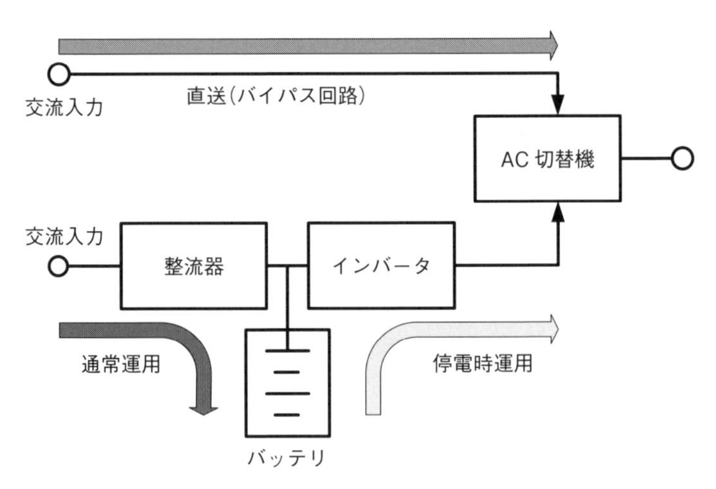

図 6D.4.1 UPS（Uninterruptible Power Supply）の構成

周波の同軸線路に低圧の電源を重畳することもある。しかし、送信所と受信所とがメタルケーブルで接続されることになるから、片方の施設に落雷などを受けるとケーブルを通してサージ電流が装置に流入して損傷を与えることもあった。

無給電光伝送装置などが開発されてから送信所と受信所をファーバー・ケーブルで絶縁する方法が活用されている。また受信装置の動作エネルギを光で伝送する興味深い方式も開発されている。受信所で独自に電源を持つか装置動作のためのエネルギ生成手段があれば多くの方法が採用できる。

6D-4-4 電池のインピーダンス測定と保全

電池の世界でのインピーダンスを議論する。電池の溶液抵抗、電荷移動抵抗、そして電気二重層などのキャパシタンスから等価回路を決める。測定周波数を低域の数μHzから高域の数100kHzまで時間をかけてスイープして演算し円線図を描く。等価回路の数式展開は円の方程式になることで説明出来る。場合によっては横軸を周波数としてインピーダンスの絶対値と位相特性をボード線図にして表現する。半円の描画が完全な半円にならない部分をCPE（Constant

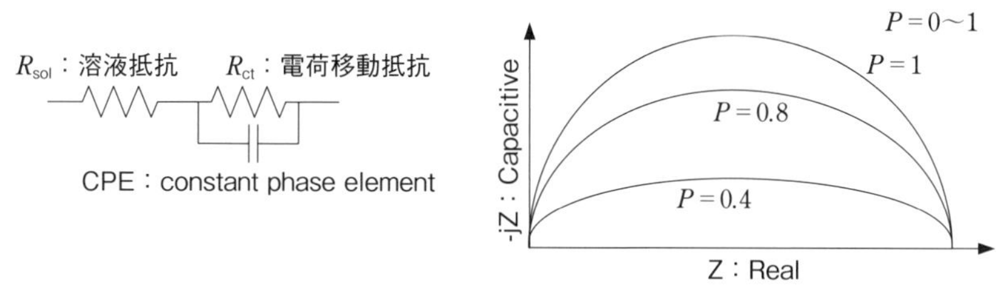

図 6D.4.2 等価回路とインピーダンスのナイキスト線図

Phase Element）などの係数Pを入れてカーブフィッテングしている。これらの測定結果から電池内部の微視的分析が可能なのか大変興味深いところであった。私は専門では無いが、これによって電池の寿命予測や劣化の進行、フローティング充放電などの静的、充放電時の動的な特性評価から運用者に有用なデータが提供されれば設備信頼性が向上することになるだろう（**図 6D.4.2**）。

6D-4-5 DOD（Deeps of Discharge）とメモリー効果

二次電池が満充電の容量に対してどれだけ充電されているかをSOC（State of Charge）と云う指標で表現する。満充電状態をSOCが100%と云う。またDOD（Depth of Discharge）を放電深度と云い、完全放電状態をDODが100%として表す。容量に蓄えたエネルギを100%使うことが一番よいわけである。電池の寿命は電池が使えなくなるまでの時間を云い設計容量の何%に達するかで評価する。サイクル寿命は二次電池が何度充放電を繰返すことが出来るかを表す指標である。一般的に初期サイクル容量の70%から60%になるサイクルで表す。

メモリー効果とは二次電池を少し使って継足し充電を繰返していると放電容量が低下する現象を云う。ニカド電池、ニッケル水素蓄電池ではこのような現象が見られるが、リチウム電池では起こらないと云われている。PCなどをいつもACで充電しながら使用していると電池だけの運用利用時間が激減することがある。これもメモリー効果である。バッテリは送信装置などの実負荷を賄う場合もあり、自家発装置の起動回路のシーケンス動作やセルモータなどの起

図 6D.4.3　大規模ソーラ発電システム

動にも利用される。電池は日頃のメンテナンスが欠かせないデバイスでもある。大量に用いる場合には数個のパイロット電池のロギングデータ取得も有効である。

近年注目され、大規模なソーラ発電システムも建設されているが、夜間の発電は出来ないから昼間帯に発生した余剰電力は蓄電池に蓄える必要がある。この蓄電装置の設置経費を見込む場合も出てくる（**図 6D.4.3**）。

6D-5 電源設備の供給能力確保

３相回路でも負荷の障害に応じた成分を抽出するために、零相変流器や変圧器が用いられている。不平衡３相回路では対称座標法などを使って解説されている。零相成分、正相成分、逆相成分の３つがあり、障害時には零相成分を検出する。３相線路の不平衡によって発生する零相成分は、我々通信関係者には厄介な電磁波の干渉妨害などの原因ともなるので要注意である。ちなみに逆相成分とは、負荷のモータを逆方向に回すエネルギ、需要家はこの逆回転分の電力量も負担することになる。何事もバランス（平衡）は重要である。

6D-5-1 保護継電器

電気設備を保護するために、各種継電器が用いられる。用途から分類すると、過電流継電器51、過電圧継電器59、不足電圧継電器27、地絡過電圧継電器64、等々がある。電力設備の現場では各種の継電器によって設備の維持管理、保護を行っている。

動作時間による分類では、瞬限時継電器、高速度継電器、定限時継電器、反限時継電器などがある。反限時とは大電流では短時間に、小電流では長時間でトリップすることが出来るような、動作時間と電流値が反比例する特性をいう。変圧器や誘導電動機などの起動時には通常の負荷電流に比べて大きな電流が流れる。この短時間電流で機器を遮断するわけにはいかないから、トリップするまでの時間にディレーを持たせた反限時特性もある。**図 6D.5.1** に電流と動作時間の関係を表現した。

6D-5-2 自動点検装置

近年の通信設備施設は無人局が多い。定期的なメンテナンスで停電を模擬した自家発の始動テストを実施することがある。受電があるから自家発が回っても受発切替えはしない。強制的に実負荷を掛ける試験を行うこともある。自家

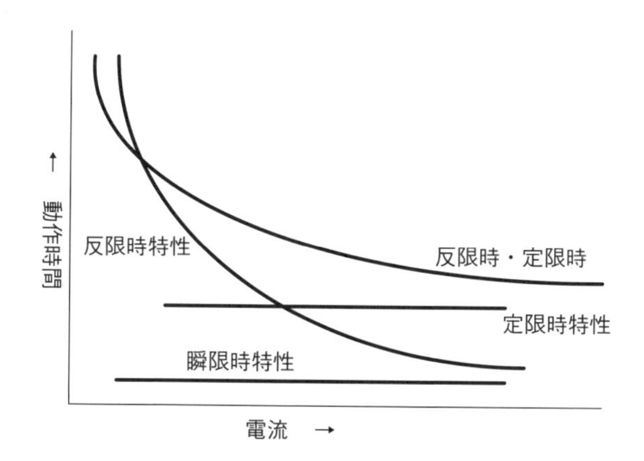

図 6D.5.1 継電器の動作時間の特性比較

発の自動起動試験装置があって、月に一度とかタイマーで自動起動させていた。またリモコン装置から自家発起動を叩くこともある。遠方から発電機の電圧確立を確認することも可能である。電源設備に実装されているトラパックなどはこの継電器群を収納してあり、自動的に動作確認して、万一継電器の動作不良を見つけた場合には警報で知らせることもできる。図 6D.5.1 に継電器の動作時間特性を示した。

6D-5-3 天気予報と気象分析

インターネットなどで気象庁の天気情報を見ることがある。時系列での台風の移動や、雷雲や降雨の状況も確認した。以前、天気情報を月ぎめの契約で配信してもらうサービスを契約したことがある。これによってローカルの天気情報の雷雲の移動予測などを見て自家発装置を待機運転することもあった。一種の保険であるが停電になってから自家発装置が起動するよりもレスポンスを早くすることが目的であった。毎回ではないが待機運転が奏功することもあった。更に積極的な運用としては事前に買電から発電に切替えることも行った。電源電圧のフラツキ、瞬停などの不安定現象が見られるときには早期に実行した。雷サージが電力線から飛び込んで放送設備に危害を与える場合を考えれば、事前に受電から自発側に乗換えておく方法も賢明である。現場では多くの運用の工夫を重ねながら電力の確保に努力した。

6D-5-4 停電の要因

停電の要因を云いだしたら限がない。放送設備の管理をして来て所内の設備障害が原因で停電を誘発することは無かったように思う。地震、台風、落雷などの気象条件の変化で停電を発生することが多い。場合によっては地下埋設工事などの不備で電力線を切られてしまうこともある。一般需要家でも定期的な電力設備の定期点検を実施している。ある企業が定期検査で電力線の絶縁不良を指摘され対応が遅れたために地域の停電事故を誘発して大きな損害を周辺の店舗に与えた事例もある。裁判にまで発展してその調査と分析評価を依頼された経験がある。次に停電に関する筆者の経験の一部を紹介したい。

① 送変電所の事故

落雷による事故である。当該施設の中波のアンテナに落雷して送信機の固体化ユニットの障害を経験したことがあった。幸い放送サービスは継続、デジタル化した送信機の固体化PAの数に救われた。落雷による停電は変電所側での障害が多かった。電圧が「ふわふわ」と変動してパサッと切れる。一瞬施設内は静寂に包まれる。数十秒でタービン発電機が回り電圧が確立、照明が戻り送信機がシーケンシャルに起動のプロセスを歩む。この間は何をすることも出来ない。早く送信機が起動してくれと祈るだけ。増幅器が真空管の時代の送信機では、フィラメントが温まるまでは、バイアス電圧やプレート電圧が印加されない仕組みであった。しかし、我々は自家発起動までの数十秒間であればフィラメントの予熱時間をスキップするシーケンスを組んだ。真空管から見たら大変なストレスかもしれない。電源の投入時トランジェントの軽減には段階投入方式、$\varDelta - Y$結線切替えなども採用される。

② 台風、大雪、雷雲

台風が近づいているときや大雪警報が出ているときには送信所に泊まり込んだことがある。社宅に居て緊急警報で呼び出されるより精神的にはいい。障害対策も多少は早くできる。ただどのような障害が出るかは分からない。停電かもしれないし、送信機の負荷インピーダンスの変動かもしれない。降雪の場合は送電所の事故も想定される。気象庁の情報や、天気情報の購入契約をしてローカルな情報画面を確認することがあった。雷雲が変電所や送信所に近づいてくると事前に自家発装置を起動することも多かった。事なきを得て空振りも多かったが、数回は危機一髪で対応が奏功したこともあった。現場はこんなことでも喜んだ。こんな予知起動的なシーケンスも実機に導入しても面白いかもしれない。

③ カラスの巣

私が地方局に居た頃、中波の送信所が停電した。幸い自家発は正常に起動した。現場に行って驚いたのは、受電PASの周辺にカラスの集めた金属製の針金が沢山。選りにもよってカラスは巣作りに番線を集めて来ていたようである。幸い近所の需要家への波及事故は無かった。電力線の鳥の巣の障害も多いが、アンテナの引き込み碍子の周辺に鳥の巣を見つけたことがある。鳥は多少暖かいところを見つけ出すらしい。巣も乾燥してくれていれば絶縁物であるが、濡れると導電材料化するし、また金属片等が混じっていると被害は甚大である。

（閑話休題）

電力の世界では大きなエネルギを扱うから管理が大変である。筆者は電気設備の管理を行ってきた経験がある。昔はオイル遮断器（OCB）の油を定期的に交換する作業をした。毎日数回、OCBの入り切りが行われるから、数カ月で遮断器内のオイルがアークで炭化しスラッジを発生する。OCB内部の切替えブレードは2段投入式で放電を受持つ側の接触子と接合専用の接触子があったのを記憶している。面白い構造である。最近では真空遮断器（VCB）であるからオイル交換をすることはない。

6E-1 雷サージの高周波成分を除去

6E-1-1 放送設備と耐雷対策

① 中波設備とテレビ設備

中波の送信所は平地に設置されることが多い。鉄塔は避雷針のようなものであり、直接の落雷は鉄塔に大きな電流を流す。基部接地アンテナではカーボンギャップなどの放電側路によって大地に電流を流すことになる。アンテナの支線にも落雷するから支線はサージ電流を流す構造を考慮する。支線のチョークコイルは高周波的には開放であるが、直流的には短絡されているから支線の中にサージ電流が流れる。大電流であればチョークコイルが溶断することも考えられる。支線チョークが焼損して断路となるケースは少ないが、年に数回は支線チョークの導通チェックする必要がある。望遠鏡での目視点検も有効である。時々雷で黒く壁面が汚れている部分を発見することもある。テレビやFMの送信設備は、山頂に設置されることが多いために雷の直撃を受けるケースが高い。アース施工、送信所と受信所の電気的な離隔も重要な課題である。

② アンテナと支線

中波のアンテナは基本的に基部絶縁型が多い。シャントフィード型のアンテナ、小型折り返しアンテナ、及び籠型アンテナなどは基部接地型アンテナである。基部が接地してあれば塔体はアースポテンシャルであるから直流的には安心である。しかし、雷サージ電流を完全に回避出来るという保証はない。

図6E.1.1は基部絶縁型のアンテナ鉄塔の概要図である。

基部絶縁型アンテナは、**図6E.1.2**のように給電部を絶縁して送信機からの電力は、塔体部と接地間に給電している。アンテナが大地から浮いているから、雷からみた時には、このアンテナのキャパシティと大地間のキャパシティとの分圧回路となっている。またアンテナは、一般的に支線で三方、又は四方から支持されている。支線は、高周波的には使用波長の５分の１から10分の１程度の長さに碍子で切られている。中波の場合、導体を一本もので支線アンカーまで接続することはない。これはアンテナ塔体からの輻射電力が支線の影響を受けないようにするためである。この数メータ毎の支線間には支線チョークコイルを接続して、雷雲が近付いてきたときの誘導雷による直流電位の上昇を抑えてアース電位にすることが出来る。また、アンテナ塔体以外にも支線に誘導した雷サージ電流を大地に逃がす役割も果たしてくれる。

③ 支線チョーク

支線チョークコイルのインダクタンスは数mHと比較的大きい。一般的に中波の整合回路などに用いているインダクタンスは数十μHである。このチョークコイルの劣化対策等も重要な管理のポイントである。支線とアンテナの塔付部の接続（付け根）は、碍子で絶縁されており電気的には接続されていない。以前私の居た大電力の送信所では、このチョークコイルの環境暴露試験を行い、定期的に風雨、太陽光の紫外線などによるコイル定数の変化、浸水等による周辺外套の絶縁劣化などを確認するために高周波・高電圧試験を行った。高周波電圧印加による温度上昇などは経年特性劣化の指標である。現在も暴露試験用

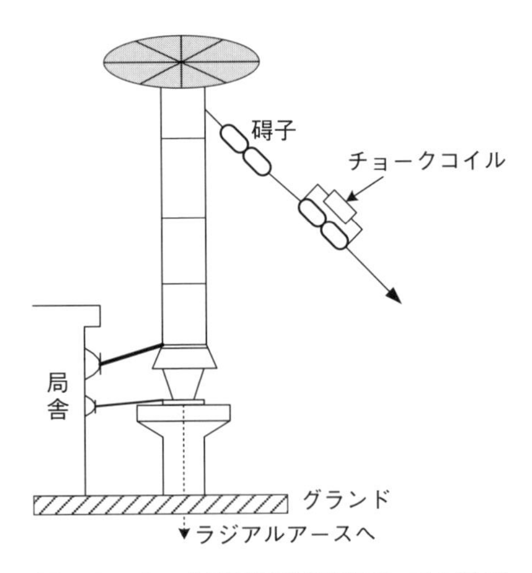

図 6E.1.1 中波基部絶縁型アンテナ鉄塔

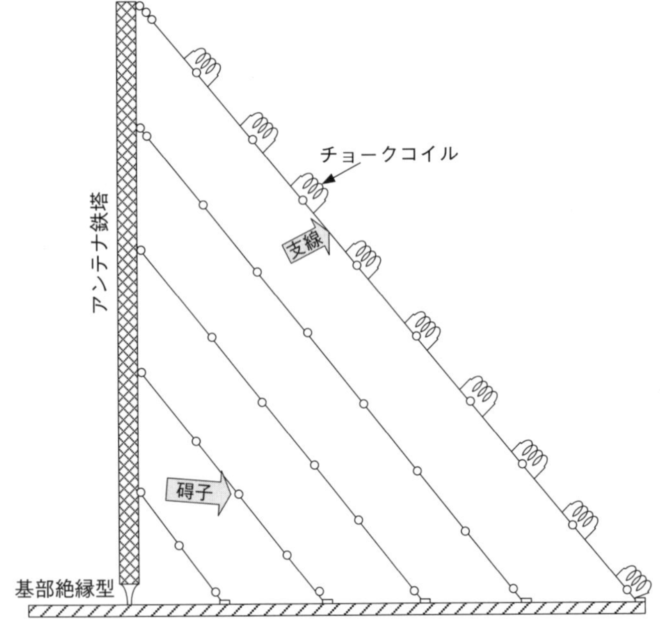

図 6E.1.2 基部絶縁型アンテナの鉄塔支線とチョークコイル

のチョークコイルは屋上に数個並べてあるものと思われる。従来型、改良型なども含めて試験していた。実装されているチョークコイルの抜き取り試験なども有効である。

④ アンテナ基部のチョークコイル

アンテナ塔体へも誘導雷などによって直流的な電位の上昇を防ぐ必要がある。一般的に用いられているのが、**図6E.1.3**に示すアンテナ基部のチョークコイルである。これは数100μH程度のインダクタンスをアンテナに並列に接続する。整合はこれらを含めて取る必要があるが、リアクタンスが大きいのであまり問題とはならない。話は変わるが、アンテナ基部にフェライトビーズの保護回路を入れた局があった。事前にヒートラン試験、サージ試験を実施して現地に導入した。比較的現地アンテナの基部インピーダンスが低かったので、整合調整の大幅な手直しは無かった。アンテナ・インピーダンスが高いと調整が面倒かもしれない。

小電力、中電力クラスであればこの基部チョークコイルを用いるが、アンテナによっては簡単に接続することができない。アンテナ基部に近傍波トラップ回路の設置や指向性改善用のリアクタンスを付加した回路を用いる場合がそれである。現場で整合回路を眺めてみるとアンテナからの直流帰路がアンテナ基部から離れた整合回路の一部が兼ねていることもある。整合回路的にはコイル

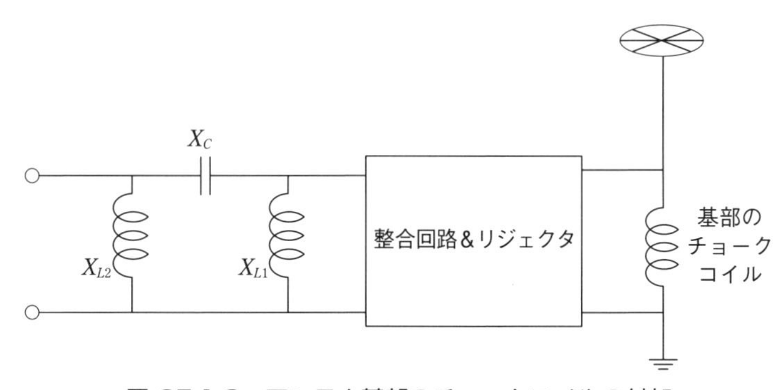

図6E.1.3 アンテナ基部のチョークコイルの付加

の太さは足りているのだが雷サージ電流に対しては心もとない回路構成を見かけることがある。雷サージはなるべくアンテナ基部に近い位置でアースに戻すべきである。最短で直流回路を形成させることによって、サージ電流が送信機の固体化増幅器に流れ込むのを防止する必要がある。

6E-1-2 引き込み部とBG（ボールギャップ）

もうひとつ重要なのが、アンテナ基部から室内に引き込む場合の引き込み線路の太さである。サージ電流はアンテナ基部のチョークコイルに流れる場合や、基部のボールギャップを放電短絡させてアースに流れる。基部のBGの大きさの選定、ギャップ間隔の設定、放電表面の清掃などのメンテナンスも重要である。不思議に思うのが、大電力送信所などの大型のアンテナ装置の基部BGは比較的大きいのに対して中電力送信所以下は比較的小さいものを用いていることである。雷は送信所アンテナのクラスを選んで落ちるわけではないと思われるのだが。

大電力のアンテナ高の設計は周波数に合わせて作りこむことが多いので、基部インピーダンスも適当な値となり整合調整もやり易い。自己の送信電力から基部電圧が計算でき放電ギャップの寸法は決定できる。BGの直径を大きくして曲率半径を大きくすることで、表面の電位傾度を低くして運用中での放電を防止している。時々、アンテナ基部に蛸の足のようにBGをつけた送信所をみるが、放電電圧を平均化しているのか、放電電流を分散しているのか目的がよく分らないものがある。これだけBGが多いと虫などの接触による放電確率の上昇と、放電電圧の設定も難しいのでは考える。基本的にはBGは、アンテナ基部に所要の計算によって求めた曲率半径の大きなものを設置するのが望ましい。中小電力の局所では、基部電圧も低くなりBGの離隔距離が狭くなるので放電が起きやすいといえる。100Wクラスでアンテナのインピーダンスが低い値であると理論的なギャップ間隔は大変狭くなってしまう。実践的には運用の中で適切な値設定を追い求めて行く結果となる。

BGに落雷して放電電流が継続しても、アンテナ引き込み部から整合装置への接続線路が溶断することのない線径を選ぶべきである。大規模な雷電流で溶断した銅管が床に飛散していたのを見たときは悲惨であった。別の意味では接続線路がフューズ代わりになったとも考えられるが。雷との喧嘩？の一つの対策かもしれない。復旧時間“MTTR”が大きくなることを除けばではあるが。普通、雷で出力回路の一部が短絡された場合には、サージ保護回路で送信機出力は自動的に遮断される。雷放電が終われば、直ぐに放送サービスができる仕組みを採用している。

6E-1-3　整合回路と耐雷

整合回路には、先に述べた基部のチョークコイル、放電ギャップがある。整合回路を送信機に向かってみていくとHPFがある。これは、アンテナから流入してきた雷サージの低域成分が送信機に侵入しないようにしている。入出力インピーダンスは、50(Ω)、または150(Ω)の$S=1$の$\lambda/4$回路が用いられる。先ほどから議論してきているBGについては、アンテナ基部は勿論、これらの回路の入出力部に設けることが多い。

サージ電圧が**図6E.1.4**の$\lambda/4$回路に印加された時には、丁度直列リアクタンスX_cの両端には一番高い電圧が加わる可能性がある。丁度$\lambda/4$回路はインピーダンス的に両端で大きな差となるためである。従って磁器コンデンサの耐圧を強化する目的で、コンデンサを多段に積むことがある。これによってコンデンサに印加される電圧を低減する。しかし、磁器コンデンサの表面状況や接続リード端子の施工によっては、沿面放電などを誘発してコンデンサを短絡させてしまうことがある。コンデンサの両端にBGを設置すれば磁器コンデンサの保護にはなるが、サージエネルギを通過させてしまう。折角のHPFの効果

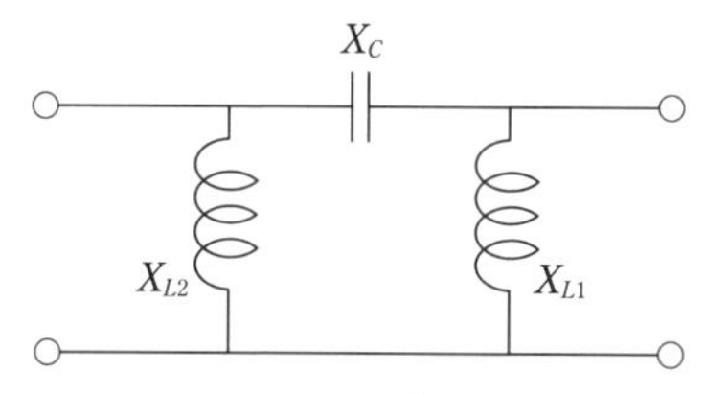

図 6E.1.4　HPF回路（S＝1）　$\lambda/4$回路

を下げてしまうことになる。従って、λ/4回路においては、電圧の上昇する可能性ある側とアース間にBGを設けるか、更に送信機の固体化PAのトランジェント電圧や電流を抑圧する側にBGを設置するなどの工夫が必要である。

6E-2 電磁誘導と漂遊金属

ここで「漂遊金属」などという言葉を考えたのでこれを使いたい。漂遊とは読んで字の如しで「漂い遊ぶ」ということである。漂遊容量（Stray Capacity）という言葉は馴染みがあるのではと思う。このストレーキャパシティは、整合回路の設計でもどのくらいの値を加味するかは経験の要るところである。最近、「浮遊」容量という言葉を使っているのを耳にすることがあるが、漂遊容量で育ってきた身としては「浮遊」と云われると大変違和感がある。漂游金属とは電位の定まらない導電体と定義する。

6E-2-1 漂遊金属を探せ

ここで漂遊金属について少し触れたい。金属のフリーポテンシャルの回避ということになるが、整合回路や送信装置をじっくりと覗いてみても金属部分で電位を持たないところは無いはずである。簡単に理解するには、その金属デバイスをテスタのオーム計で測定したときアース間とで抵抗値がゼロを指示すかどうか。パッシブな回路で抵抗値に極性など持っていたら要注意である。私は、原因不明の設備障害があると、漂遊金属部分を探すことにしている。また耐雷の項でも議論するが基部絶縁型のアンテナの支線もチョークコイルで接地されている。また小中規模の基部絶縁型アンテナ基部には避雷用の基部コイル（100μH ～200μH 程度）で接地されている例が多い。

一度、送信装置のアンテナの接地個所を探していたら、たどり着いたのが整合回路に接続されるλ/4のHPF回路入り口のインダクタンスであった。雷のサージ電流なども考慮すると、インダクタンスの線径も太くないと困る。**図6E.2.1**はアンテナ基部回路の例である。

その他、回路が直流的にポテンシャルの決まっていないところを探すと結構

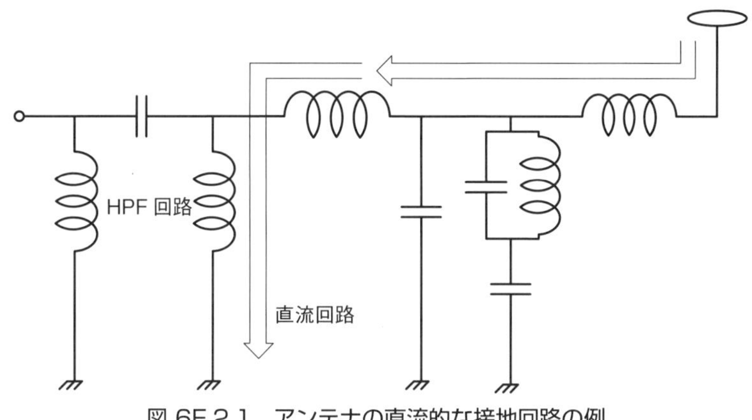

図 6E.2.1 アンテナの直流的な接地回路の例

面白い。こうして見てくると障害時の対策箇所が見えてくる場合もある。これらの漂遊金属の議論は、高インピーダンス部分に取り付けられた金属体の議論に置き換えると理解し易い。全ての金属が絶縁物で浮いているわけでもないが、電位の安定化のためには並列抵抗などでポテンシャルを決めるのも一つである。

6E-2-2 中波アンテナに誘起する電圧

送信所の近傍にある予備アンテナの測定などに際しては自局の放送電波や周辺の民放局などからも被測定アンテナ基部に誘起電圧が発生している。このような高誘起電圧環境下では測定器を焼損させる可能性もあり測定精度を低下させる原因ともなる。従来、アンテナインピーダンス測定をおこなうためには夜間放送休止時間帯を設けて測定を実施した。同一周波数の妨害波が存在する場合には、当該周波数の上下に測定周波数をシフトして測定し、当該周波数でのインピーダンス値を補間して決定する必要があった。

6E.2.3 アンテナ誘起電圧の計算と測定

図 6E.2.2 に示すように測定するアンテナ近傍に大電力送信所がある場合を仮定し被測定アンテナに誘起される電圧を求めた。条件として各放送局の送信

アンテナのみかけの効率は1と仮定した。

① 中波電界強度のEの算出

$$E=\frac{300\sqrt{G\cdot P}}{r}\,[\mathrm{mV/m}] \qquad (6E.2.1)$$

但し、P：送信電力［kW］、G：送信アンテナ利得、r：送信所と被測定アンテナ間の距離［km］。

妨害周波数毎の測定アンテナの実効長を計算して、実際のアンテナ基部誘起電圧の測定値と計算値を比較した。

② アンテナ誘起電圧V_u

$$V_u=E\cdot h_e\,[\mathrm{V}] \qquad (6E.2.2)$$

但し、h_e：アンテナ実効高［m］。

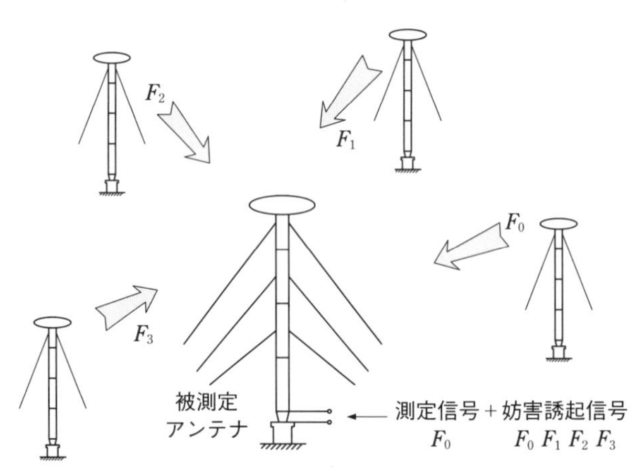

図 6E.2.2 被測定アンテナと周辺送信所からの誘起電圧

③ アンテナからの再輻射

図 6E.2.3 はアンテナ整合部分の簡略化したものである。アンテナに誘起した電界 E と実効高 h_e の積から基部の開放電圧が得られる。放射インピーダンス $R + jX_a$ のアンテナからは再輻射が行われる。

図 6E.2.4 に送信アンテナから再輻射される電波の等価回路を示した。

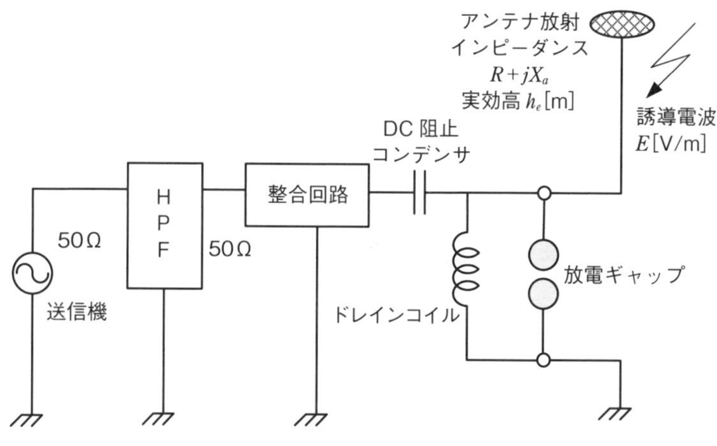

図 6E.2.3　一般的なアンテナ整合回路

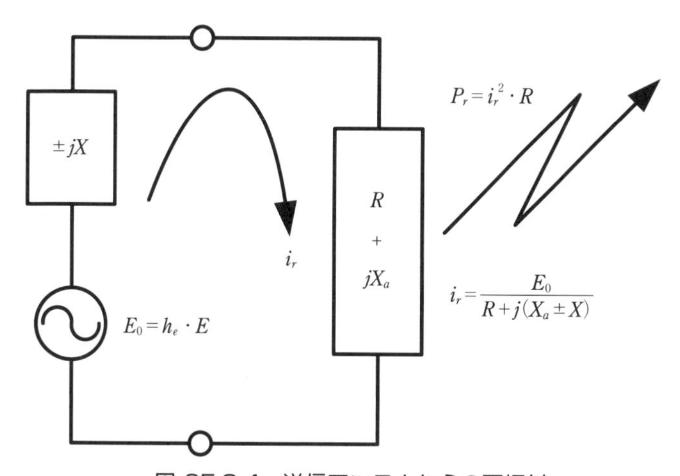

図 6E.2.4　送信アンテナからの再幅射

6E-3 ノイズと6σ(シックスシグマ)

ここで少し視点を変えて電気の世界から経営工学の世界を覗いてみたい。雑音の勉強をしていると先にも解説した正規分布とか誤差関数が出てくる。ホワイトノイズは正規分布で考える。帯域に亘って雑音のスペクトラムが広範に広がっているノイズである。

6E-3-1 少し工学から離れてノイズを考える

経営工学論で(6σ)シックス・シグマという言葉を聞くことがある。これも雑音と同様に正規分布と誤差関数の世界である。シックスシグマは、1980年代にモトローラが開発した手法で、ミスやエラーによる品質のばらつきを抑える方法。不良品の発生確率を100万分の3.4回以下に抑え込む(管理幅$\pm 4.5\sigma$)ことである。1995年にアメリカのGE(ゼネラル・エレクトリック)社がこのシックスシグマを提唱して成果を上げたことから有名になった。GEの元CEOであるジャック・ウエルチなどの名前が出てくる。なぜシックスシグマなのか。管理値が$\pm 6\sigma$では、管理限界外の確率は10億分の2となるから現実的な値ではない。そのような高度な品質管理は逆にコスト高になる。それでも経営者は執念を込めて厳しい歩留まりを求めた「シックスσ」と云いたいのだろう。白髪三千丈(はくはつさんぜんじょう)の世界のように誇張した管理値設定である。実際のシックスシグマでは$\pm 4.5\sigma$で管理するようだ。

おなじみのExcelソフトの関数計算fxを使うと誤差関数の計算結果が即出てくるから面白い。わかった気がする。統計書の末尾の誤差関数の表を見る手間が省ける。一度Excelを使って計算してみてほしい。詳細はExcelの解説書によるが、計算式は以下のとおりである。

$$\text{管理限界内の確率} = \text{NORMDIST}(\sigma, 0, 1, \text{TRUE}) \qquad (6E.3.1)$$

大きすぎる側に管理限界をはみ出した値をもつ発生確率をPとおくと

$$P = 1 - \text{NORMDIST}(\sigma, 0, 1, \text{TRUE}) \qquad (6E.3.2)$$

σが4.5のときでは、

$$P = 1 - \text{NORMDIST}\ (4.5, 0, 1, \text{TRUE}) = 3.4 \times 10^{-6} \qquad (6E.3.3)$$

と計算される。

これは100万回に3.4回の障害、100万個に3.4個の製品不良が出ることを表している。雑音の世界ではシグマが大きくなると雑音の干渉量が低下することになる。誤り率の計算ではCNをパラメータにして誤差関数から算出する。**図6E.3.1**に雑音（バラツキ）と正規分布のイメージを表現してみた。製品の歩留

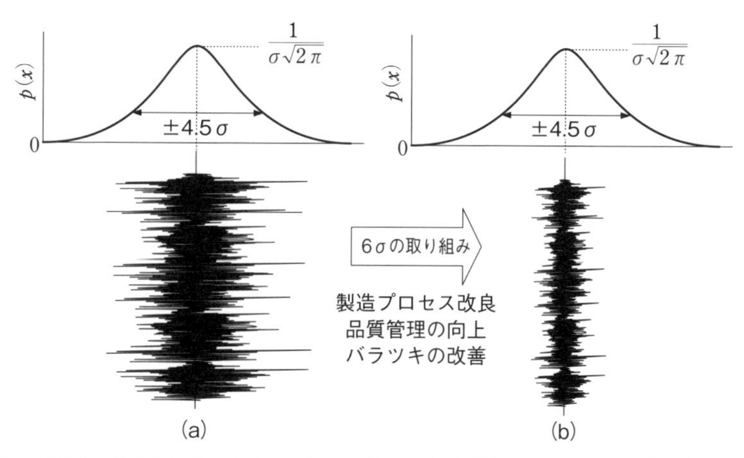

図 6E.3.1　製品のバラツキのイメージ　(a) はバラツキ大、(b) はバラツキ小

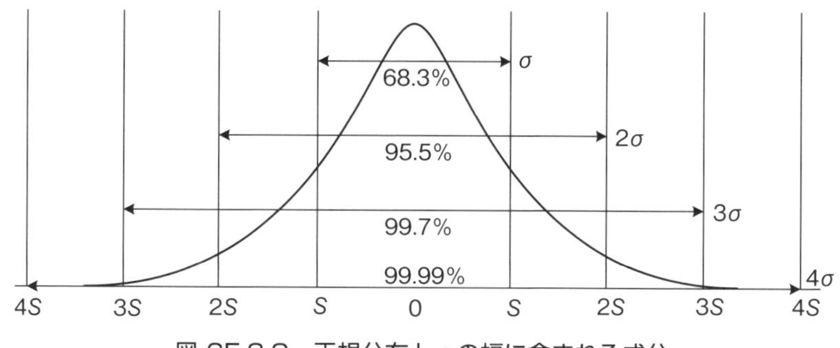

図 6E.3.2　正規分布とσの幅に含まれる成分

表 6E.3.1 Excel による誤差関数の計算例

σ	NORMDIST（σ,0,1,TRUE）	1－NORMDIST（σ,0,1,TRUE）	2×B	1－2×B
	A	B	C	D
1	0.841344746	0.158655254	0.317311	0.682689
2	0.977249868	0.022750132	0.0455	0.9545
3	0.998650102	0.001349898	0.0027	0.9973
4	0.999968329	3.16712E－05	6.33E－05	0.999937
4.5	0.999996602	3.39767E－06	6.8E－06	0.999993
5	0.999999713	2.86652E－07	5.73E－07	0.999999
6	0.999999999	9.86588E－10	1.97E-09	1

まりの改善はプロダクト管理やプロセス管理など、雑音の改善にはCNの管理が必要になる。少々強引に結び付けた議論にしてしまった。ご容赦のほど。

図 6E.3.2 はσを１～４に設定したときの関数の幅を表現したものである。1σでは68.3%、3σでは99.7%である。Excelを使った計算結果を**表 6E.3.1** に貼りつけた。

6E-4 大規模建設工事と電磁誘導障害

近年、送信所の近傍に建物が建設されることによる放送への影響に配慮するケースが増えてきた。放送事業者は地域周辺の開発動向に常に気を配らねばならい。地上高の高い構築物が建設されるとサービスエリアに影響を与えることも考えられる。建設途中の大型重機との影響にも配慮する必要がある。地元の建築業者と建築主からは、具体的な工事計画を事前に入手して最適な方向を協議すべきである。殆どの建築業者は電波については素人である。建築申請が通ってからでは手戻りがあって大きな損失を生むだろうし話が拗れる。私が送信所の監理を担当していたときに地元の土地開発業者と１年以上に亘って協議を進めたことがあった。町などの協力も得ながら双方にとって最良の策を導くために事前検討を執拗に行ったのを覚えている。

6E-4-1 市街化と周辺環境の変化

これからの時代、送信所周辺も市街化の影響を受けないとは限らない。地方や郊外に進出してくる大型モール建設、物流施設の基地などの大規模建設も始まるかもしれない。町の発展と放送電波の安定確保を十分考慮しておくことが必要である。そのための地域に対する技術指導や調査・分析、更には地元との調整作業が増えてくるであろうと思われる。避けては通れない課題である。放送事業者としては、①放送電波の安定確保、②サービスエリアの確保、③周辺の建設工事における構築物との干渉（アンテナインピーダンスの変動、建設重機への電波被り）等について対応し、アドバイスするテーマは多い。地域が少しずつ変わっていく中で、どのような条件下で許容できるのか、相互干渉の対策を検討しておく意味は大きい。**図 6E.4.1** は、送信所の安定電波確保、周辺施設との相互干渉対策などをイメージしたものである。

6E-4-2 中波送信所周辺の特徴

・　伝搬距離が長い

・　中波は垂直偏波（テレビ電波は水平偏波）

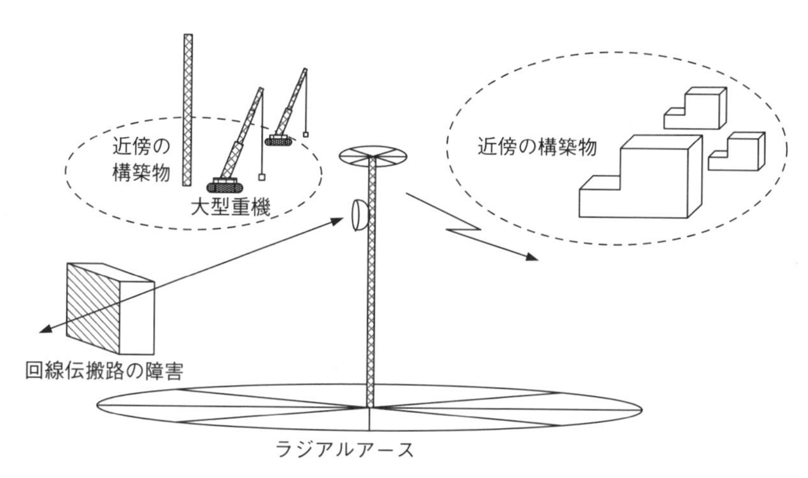

図 6E.4.1　送信所近傍からの影響と対策

・ 波長λが長い　600m ～180m
・ アンテナからの離隔距離と指向特性
・ アンテナ高と重機の高さの干渉
・ 波長λと誘起電圧の関係、λ/4、λ/2、…の関係に要注意
（λ/4：150m ～45m）
・誘起電圧の発生 $V=E$(V/m)×実効長(m)

① 工事に関する計画・設計・施工・管理（保全）（**図 6E.4.2**）
② 強電界下の建設工事
・放送事業者の立場（電波法，聴取者サービスの確保）
・放送サービスの安定確保
・建築事業者の立場と要求
・工事前の確認事項（事前電測の実施と予測）
・工事中の安全確保と管理
・工事後のサービス確認（事後測定の実施）
・EMI（Electro Magnetic Compatibility）の対策と保全

③ 放送事業者の立場
・放送エリアサービスの安定確保
・総務省で定める放送の守るべき視点

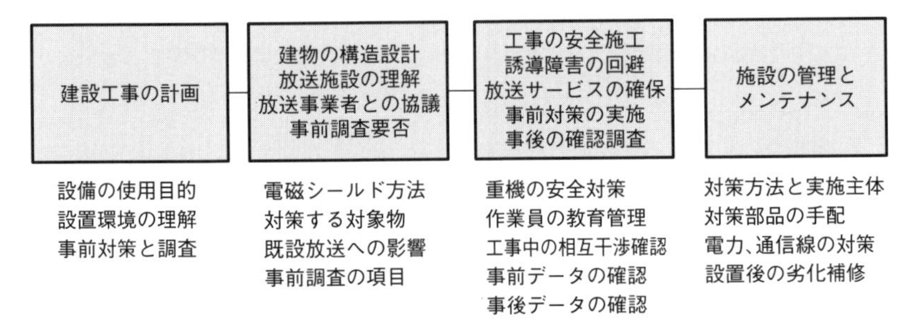

図 6E.4.2　計画・設計・施工・管理の構成

・放送と電波法
・放送設備へのリアクション
・送信機のVSWR保護装置
・サービスパターンへの影響
・放送設備の安全装置と保護装置の現状
・放送と電波防護指針の視点

④　総務省で定める規定
・建設業者への電波法の理解
・アンテナ効率の適正化と定期確認
・サービスエリアの状況報告
・サービスエリアのサーキュラリティ確保
・電波法の遵守

⑤　電波法・無線設備規則の例
（無線設備規則）
第20条　空中線
・送信空中線の形式及び構成は，以下に適合するものでなければならない．
・空中線の利得及び能率がなるべく大であること
・整合が十分であること
・満足な指向特性が得られること
第14条　空中線電力の許容偏差
中波放送の場合の送信出力の許容偏差は，上限５％，下限10％

⑥　放送設備へのリアクション
・周辺工事によるアンテナ系へのリアクション
・サービスエリアの工事中の変化の有無
・重要指定無線回線の伝搬路の安定確保，工事に際して総務省への確認
・VSWR（アンテナ系のリアクション）による放送装置の停止の回避

・エリアパターンの変動と放送サービス

⑦ 放送設備の保護と周辺環境
・構築物の空間を介したアンテナへの影響
・VSWRが２～３位で送信機をトリップする
・工事期間中の監視，連絡体制確保と対応
・工事の事前事後での確認（電界強度測定比較）
・接地と放電による音響の発生
・局部放電による雑音電波の発射

⑧ 工事施工者の立場①
・設計，施工方法における電磁対策
・電源回路（商用電源設備）
・連絡インフラ（NTT回線，線路の対策）
・建て方のアース処理方法
・アースと電波干渉
・工事中の誘起電圧への配慮
・クレーンへの誘起電圧
・クレーンのアース方法
・２次災害の回避
・驚きと転倒，転落事故の誘発回避

⑨ 工事施工者の立場②
・重機，車両の接地処理
・クレーンフックの接地処理
・移動体の接地処理
・作業員の教育
・作業員の服装と防具

⑩ 建て方の対策の基本
- ・建物の接地
- ・シールド施工
- ・電源回路のフィルタ設置
- ・NTT 回線、架空回線へのフィルタ設置
- ・テレビアンテナ系のフィルタ設置
- ・窓ガラスの効果的なシールド工法
- ・高圧送電と低圧配電機器の対策

⑪ 電波防護指針と電波管理

同じ電波環境でも「ブランケットエリア」いうのがある。これは中波の送信アンテナからの電界強度が5 V/m（134dBμV/m）の地域を云うものであり、サービスエリアとしては除外している。電波が強いのでラジオ受信機の動作が飽和してしまい十分な受信が出来ないとして決めていたものである。電波防護指針に云う中波の電界強度値は275V/m（169dBμV/m）であるから、送信アンテナから十数 m の近傍であり既に柵などで保護されている範囲である。

6E-5 電波防護指針と人体の電磁波暴露

6E-5-1 電波防護における諸外国の規制

我が国の電波防護指針は、米国規格協会（ANSI: American National Standards Institute）、国際非電離放射線委員会（INIRC/IRPA: International Non-Ionizing Radiation Committee/ International Radiation Protection Association）、などをはじめとする各種研究成果及び臨床医学の専門家の共通認識に立って作成されている。

国際的には、世界保健機関（WHO: World Health Organization）、協力機関である国際非電離放射線防護委員会（ICNIRP: International Commission on Non-Ionizing Radiation Protection）が検討を行い1998年4月に国際的なガイドラインを定めた。

欧州では、欧州電気標準化委員会（CENELEC: Comite European de Normalisation Electrotechnique）等が検討を行っており、EUにおいて「ICNIRPが策定した国際的なガイドライン」を基にしたEU（European Union）勧告を1999年7月に公表している。

米国では米国連邦通信委員会（FCC: Federal Communications Commission）が割り当てた無線周波数の使用許可条件として電波防護指針のガイドラインを1996年から導入し、電波防護規格として義務付けた。米国規格協会（ANSI: The American National Standards Institute）は、米国の電気電子学会（IEEE: Institute of Electrical and Electronic Engineers）が策定した電波防護標準規格を1992年から採用している。

日本においては、50年以上にわたって世界で行われてきた研究蓄積や知見において合意を得ている成果に基づき、「電波利用における人体の防護指針」（通称、「電波防護指針」）を1990年6月に公表した。その後1998年10月に電波法施行規則「第二十一条の三」のなかに（電波の強度に対する安全施設）が追記され、電波防護指針値は基準値となった。本規則の施行は、1999年10月1日である。参考に記述するが2001年5月、無線設備規則「第十四条の二」のなかに人体頭部における比吸収率の許容値が追記され、携帯電話端末等に対する比吸収率の許容値（SAR: Specific Absorption Rate）が定められ2002年6月1日から施行されている。

6E-5-2　工学的視点と疫学的視点

WHO（世界保健機構：World Health Organization）、それにICNIRP（国際非電離放射線防護委員会：International Commission on Non-Ionizing Radiation Protection）という組織がありガイドラインが示されている。

電波環境に関しては、工学的な視点からの解析は勿論、疫学的な視点での議論がされている。疫学の専門家ではないのでいい加減なことは言えないが、疫学は、疫病（伝染病）が多かった19世紀に始まったらしく、このような呼び名がついたようである。集団の中での病気の発生状況などを調査して統計的に原因を突きとめようとする学問である。工学的な視点では、演繹法の世界での議論を進めるが、疫学的な世界では帰納法的な議論ということになる。現場で設備設計をしてきた私としては、常に工学的な視点で考え、測定においてもトレーサビリティを重視した実験などの結果から答えを出すことが多かった。疫学的な世界では、多くの事象を並べてそれらの因果関係を分析する。事例の信憑性、地域性、多くのパラメータを考慮して答えを出す。電波防護指針は、WHOやICNIRPなどの国際的な機関での議論をベースにして、さらに総務省を中心とした組織研究によって基準が決められている。これらの議論や研究は、演繹法的な分野、帰納法的な分野に偏ることなく研究が進められている。世界的にみると電波防護指針も国によって多少の数値の違いがある。規定の作成においては、地元の事情などが考慮されたと云うこともあるようだが、基本的にはICNIRPの基準がベースになっている。

6E-5-3 電波防護に対するスタンス

放送や通信の利便性を享受している中で、電波環境も快適なものであることが必要である。過度の心配をすべきではないが、規定値の根拠も知っておく必要があると考える。疫学的な議論と工学的な検証の世界との融合によってバランスのとれた規定によって安心できる電波環境を活用できればと考える。これらの研究については多くの書籍が出ているし、総務省による解説資料も多い。数値計算となると専門的な技術も必要であるが、これらの公開された情報を有効に活用されることを推奨する。個別の電波メディアの数値計算法を解説してみたいとも考えたが、今回はマクロ的な議論にとどめた。

電波を使った放送装置の設計を行ってきた身としては、電波防護指針の知識は当然必要であり今後も研究・学習していくテーマであると考えている。電波による人体への影響についてはこれからも詳細な研究が進んでいくと考えている。電波という身近な手段を安全に活用することが重要である。

近年、予防原則（Precautionary Principle）という考えに基づき、非常に低レベルの電波防護指針値を採用すべきであるとの意見もあるが、日本をはじめ大多数の国で採用されている一般環境における電波防護指針は、動物実験で確認されたしきい値に50倍の安全率（50分の１）を考慮して決められている。現状の電波防護指針は適当であり直ちに改定の必要なないとの見解が出されている。今後も国際動向や各種の研究結果などをフォローしていくことが重要だと考える。

若井 一顕（わかい かずあき）

若井テクノロジオフィス代表
1969年　ＮＨＫ（日本放送協会）入局
技術本部鳩ヶ谷放送所、川口放送所、技術管理部、名古屋放送局技術部、
技術局技術管理部、技術開発センター、送信技術センター、
菖蒲久喜ラジオ放送所所長などを歴任
JICA エキスパートでタイ駐在
米ニュージャージー、ロサンゼルスに放送衛星開発で駐在
2007年　株式会社ＮＨＫアイテック入社
2008年　第一工業大学工学部情報電子システム工学科教授
2017年　若井テクノロジオフィス開業

■取得資格
工学博士、経営学修士、技術士（電気電子部門）、第１級無線技術士、第１種電気主任技術者、APEC エンジニア、IPEA 国際エンジニア、JABEE 評価委員
■所属
電子情報通信学会（信頼性研究会専門委員）、映像情報メディア学会（エクゼクティブ会員、放送技術研究会専門員）、日本技術士会（埼玉県支部委員）、IEEE Senior Member、電子情報通信学会（シニア会員）
■専門分野
放送技術（地上デジタル放送、衛星放送、電波伝搬、中波技術）
コミュニティ FM の伝送路解析、システム設計
無線設備の設計論、信頼性工学
電波法・電波防護指針、EMC・EMI 技術、ベクトル整合論応用
高周波計測、電波工学、マイクロ波工学、測定器の設計開発
国際ビジネス論、技術と経営、マーケティング論、経営リーダーシップ論
情報リテラシー、技術者倫理
■著書
「トコトンやさしい無線通信の本」2013年、日刊工業新聞社
「回路設計者のためのインピーダンス整合入門」2015年、日刊工業新聞社
「超入門　インピーダンス整合」2016年、日刊工業新聞社

わかりやすい高周波測定技術　NDC541

2018年3月28日　初版1刷発行

発行者　井　水　治　博
発行所　日刊工業新聞社

〒103-8548　東京都中央区日本橋小網町14-1
電話　書籍編集部　03-5644-7490
販売・管理部　03-5644-7410
FAX　03-5644-7400
振替口座　00190-2-186076
URL　http://pub.nikkan.co.jp/
email　info@media.nikkan.co.jp

印刷・製本　新日本印刷

ISBN 978-4-526-07824-8 C3054
2018 Printed in Japan